国家自然科学基金资助出版

高等学校信息安全类专业规划教材

高级图像加密技术

——基于 Mathematica

Advanced Image Cryptography — Using Mathematica

张 勇 著

西安电子科技大学出版社

内 容 简 介

本书深入研究了信息安全领域的高级图像密码技术，重点阐述了统一图像密码技术及其安全性能。全书共 9 章，第 1 章介绍了借助混沌系统生成伪随机序列的方法，并讨论了伪随机序列性能评测方法；第 2 章阐述了数据加密标准（DES）实现技术和其安全性能；第 3 章详细剖析了高级加密标准（AES）实现技术和其安全性能；第 4 章诠释了明文关联的图像密码技术，并详细列举了图像密码系统的安全性能指标；第 5 章解释了基本的统一图像密码技术，并分析了其安全性能；第 6 章探讨了基于类感知器的统一图像密码技术及其安全性能；第 7 章研究了基于提升小波变换的统一图像密码技术及其安全性能；第 8 章定义了广义统一图像密码技术；第 9 章综合评价了高级图像密码技术的安全性能。全书基于 Mathematica 软件使用 Wolfram 语言实现仿真实验。

本书可作为高等院校信息安全相关专业的高年级本科生或研究生教材，也可作为信息安全领域相关人员的参考书。

图书在版编目（CIP）数据

高级图像加密技术：基于 Mathematica/张勇著. —西安：西安电子科技大学出版社，2020.10

ISBN 978 - 7 - 5606 - 5732 - 5

Ⅰ. ① 高…　Ⅱ. ① 张…　Ⅲ. ① 图像编码—加密技术　Ⅳ. ① TN919.81

中国版本图书馆 CIP 数据核字（2020）第 124832 号

策划编辑	李惠萍
责任编辑	杨　薇
出版发行	西安电子科技大学出版社（西安市太白南路 2 号）
电　话	(029)88242885　88201467　　邮　编　710071
网　址	www. xduph. com　　　电子邮箱　xdupfxb001@163.com
经　销	新华书店
印刷单位	陕西天意印务有限责任公司
版　次	2020 年 10 月第 1 版　2020 年 10 月第 1 次印刷
开　本	787 毫米×1092 毫米　1/16　印张　14
字　数	325 千字
印　数	1～2000 册
定　价	34.00 元

ISBN 978 - 7 - 5606 - 5732 - 5/TN

XDUP　6034001 - 1

前　言

　　高速通信技术的普及应用，使得通信的安全性比可达性更加重要，信息作为一种价值载体其安全问题已成为首要问题。信息安全对个人而言至少意味着财产安全和名誉安全，对集体而言则可能决定其生存和发展，而对国家而言则与国家的主权和人权等息息相关。早在 1949 年，伟大的信息论专家 Shannon 就将密码学研究提高到与通信技术同等重要的学术地位，他的杰作掀开了现代密码学研究的篇章。然而，针对图像进行加密的图像密码技术是伴随着混沌理论的发展而逐步蓬勃发展起来的。1963 年，Lorenz 提出第一个混沌吸引子（蝴蝶吸引子）之后，混沌伪随机数发生器作为混沌理论的一个重要研究分支支撑着图像密码学的发展。而近十年来提出的基于混沌系统的明文关联图像密码技术才真正是 Shannon 意义下"计算安全"的密码技术。

　　现今，密码技术作为保证信息安全的最为有效的方式被广泛应用于各个领域，而且密码技术还是区块链技术的核心。密码学正在更加深入地与人工智能、信息科学、数学、生物技术、量子技术、图像处理和计算机技术等交叉学科相互融合发展，以适应持续的科技进步和时代发展要求。同时，高等院校作为知识的承载、创新和传播主体，应及时开设密码学相关的专业课和公共基础课，普及密码学的知识。在这种背景下，笔者总结了十多年来在信息安全方向的研究成果，以深入浅出的表述方式，并基于 Mathematica 软件使用 Wolfram 语言[1]，生动形象地讲述了对称密码学和图像加密技术的精髓。

　　本书在《混沌数字图像加密》（清华大学出版社，2016）[2]和《数字图像密码算法详解》（清华大学出版社，2019）[3]的基础上，继续深入研究图像密码技术。典型的图像密码系统框图如图 0-1 所示。根据 Kerckhoffs 原则，图 0-1 所示图像密码系统的加密/解密算法是公开的，图像信息安全仅取决于密钥，而攻击者实施被动攻击（如常用的选择/已知明文攻击或选择/已知密文攻击等）的对象是等价密钥。

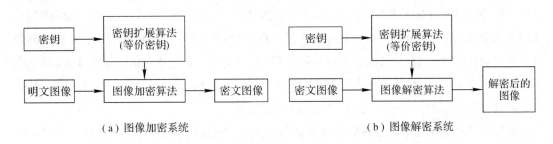

(a) 图像加密系统　　　　　　　　　　　　　(b) 图像解密系统

图 0-1　典型图像密码系统框图

按图 0-1 所示内容，本书首先研究基于混沌系统的密钥扩展算法，第 1 章详细介绍了由密钥借助于 Hénon 混沌系统得到直接用于图像加密/解密的等价密钥的伪随机数发生器，为全书的图像加密系统准备等价密钥。接着，第 2 章和第 3 章分别介绍数据加密标准（DES）和高级加密标准（AES）的实现算法及其在图像加密方面的应用，这部分内容在《数字图像密码算法详解》中有详细阐述，这里重点讨论算法的 Mathematica 实现技术，并将 DES 和 AES 算法作为全书图像加密算法的性能对比基准。然后，第 4 章至第 8 章研究图 0-1 所示的图像加密/解密算法，第 4 章讨论了一种明文关联的图像密码技术及其 Mathematica 实现技术；第 5 章至第 7 章分别深入阐述了基本统一图像密码系统、基于神经网络（类感知器）的统一图像密码系统和基于提升小波变换的统一图像密码系统，详细介绍了这些类型统一图像密码系统的工作原理及其 Mathematica 实现技术；第 8 章定义了广义统一图像密码系统，并基于第 4 章的明文关联图像密码系统设计了一种广义图像密码系统，同时讨论了其工作原理和 Mathematica 实现技术。最后，第 9 章综合分析了全书介绍的 7 种图像加密系统的安全性能，从密文统计特性、系统敏感性和加密/解密速度等方面给出了对比评价结果。

在《混沌数字图像加密》和《数字图像密码算法详解》中均基于 MATLAB 软件实现密码算法仿真，而且在《数字图像密码算法详解》中还详细介绍了基于 Visual Studio 集成开发环境和 C♯语言实现图像密码系统的方法，这是目前比较不同的图像密码系统的加密/解密速度最好的方法。而在本书中，仅使用了 Mathematica 软件实现仿真算法，这是因为Mathematica软件是目前研究公钥密码学最好的软件，Mathematica 软件给所有学者的感觉是"无所不能"，而且是物理学家必备的科学计算和实验软件，这一点从本书中的程序代码可见一斑。读者可以通过本书的附录"Mathematica 常用函数示例"快速入门 Wolfram 语言。为了公平地对比各种图像密码算法的处理速度，第 9 章中展示的它们的加密/解密速度是基于 C♯语言的。

诚然，本书和《混沌数字图像加密》与《数字图像密码算法详解》有着广泛的关联，再次介绍了《混沌数字图像加密》第 5.4 节的优秀算法，介绍了《数字图像密码算法详解》中第 2、3、5 和 6 章的算法，并均借助于 Wolfram 语言进行算法实现，熟悉《混沌数字图像加密》与《数字图像密码算法详解》的内容对于本书的学习和阅读将有很大的帮助。但是，笔者尽其所能将本书写成一本"零基础"且自成体系的科技书，既可作为本科生或研究生的入门教材，又可作为大众信息安全的入门读物，还可供信息安全和区块链领域的专家学者科研参考。本书每章都附有少量习题，并在书后集中给出了所有习题的参考答案，读者若能独立完成这些习题，就基本上掌握了本书的内容。除了第 9 章的习题需要借助于 Visual Studio 使用 C♯语言实现外，其余各章的习题均基于 Mathematica 使用 Wolfram 语言完成。

必须强调指出的是，本书内容隶属于对称密码学，而密码学包括对称密码学（私钥密码学）、公钥密码学和水印等，且其中最有趣的是公钥密码学，因此，本书内容仅是密码学的"冰山一角"。本书第 2～3 章的 DES 和 AES 是针对文本加密提出来的，主要用于加密文本或小量数据，事实上，AES 也适用于加密数字图像或大量数据；而第 4～8 章的密码技术是针对数字图像加密提出来的，主要用于加密数字图像或大量数据，但仍然可以用于加密文本或小量数据。

本书由国家自然科学基金（编号：61762043）、江西省自然科学基金（编号：20192BAB207022）、江西省教育厅科学技术研究重点项目（编号：GJJ190249）和江西省教育厅科学技术研究项目（编号：GJJ160425）资助出版，特此真挚鸣谢。

感谢江西财经大学陈爱国老师、唐颖军博士和丁雄博士等专家学者在科研与教学方面给予笔者的关心与支持。感谢笔者的三位导师洪时中教授、陈天麒教授和汪国平教授，他们对科学的敬畏和追求影响并激励着笔者不懈努力；同时，感谢笔者的爱人贾晓天老师在文献检索与整理等烦琐工作上提供的帮助，为笔者节省了大量宝贵时间。感谢西安电子科技大学出版社工作人员为本书出版所做的辛勤工作。

尽管笔者细致地检校了书中的文字和代码，但受水平和能力所限，书中难免还会出现各种错漏，欢迎同行专家学者和读者朋友批评指正（E-mail：zhangyong@jxufe. edu. cn）。

免责声明：Mathematica 和 Wolfram 为 Wolfram 公司的注册商标。本书内容仅用于教育，严禁用于任何商业场合。

张 勇

江西财经大学枫林园

2020 年 6 月

目　录

1

第 1 章 混沌序列

　　混沌、相对论和量子力学并列为二十世纪的三大科学发现。爱因斯坦(Albert Einstein)创立的相对论统一了时空观,普朗克(Planck)等科学家发现的量子力学揭示了微观世界的不可观测性,而 Lorenz 提出的混沌预示着确定性系统中蕴含着随机性[4]。本章从洛伦兹(Lorenz)系统开始,介绍借助于混沌系统生成伪随机数的方法。在图像密码学中,由混沌生成伪随机数的模块称为混沌伪随机数发生器,或基于混沌系统的密钥扩展模块。本书中,第 4～8 章的图像密码系统均使用本章生成的伪随机序列作为等价密钥。

1.1　混沌系统

　　著名的 Lorenz 系统为如式(1-1)所示的一阶微分方程组,是被发现的第一个混沌系统。

$$\begin{cases} \dot{x} = -\sigma(x-y) \\ \dot{y} = -xz + \gamma x - y \\ \dot{z} = xy - bz \end{cases} \tag{1-1}$$

其中,$\sigma=10$,$\gamma=28$,$b=8/3$。该系统的相图如图 1-1 所示,称为"蝴蝶"吸引子,在本书附录中介绍了绘制图 1-1 的 Wolfram 程序,关于 Lorenz 系统更详细的介绍请参阅参考文献[5]。

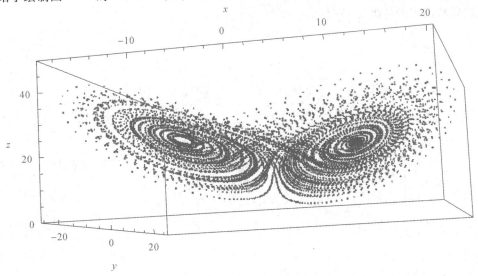

图 1-1　Lorenz 系统相图

Lorenz 系统可以用作混沌伪随机数发生器。但是,Lorenz 系统是连续时间三维混沌系统，需要先借助于差分方法（如龙格-库塔法）将其转换为离散时间差分方程组[2]，再用于图像密钥扩展模块。本书中图像密码系统（第 4～8 章）所用的密钥扩展模块均基于另一个更简单的离散时间混沌系统，即 Hénon 映射。

1.1.1　Hénon 映射

Hénon 映射是 1976 年 Hénon 发现的二维混沌[6]，如式（1-2）所示。

$$\begin{cases} x_{n+1} = 1 - a\,x_n^2 + y_n \\ y_{n+1} = b\,x_n \end{cases} \tag{1-2}$$

其中，$a = 1.4$，$b = 0.3$，Hénon 映射的正的最大 Lyapunov 指数为 0.654。Benedicks 和 Carleson 详细地研究了 Hénon 映射的动力学特性[7]，这里仅讨论其与混沌伪随机数发生器相关的三个主题，即 Hénon 映射的时间序列、相图和 Lyapunov 指数（见 1.1.2 节）。

由式（1-2）可知，y_{n+1} 与 x_n 是线性关系，因此，Hénon 映射可以转化为一维映射，即

$$x_{n+1} = 1 - a\,x_n^2 + b\,x_{n-1} \tag{1-3}$$

在式（1-3）中，给定两个初始值 x_0 和 x_1，即可迭代得到 Hénon 映射的状态时间序列。

例 1.1　使用 Wolfram 语言绘制 Hénon 映射的状态时间序列。

代码如下：

```
henon := {#[[2]], 1-1.4 #[[2]]²+0.3 #[[1]]} &;
dat=NestList[henon, {0.31, 0.77}, 300];
ListPlot[Flatten[dat][[1;;-1;;2]], AxesLabel→
{Style["n", Italic], Style[xₙ, Italic]}, ImageSize→"Large", LabelStyle→{FontFamily→
"Times New Roman", 16}]
```

上述代码首先定义 Hénon 映射函数 henon，然后，设定初始状态值为{0.31, 0.77}，即 $x_0 = 0.31$，$x_1 = 0.77$。调用 NestList 函数产生长度为 300 的状态序列 dat，此时，dat 的结构为{{x_0, x_1}, {x_1, x_2}, {x_2, x_3}, …, {x_{299}, x_{300}}, {x_{300}, x_{301}}}。最后，调用 ListPlot 函数绘制状态序列，如图 1-2 所示。

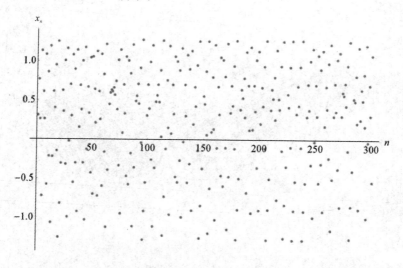

图 1-2　Hénon 映射状态时间序列（初始值 $x_0 = 0.31$，$x_1 = 0.77$）

代码中的 Flatten[dat][[1;;-1;;2]]表示由 dat 先得到$\{x_0, x_1, x_1, x_2, x_2, x_3, \cdots, x_{299}, x_{300}, x_{300}, x_{301}\}$(称为压平(Flatten)列表),而[[1;;-1;;2]]表示从第 1 个元素取到最后一个元素(即倒数第 1 个元素),步长为 2,即取压平后的列表(向量)的奇数索引的数据。在 ListPlot 函数中的 AxesLabel 选项用于设置坐标轴标签,这里横轴设为 n,纵轴设为 x_n;ImageSize 选项设置图像显示大小;LabelStyle 选项设置坐标轴显示样式,这里使用 Times New Roman 字体和 16 号字。这些选项的作用在于令图形更美观,后续为了简洁起见,将在绘图函数中忽略这些选项(读者可以结合例 1.1 自行添加),这样并不影响图形显示内容。

尽管 Hénon 映射是确定性的差分方程,但是图 1-2 表明其状态序列的分布具有随机性。

例 1.2 绘制 Hénon 映射相图。

在例 1.1 定义的 henon 函数基础上,使用如下 Wolfram 语句:

dat1=NestList[henon, {0.31, 0.77}, 3000];

ListPlot[{ #[[1]], 0.3 #[[2]]}&/@(Reverse/@dat1[[201;;-1]])]

这里,使用 NestList 函数得到长度为 3000 的状态序列 dat1。在列表 dat1 中,每个子列表包含两个元素,即$\{x_n, x_{n+1}\}$,结合例 1.1 和式(1-2)可知,这里的 x_n 是式(1-2)中的$y_n/0.3$,而这里的 x_{n+1} 是式(1-2)中的 x_n。Hénon 映射相图的横坐标拟使用式(1-2)中的 x_n 状态序列,而纵坐标使用 y_n 状态序列,因此,需要将 dat1 中的各个子列表中的两个元素对换位置(借助于 Reverse 函数实现),然后,将每个列表的第 2 个元素乘以 0.3,得到式(1-2)所示的 y_n 状态序列。在 ListPlot 函数中取了 dat1 列表的第 201 个子列表数据至其最后一个子列表数据,省略掉前面 200 个过渡态的子列表。绘出例 1.2 的 Hénon 映射相图,如图 1-3 所示。

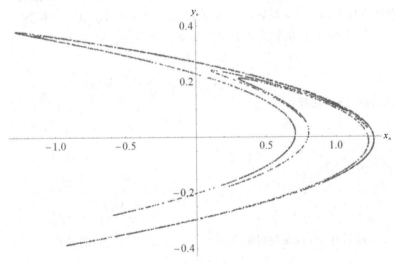

图 1-3 Hénon 映射相图

1.1.2 Lyapunov 指数

Lyapunov 指数用于表征相邻混沌轨道按指数方式发散或汇聚的快慢。这里引用了[8]中定义 Lyapunov 指数的方法。对于一个 m 维混沌系统 $\boldsymbol{F}(\boldsymbol{x})$ 而言,在时刻 n 从两个相邻轨道上选取两个点,分别记为 $\boldsymbol{x}_n$ 和 $\boldsymbol{y}_n$,$\boldsymbol{x}_n$ 和 $\boldsymbol{y}_n$ 为向量。在第 $n+1$ 个时刻时,这两个点分别演

化为 x_{n+1} 和 y_{n+1}。记

$$\boldsymbol{\delta}_{n+1} = \boldsymbol{y}_{n+1} - \boldsymbol{x}_{n+1} = \boldsymbol{F}(\boldsymbol{y}_n) - \boldsymbol{F}(\boldsymbol{x}_n) = \boldsymbol{J}_n \cdot (\boldsymbol{y}_n - \boldsymbol{x}_n) + o(\|\boldsymbol{y}_n - \boldsymbol{x}_n\|^2) \quad (1-4)$$

其中，$\boldsymbol{J}_n$ 为 $\boldsymbol{F}$ 在 $\boldsymbol{x}_n$ 处的 Jacobian 矩阵，$o(\|\boldsymbol{y}_n - \boldsymbol{x}_n\|^2)$ 表示比两点 $\boldsymbol{x}_n$ 和 $\boldsymbol{y}_n$ 间距离平方更高阶的无穷小量。

考察 $\boldsymbol{J}_n$ 的 m 个特征向量 $\{e_1, e_2, \cdots, e_m\}$ 张成的空间，这些特征向量对应的特征值记为 $\{\Lambda_1, \Lambda_2, \cdots, \Lambda_m\}$，$\boldsymbol{\delta}_n$ 在该空间的坐标记为 $\{a_1, a_2, \cdots, a_n\}$，则

$$\boldsymbol{\delta}_{n+1} = \boldsymbol{J}_n \boldsymbol{\delta}_n = a_1 \Lambda_1 e_1 + a_2 \Lambda_2 e_2 + \cdots + a_m \Lambda_m e_m \quad (1-5)$$

即 Λ_i 表示 $\boldsymbol{\delta}_n$ 在第 i 个方向上的发散或汇聚因子。于是第 i 个 Lyapunov 指数定义为

$$\lambda_i = \ln|\Lambda_i|, \quad i = 1, 2, \cdots, m \quad (1-6)$$

但是，每个时刻计算得到的 $\boldsymbol{J}_n$ 不同，每个时刻得到的 Lyapunov 指数也不同。为了得到 Lyapunov 指数的稳定值(已被证明存在[8])，对混沌轨道进行 N 次观测，得到 $\{\boldsymbol{J}_1, \boldsymbol{J}_2, \cdots, \boldsymbol{J}_N\}$，然后，计算这些矩阵的乘积矩阵 $\boldsymbol{J}$ 的特征值 $\{\Lambda_1, \Lambda_2, \cdots, \Lambda_m\}$，最后，使用式(1-7)计算第 i 个 Lyapunov 指数。

$$\lambda_i = \frac{1}{N} \ln|\Lambda_i|, \quad i = 1, 2, \cdots, m \quad (1-7)$$

在式(1-7)中，N 取值越大，计算值越接近理论值。

Lyapunov 指数谱 $\{\lambda_1, \lambda_2, \cdots, \lambda_m\}$ 中的最大值称为最大 Lyapunov 指数，如果最大 Lyapunov 指数为有限的正数，则说明该系统或时间序列具有混沌特性。对于图像密码学中使用的混沌系统而言，一般只需要借助于小数据量法求得其最大 Lyapunov 指数[9]，以证实该系统具有混沌特性。此外，常用的计算 Lyapunov 指数的方法为 Wolf 方法[10]。

这里，借助上述 Lyapunov 指数定义计算 Hénon 映射的 Lyapunov 指数。

将式(1-2)所示 Hénon 映射重新表示为如下所示形式：

$$\begin{cases} x_1^{(n+1)} = 1 - a\,(x_1^{(n)})^2 + x_2^{(n)} \\ x_2^{(n+1)} = b\,x_1^{(n)} \end{cases} \quad (1-8)$$

其中，n 表示观测时刻，则有

$$\begin{cases} x_1^{(n+1)} - x_1^{(n)} = -a\,((x_1^{(n)})^2 - (x_1^{(n-1)})^2) + (x_2^{(n)} - x_2^{(n-1)}) \\ x_2^{(n+1)} - x_2^{(n)} = b\,(x_1^{(n)} - x_1^{(n-1)}) \end{cases} \quad (1-9)$$

即

$$\begin{bmatrix} x_1^{(n+1)} - x_1^{(n)} \\ x_2^{(n+1)} - x_2^{(n)} \end{bmatrix} = \begin{bmatrix} -a\,(x_1^{(n)} + x_1^{(n-1)}) & 1 \\ b & 0 \end{bmatrix} \begin{bmatrix} x_1^{(n)} - x_1^{(n-1)} \\ x_2^{(n)} - x_2^{(n-1)} \end{bmatrix} \quad (1-10)$$

但是，式(1-10)只有在 Hénon 映射的不动点处才满足式(1-4)的条件。于是

$$\boldsymbol{J}_n = \begin{bmatrix} -a\,(x_1^{(n)} + x_1^{(n-1)}) & 1 \\ b & 0 \end{bmatrix} \quad (1-11)$$

由式(1-2)求得 Hénon 映射的不动点为 $A(0.631354, 0.18941)$ 和 $B(-1.13135, -0.33941)$，由图1-3可知，只有 A 点在相图中轨道上。因此，多次从 A 点出发迭代 Hénon 映射，按照式(1-7)和式(1-11)可计算得到其 Lyapunov 指数。

例 1.3 计算 Hénon 映射的 Lyapunov 指数。

代码如下：

```
Remove["*"]
a=1.4；b=0.3；xn=Solve[1-ax²+bx==x，{x}]
jac={{-a*2*Values[xn[[2]]][[1]]，1}，{b，0}}
eig=Eigenvalues[jac]
lambda=Log[Abs[eig]]
```

上述代码中，Remove 用于清除全部全局变量。然后，借助于 Solve 得到不动点的 x 坐标，这里得到 $\{\{x\to-1.13135\}，\{x\to0.63135\}\}$，然后，使用 0.63135 构造 Jacobian 矩阵 jac，再借助于 Eigenvalues 得到 jac 的特征值，最后，根据式(1-6)得到 Lyapunov 指数，为 $\{0.654，-1.858\}$。

1.2　伪随机数设计

计算机无法生成真正的随机数。C♯语言等内置的伪随机数函数是借助于大数相乘再取模实现的，当初始值（"种子"）相同时，将生成完全相同的伪随机数序列。图像数据或大文本数据的加密需要大量的伪随机数，并要求"种子"空间（密钥空间）足够大，生成的伪随机序列的随机特性满足要求（随机性统计指标）。

1.2.1　迭代初始值

Hénon 映射适合用于生成图像加密用的伪随机数序列，有以下原因：

（1）Hénon 映射为离散动力系统，相邻的任两个状态值间跳跃大（在轨道上的间隔大）。

（2）在 Hénon 映射迭代过程中，序列不会遇到不动点（不动点是无理数，在计算机仿真中不会遇到）。

（3）可以准确地确定 Hénon 映射的初始值范围。将式(1-3)重新表示为

$$u_{n+1}=1-a\,u_n^2+b\,u_{n-1} \tag{1-12}$$

在式(1-12)中，令 $u_0=u_{-1}$，作为 Hénon 映射的初始值。可以证明 u_0 的取值范围为区间 $[-1.13135，1.40583]$。

证明： 在图 1-4 中画出了函数 $f(u)=au^2$ 和 $f(u)=bu+1$ 的图像。设式(1-12)的初始

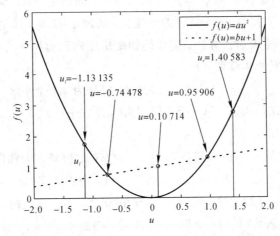

图 1-4　函数 $f(u)=au^2$ 和 $f(u)=bu+1$ 的图像

值在区间 $[u_l, u_r]$ 上时，Hénon 映射的迭代将落入混沌区中。

先考虑左边界 u_l，易知 u_l 满足

$$(bu_l + 1) - a u_l^2 = u_l \qquad (1-13)$$

代入 $a=1.4$ 和 $b=0.3$，同时考虑到 $u_l<0$，可解得 $u_l = -1.131\,35$。

现在考虑右边界 u_r，将 u_r 代入式(1-12)后迭代一次将得到一个负的状态值，然后，再继续迭代 3 次，且最后一次迭代后的状态值需大于等于 u_l，即

$$\begin{cases} (bu_r + 1) - a u_r^2 = u_1 \\ (bu_r + 1) - a u_1^2 = u_2 \\ (bu_1 + 1) - a u_2^2 = u_3 \\ (bu_2 + 1) - a u_3^2 \geqslant u_l \end{cases} \qquad (1-14)$$

将方程组(1-14)中的第 4 个不等式取等号，将 $a=1.4$、$b=0.3$、$u_l=-1.131\,35$ 代入方程组中，同时，考虑到 $u_r>1$，可解得 $u_r=1.405\,83$。

此外，图 1-4 还给出了 $(bu+1)-a u^2=0$ 的解 $u=\{-0.744\,78, 0.959\,06\}$，在这两个解之间，当 $u=0.107\,14$ 时，$(bu+1)-a u^2$ 取得最大值 $1.0161<|u_l|$。因此，式(1-12)所示的一维形式的 Hénon 映射的初始值范围为区间 $[u_l, u_r] = [-1.131\,35, 1.405\,83]$。

但是，图 1-3 显示 Hénon 映射的相图只占据极少的相平面，上述虽然限定了初始值的范围，但仍无法确保其中的全部数值都能使 Hénon 映射在短期(过渡期)迭代后进入混沌态。例如，在混沌态范围内的一个初始值 $u=1.0043$，将其代入式(1-12)迭代十几步后就发散了。因此，为了保证全部给定的初始值迭代后均落入混沌吸引子中，设定当迭代的状态值逃逸到区间 $[u_l, u_r]$ 外时，即状态值小于 u_l 时(状态值不可能大于 u_r)，状态值关于 u_l 对称。如果该状态值为 u，则用 $2u_l-u$ 替换 u 的值。

(4) Hénon 映射产生的伪随机序列具有优良的统计特性(将在 1.3 节讨论)。

1.2.2 伪随机数发生器

设密钥 $\boldsymbol{K}$ 为 $8m$ 位长，m 一般取大于 15 的正整数，保证密钥长度最小为 128 位。将密钥 $\boldsymbol{K}$ 记为 $\{k_1, k_2, \cdots, k_m\}$，其中，每个元素为 8 位长。借助于 Hénon 映射生成用于图像加密的伪随机序列的算法称为逐级迭代算法，生成的伪随机序列记为 $\{a_j\}$，$j=0, 1, 2, \cdots, L-1$，L 为序列长度，具体的计算步骤如下：

(1) 将区间 $[u_l, u_r] = [-1.131\,35, 1.405\,83]$ 等分为 256 个小区间，每个小区间的长度为 $d=0.009\,910\,859\,375$。因此，第 k 个小区间为 $[u_l+(k-1)d, u_l+kd]$，$k=1, 2, \cdots, 256$。

(2) 令 $i=1$。

(3) 由 k_i 的值确定第 k_i+1 个小区间，由 $k_{i+1}/256$ 的值确定偏移值，在这种情况下，由 k_i 和 k_{i+1} 可得到实数 $u_l+k_id+k_{i+1}d/256$。如果 $i=1$，则将该实数赋给 u_0 和 u_{-1}；否则，将该实数乘以 2/3 加上 u_{64} 乘以 1/3 的积后赋给 u_0 和 u_{-1}。(注：这里的 u_{64} 在第(4)步中产生)

(4) 将 u_0 和 u_{-1} 代入式(1-12)，迭代 64 次后，得到 u_{63} 和 u_{64}。在迭代过程中，如果发现迭代过程中得到的某个状态值 u 小于 u_l，则用 $2u_l-u$ 替换该状态值 u。

（5）令 $i=i+2$。如果 $i<m$，则跳转到第（3）步；如果 $i=m$，则使用 $k_L/256$ 确定偏移值。否则，继续到第（6）步。

（6）将 u_{63} 赋给 u_{-1}，将 u_{64} 赋给 u_0。

（7）将 u_0 和 u_{-1} 代入式（1-12），迭代 L 次，得到序列 $\{u_j\}$，$j=1,2,\cdots,L$。

（8）由 $\{u_j\}$ 得到序列 $\{a_{j-1}\}$，$j=1,2,\cdots,L$，即

$$a_{j-1} = ((u_j + 2) - \mathrm{floor}(u_j + 2)) \times 10^{12} \bmod 256 \tag{1-15}$$

$\{a_j\}$（其中 $j=0,1,2,\cdots,L-1$）即为直接用于图像加密的伪随机序列，也称为等价密钥。

这里设 $m=64$，即使用长度为 512 位的密钥。

例 1.4　产生伪随机数生成程序。

使用以下代码产生一个长度为 512 位的随机密钥 key：

```
k1=RandomInteger[1，512];
k2=Partition[k1，8];
key=FromDigits[＃，2]&/@k2
```

这里，生成的密钥为：$\{176, 83, 246, 222, 173, 132, 78, 30, 125, 197, 147, 128,$
$38, 199, 67, 93, 173, 32, 69, 37, 244, 186, 53, 85, 217, 91, 182, 76, 0, 187, 30, 100,$
$47, 206, 103, 98, 209, 10, 110, 145, 36, 231, 120, 11, 177, 130, 41, 104, 108, 234,$
$202, 59, 9, 192, 183, 179, 175, 199, 15, 69, 220, 51, 11, 9\}$。借助于该密钥使用上述的算法产生长度为 512×512 的伪随机数序列，首先，由密钥 key 生成每个循环开始时的初值：

```
key2=Partition[key，2];
ul=-1.13135；ur=1.40583;
d=(ur-ul)/256
init1=Table[ul+x[[1]]d+x[[2]]d/256，{x，key2}]
init2=Table[{x，x}，{x，init1}]
```

定义 Hénon 映射如下：

```
henon[x_，y_]:={1-1.4 x²+y，0.3x}/.{a_，b_}/;a<ul→{2ul-a，b}
```

上述代码在每次计算 Hénon 映射的状态值后，都检测 x 状态的值，如果 $x<u_l$，则用 $2u_l-x$ 替换 x 的值，上述代码中用"/.｛a_，b_｝/;a<u_l→｛$2u_l$-a，b｝"实现这个功能。

```
t={0，0};
Table[t=Nest[henon[＃[[1]]，＃[[2]]]&，2x/3+(t/.{a_，b_}→{b，b})/3，
    64]，{x，init2}]
a1=NestList[henon[＃[[1]]，＃[[2]]]&，t，512*512];
a2=Flatten[a1][[3;;-1;;2]];
a=Mod[IntegerPart[FractionalPart[a2]10¹²]，256];
```

这里的 **a** 即为长度为 512×512 的伪随机数序列，每个元素取值在 0 至 255 之间。调用下面语句

```
Histogram[a，256]
```

展示序列 **a** 的直方图，如图 1-5 所示。

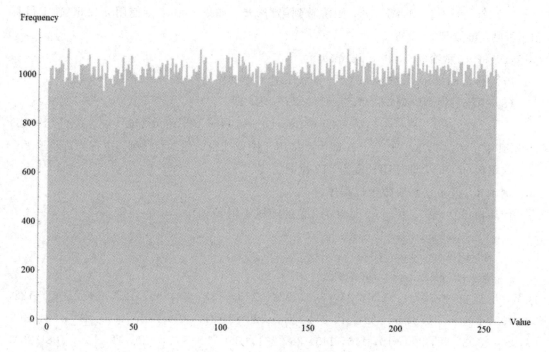

图 1-5　序列 a 的直方图

从图 1-5 可知，序列 a 中的随机数分布均匀。

1.3　随机性检验

一个伪随机数序列要用于图像加密，必须通过严格的随机性检验。本节给出两类检验标准，即 FIPS 140-2（实际上是 FIPS140-1）和 SP800-22 Revision 1a（即 SP800-22 修订版 1a）。

1.3.1　FIPS140-2 随机性测试

FIPS140-2 随机性测试包括四项，即单比特测试（Monobit Test）、扑克测试（Poker Test）、游程测试（Runs Test）和长游程测试（Long Run Test），测试序列为位序列，记为 S，长度为 20 000 位。测试标准如下：

（1）单比特测试。计算位序列 S 中比特 1 的个数 k，如果 $9725 < k < 10\ 275$，则通过单比特测试。

（2）扑克测试。将位序列 S 按连续的 4 位一组，划分为 5000 组，即将位序列 S 转化为 5000 个十六进制数，每个十六进制数出现的频数记为 f_i，$i=0,1,2,\cdots,15$，令

$$p = \frac{16}{5000}\sum_{i=0}^{15} f_i^2 - 5000 \tag{1-16}$$

若满足 $2.16 < p < 46.17$，则通过扑克测试。

（3）游程测试。如果 0 游程或 1 游程的长度及其出现次数满足表 1-1，则通过游程测试。

表 1 - 1　游程测试随机性准则

游程长度	1	2	3	4	5	≥6
数值范围	2315～2685	1114～1386	527～723	240～384	103～209	103～209

（4）长游程测试。最长的 0 游程或 1 游程的长度小于 26，则通过长游程测试。

下面使用例 1.4 生成的序列 a 的前 2500 个数据，转化为位长度为 20 000 的位序列 S，然后，测试 S 的随机特性。

例 1.5　FIPS140 - 2 随机性测试。

代码如下：

```
s＝Flatten[IntegerDigits[#，2，8]&/@a[[1;;2500]]];
monobit1＝Total[s]
monobit0＝20000 - monobit1
```

上述单比特测试的计算结果为比特 1 的个数 monobit1 为 10 016，比特 0 的个数 monobit0 为 9984，列于表 1 - 2 中。计算如下：

```
p1＝Partition[s，4];
p2＝FromDigits[#，2]&/@p1;
{bins，p3}＝HistogramList[p2，16]
p＝Total[p3²]16/5000 - 5000//N
```

计算得到 $p=11.296$，列于表 1 - 2 中。

表 1 - 2　序列 S 的 FIPS140 - 2 随机性测试结果

项　目	单比特测试	扑克测试	游程测试 游程长度						长游程测试
			1	2	3	4	5	≥6	
比特 0	9984	11.296	2382	1253	641	315	171	154	0
比特 1	10016		2423	1245	601	336	143	168	0
理论值	9725～10725	2.6～46.17	2315～2685	1114～1386	527～723	240～384	103～209	103～209	0
结果	通过	通过	通过	通过	通过	通过	通过	通过	通过

下面计算 1 游程出现的次数：

```
s1＝Join[{0}，s，{0}];
t11＝Partition[s1，3，1];
n11＝Cases[t11，{0，1，0}];
run11＝Length[n11]
```

上述代码计算得到长度为 1 的 1 游程的个数为 2382。

```
Table[Length[Cases[Partition[s1,n,1],Join[{0},Table[1,{i,n-2}],{0}]]],{n,4,7}]
```

上述代码计算长度为 2、3、4、5 的 1 游程的个数分别为 1253、641、315、171。

```
Total[Table[Length[Cases[Partition[s1,n,1],Join[{0},Table[1,{i,n-2}],{0}]]],
{n,8,28}]]
```

上述代码计算长度大于等于 6 的游程(实际上是长度为 6 至 26 的游程)的个数总和为 154。

Length[Cases[Partition[s, 26, 1], Table[1, {i, 26}]]]

上述代码是查找长度大于等于 26 的 1 游程是否存在,返回值为 0,表示不存在长度大于等于于 26 的 1 游程。

下述代码计算 0 游程出现的次数,结果列于表 1-2 中。

s2=Join[{1}, s, {1}];

Table[Length[Cases[Partition[s2, n, 1], Join[{1}, Table[0, {i, n-2}], {1}]]], {n, 3, 7}]

Total[Table[Length[Cases[Partition[s2, n, 1], Join[{1}, Table[0, {i, n-2}], {1}]]], {n, 8, 28}]]

Length[Cases[Partition[s, 26, 1], Table[0, {i, 26}]]]

从表 1-2 可知,序列 S 通过全部的 FIPS140-2 随机性测试项目,可以认为其具有随机特性。

1.3.2　SP800-22 随机性测试

一般地,对于用于图像密码系统的伪随机序列,只需要其通过 FIPS140-2 规定中的随机性测试项目。相对于 FIPS140-2 的测试项目,SP800-22 是更严格的测试,可以认为是用于图像密码系统的伪随机序列的终极测试,即通过 SP800-22 规定的 15 种测试项目的伪随机序列,一定可以用于图像密码系统。SP800-22 修订版 1a 规定的 15 种测试项目依次为:单比特频率测试(Monobit Frequency Test)、块内频率测试(Frequency Test within a Block)、游程测试(Runs Test)、块内最长 1 游程测试(Test for the Longest Run of Ones in a Block)、二进制矩阵秩检验(Binary Matrix Rank Test)、离散傅里叶(谱)测试(Discrete Fourier Transform (Spectral) Test)、非重叠模板匹配测试(Non-overlapping Template Matching Test)、重叠模板匹配测试(Overlapping Template Matching Test)、Maurer 通用统计测试(Maurer's "Universal Statistical" Test)、线性复杂度测试(Linear Complexity Test)、序列测试(Serial Test)、近似熵测试(Approximate Entropy Test)、累加和测试(Cumulative Sums (CUSUMs) Tests)、随机旅行测试(Random Excursions Test)和随机旅行变种测试(Random Excursions Variant Test)。每种测试将计算一个 P-value(P 值),与给定的水平值比较,从而判定序列是否具有随机性。

SP800-22 修订版 1a 建议测试的比特序列的长度为 $10^3 \sim 10^7$,这里使用长度为 $n=10^6$ 的测试位序列 S,来自例 1.4 生成的序列 a 的前 125 000 个元素。下面介绍各个测试项目和判别标准。

1. 单比特频率测试

单比特频率测试计算序列中比特 1 出现的频率,这个频率值越接近 1/2,序列的随机性越好。测试过程如下:

(1) 将 0-1 位序列 S 变换为 $X=2S-1$,即将序列中的 0 变换为 -1;

(2) 对序列 X 求和,令 $s_x=\text{sum}(X)$;

(3) 计算测试统计量 $s_{\text{obs}}=\dfrac{|s_x|}{\sqrt{n}}$;

（4）计算 P-value$=\mathrm{erfc}\left(\dfrac{s_{\mathrm{obs}}}{\sqrt{2}}\right)$，这里 erfc 为余误差函数。

如果计算得到的 P-value$\geqslant0.01$，则认为测试的比特序列通过单比特频率测试，可认为其具有随机性；否则，认为序列是非随机的。单比特频率测试是首要的测试项目，如果单比特频率测试失败，则后续测试结果将失去意义。

例1.6 单比特频率测试。

代码如下：

```
s＝Flatten[IntegerDigits[a[[1;;125000]], 2, 8]]
x＝2s－1
sx＝Total[x]
n＝10⁶
sobs＝Abs[sx]/Sqrt[n]
pvalue＝Erfc[sobs/√2]//N
```

上述代码的计算结果为 P-value$=0.9984\geqslant0.01$，即 S 序列可认为是随机的。

2. 块内频率测试

块内频率测试是考察序列的任意长子序列中比特 1 的频率是否接近 1/2。测试过程如下：

（1）将长度为 n 的比特序列 S 分成 N 块，每块长度记为 m，舍弃不足一块的末尾比特；

（2）计算每块内比特 1 的频率 $f_i(i=1, 2, \cdots, N)$：

$$f_i = \frac{1}{m}\sum_{j=1}^{m}S((i-1)m+j)$$

（3）计算 χ^2 统计量，如下式所示：

$$\chi^2(\mathrm{obs}) = 4m\sum_{i=1}^{N}\left(f_i - \frac{1}{2}\right)^2 \tag{1-17}$$

（4）计算 P-value$=\mathrm{igamc}(N/2, \chi^2(\mathrm{obs})/2)$，这里 igamc 为上不完全伽玛函数。

如果计算得到的 P-value$\geqslant0.01$，则认为序列是随机的；否则，认为序列是非随机的。当每块的长度 $m=1$ 时，块内频率测试退化为单比特频率测试。这里取 $m=100$。

例1.7 块内频率测试。

代码如下：

```
s＝Flatten[IntegerDigits[a[[1;;125000]], 2, 8]]
m＝100
s2＝Partition[s, m]
chai2＝4mTotal[((Total/@s2)/m－1/2)²]//N
pvalue＝Gamma[n/(2m), chai2/2]/Gamma[n/(2m)]//N
```

计算结果为 P-value$=0.2653\geqslant0.01$，可以认为序列 S 是随机的。

3. 游程测试

游程测试检验比特序列中 1 游程和 0 游程的分布是否均匀。测试过程如下：

（1）计算统计量：

$$V_n(\mathrm{obs}) = 1 + \sum_{k=1}^{n-1}r(k) \tag{1-18}$$

其中，$r(k)$ 反映相邻比特的相位特性，如果相邻的比特同相，即 $S(k) = S(k+1)$，则 $r(k) = 0$；如果相邻的比特反相，即 $S(k) \neq S(k+1)$，则 $r(k) = 1$。

（2）计算 P-value：

$$\text{P-value} = \text{erfc}\left(\frac{V_n(\text{obs}) - 2n\pi(1-\pi)}{2\sqrt{2n}\pi(1-\pi)}\right) \qquad (1-19)$$

其中的 π 表示序列中比特 1 出现的频率。

如果计算得到的 P-value$\geqslant 0.01$，则认为测试的比特序列通过游程测试，可认为其具有随机性；否则，认为序列是非随机的。

例 1.8 游程测试。

代码如下：

```
s3 = Partition[s, 2, 1]
rk = Cases[s3, {0, 1} | {1, 0}]
vnobs = 1 + Length[rk]
ps = Total[s]/n
pvalue = Erfc[Abs[vnobs-2nps(1 - ps)]/(2√2n ps(1 - ps))]//N
```

计算结果为 P-value$= 0.8808 \geqslant 0.01$，表示测试的序列 S 具有随机性。

4. 块内最长 1 游程测试

块内最长 1 游程测试考察序列中最长的 1 游程的长度是否符合随机序列的要求（由于 0 游程和 1 游程具有等价属性，无须进行块内最长 0 游程测试）。测试过程如下：

（1）将长度为 n 的序列 S 分成 N 块，每块长度为 m。一般地，分块法则按表 1-3 进行。

表 1-3 分块法则

序列长度 n/比特	分块长度 m/比特
$128 \leqslant n < 6272$	8
$6272 \leqslant n < 750\,000$	128
$750\,000 \leqslant n$	10 000

划分的块数 $N = \text{floor}(n/m)$，$\text{floor}(x)$ 为返回正数 x 的整数部分。

（2）对于每个块，求得其最长的 1 游程的长度，然后，统计 N 个块中各类同长度的最长 1 游程的块数，如表 1-4 所示。

表 1-4 同长度的最长 1 游程的块数统计

v_i	$m=8$	$m=128$	$m=10\,000$
v_0	最长 1 游程长度为 1 的块数	最长 1 游程长度小于 5 的块数	最长 1 游程长度小于 11 的块数
v_1	最长 1 游程长度为 2 的块数	最长 1 游程长度为 5 的块数	最长 1 游程长度为 11 的块数
v_2	最长 1 游程长度为 3 的块数	最长 1 游程长度为 6 的块数	最长 1 游程长度为 12 的块数
v_3	最长 1 游程长度大于 3 的块数	最长 1 游程长度为 7 的块数	最长 1 游程长度为 13 的块数
v_4		最长 1 游程长度为 8 的块数	最长 1 游程长度为 14 的块数
v_5		最长 1 游程长度大于 8 的块数	最长 1 游程长度为 15 的块数
v_6			最长 1 游程长度大于 15 的块数

（3）计算 χ^2 统计量：

$$\chi^2(\mathrm{obs}) = \sum_{i=0}^{K} \frac{(v_i - N\pi_i)^2}{N\pi_i} \qquad (1-20)$$

由表 1-4 可知，当 $m=8$、128 和 10 000 时，K 的值分别为 3、5 和 6。π_i 的值如表 1-5 所示。

表 1-5　π_i 的值

π_i	$m=8$	$m=128$	$m=10\ 000$
π_0	0.2148	0.1174	0.0882
π_1	0.3672	0.2430	0.2092
π_2	0.2305	0.2493	0.2483
π_3	0.1875	0.1752	0.1933
π_4		0.1027	0.1208
π_5		0.1124	0.0675
π_6			0.0727

（4）计算 P-value $=$ igamc$(K/2, \chi^2(\mathrm{obs})/2)$，这里 igmac 为上不完全伽玛函数。

如果计算得到的 P-value $\geqslant 0.01$，则认为测试序列通过块内最长 1 游程测试，序列是随机的；否则，序列是非随机的。

例 1.9　块内最长 1 游程测试。

这里位序列 S 的长度 $n=10^6$，故取 $m=10\ 000$。

代码如下：

```
s4＝Partition[s, 10000]
    vi1＝Table[Length[Cases[Partition[♯, n, 1], Join[{0}, Table[1, {i, n－2}], {0}]]],
    {n, 3, 28}]&./@s4
    vi2＝Reverse/@vi1
    vi3＝FirstPosition[♯, n_/;n＞0]&./@vi2
    vi4＝27－Flatten[vi3]
    vi5＝If[♯＜11, 10, ♯]&./@vi4
    vi6＝If[♯＞15, 16, ♯]&./@vi5
    v＝Table[Count[vi6, n_/;n＝＝i], {i, 10, 16}]
    pii＝{0.0882, 0.2092, 0.2483, 0.1933, 0.1208, 0.0675, 0.0727}
    m＝10000
    chai4＝Total[(v－(n/m)pii)²/((n/m)pii)]
    pvalue＝Gamma[6/2, chai4/2]/Gamma[6/2]//N
```

计算结果为 P-value $=0.8082＞0.01$，说明序列 S 通过了块内最长 1 游程测试，认为其具有随机性。

需要说明的是，Mathematica 软件中 Log$[x]$ 表示数学上以 e 为底 x 对数（即 ln$x$）；Log2$[x]$ 表示以 2 为底 x 的对数（即 lb$x$）；Log10$[x]$ 表示以 10 为底 x 的对数（即 lg$x$）；任意底 a 时用 Log$[a, x]$ 表示以 a 为底 x 的对数。因此，为方便读者与代码中语句进行对照，书中关于对数的表达方式均与程序代码中原始语句保持一致，未特别指出底数的 log$x$ 表示以 e 为底 x 的对数，即程序中的 $\text{Log}[x]$。

5. 二进制矩阵秩测试

二进制矩阵秩测试检验定长序列间的线性相关性。测试过程如下：

(1) 将序列 S 分成大小为 $M \times Q$ 的互相不重叠的二进制矩阵，记为 R_i，$i=1,2,\cdots,N$，$N=\text{floor}[n/(MQ)]$，这里 n 表示比特序列 S 的长度。在 SP800 标准中，默认 $M=Q=32$，序列长度至少为 $38MQ$。

(2) 计算每个二进制矩阵的秩，记为 r_i，$i=1,2,\cdots,N$。计算秩的方法为：借助于异或运算将二进制矩阵简化为最简三角阵，然后，统计不为 0 的行的个数，即为该二进制矩阵的秩。

(3) 统计满秩、秩为 $M-1$ 和秩小于 $M-1$ 的矩阵的个数，分别记为 k_0、k_1 和 k_2。

(4) 计算 χ^2 统计量：

$$\chi^2(\text{obs}) = \frac{(k_0 - 0.2888N)^2}{0.2888N} + \frac{(k_1 - 0.5776N)^2}{0.5776N} + \frac{(k_2 - 0.1336N)^2}{0.1336N} \quad (1-21)$$

式(1-21)中的常数 0.2888、0.5776 和 0.1336 只针对 $M=Q=32$ 时的情况。

(5) 计算 $\text{P-value} = \exp\left(-\dfrac{\chi^2(\text{ops})}{2}\right)$，这里 exp 表示以 e 为底的指数函数。

如果计算得到的 P-value$\geqslant 0.01$，则可认为序列是随机的；否则，认为序列是非随机的。

例 1.10 二进制矩阵秩测试。

这里令 $M=Q=32$，$n=10^6$，$N=n/(MQ)=976$。

代码如下：

```
s5＝Partition[Partition[s[[1;;32 * 32 * Floor[10⁶/(3232)]]], 32], 32]
rank＝Map[Count[＃, n_; n>0]&., Map[Total, (RowReduce[＃, Modulus→2]&./
    @s5), {2}], {1}]
rank1＝If[＃＜30, 30, ＃]&./@rank
k0＝Count[rank1, 32]
k1＝Count[rank1, 31]
k2＝Count[rank1, 30]
chai5＝(k0－0.2888 * 976)²/(0.2888 * 976)＋(k1－0.5776 * 976)²/(0.5776 * 976)＋
    (k2－0.336 * 976)²/(0.1336 * 976)
pvalue＝Exp[－chai5/2]
```

计算得到 P-value$=0.0719>0.01$，说明序列 S 通过了二进制矩阵秩测试，可认为其具有随机性。

讨论：该测试使用长度为 10^5 的位序列时，效果更好。将上述代码中的 $n=10^6$ 改为 $n=10^5$，同时将 $N=976$ 改为 $N=97$，得到的 P-value 值为 0.4317，更具有说服力。

6. 离散傅里叶(谱)测试

离散傅里叶(谱)测试用于检测序列中有无周期现象存在。测试过程如下：

(1) 设待检测的长度为 n 的序列为 S，令 $X=2S-1$，即将原序列中的 0 变换为 -1。

(2) 作离散傅里叶变换，记 $F=\text{DFT}(X)$，计算 $F_1=\text{modulus}[F(1:n/2)]$，modulus 为求复数的模的函数。

(3) 计算 $T=\sqrt{\left(\log\dfrac{1}{0.05}\right)n}$，接着，计算 $N_0=0.95n/2$，然后，求得 F_1 小于 T 的峰点

数，记为 N_1。

(4) 计算 $d = \dfrac{N_1 - N_0}{\sqrt{0.95 \times 0.05 n/4}}$。

(5) 计算 $\text{P-value} = \text{erfc}\left(\dfrac{|d|}{\sqrt{2}}\right)$。

如果计算得到的 P-value $\geqslant 0.01$，则可认为序列是随机的；否则，认为序列是非随机的。

例 1.11 离散傅里叶(谱)测试。

(此题留作习题 1，其实现程序可参考习题 1 答案。)

7. 非重叠模板匹配测试

非重叠模板匹配测试检测序列中特定模式(称为模板)出现的频率情况。测试过程如下：

(1) 将待测试序列 S(长度为 n)分成互不重叠的 N 块，每块长度为 M，要求 $N \leqslant 100$，SP800-22 标准示例中选取了 $N=8$。

(2) 设定长度为 m 的模板 B，一般地 m 取为 9 或 10。

(3) 搜索每个块中模板 B 出现的次数，记为 W_j，$j=1, 2, \cdots, N$。搜索过程为从左向右逐位移动匹配，如果模板匹配成功，则跳过待测序列中该匹配的部分，继续搜索其余的部分。

(4) 根据 m 和 M 计算两个统计量，即均值 μ 和方差 σ^2，如式(1-22)和式(1-23)所示。

$$\mu = \frac{M - m + 1}{2^m} \tag{1-22}$$

$$\sigma^2 = M\left(\frac{1}{2^m} - \frac{2m-1}{2^{2m}}\right) \tag{1-23}$$

(5) 计算 χ^2 统计量：

$$\chi^2(\text{obs}) = \sum_{j=1}^{N} \frac{(W_j - \mu)^2}{\sigma^2} \tag{1-24}$$

(6) 计算 $\text{P-value} = \text{igamc}(N/2, \chi^2(\text{obs})/2)$，这里 igamc 为上不完全伽玛函数。

如果计算得到的 P-value $\geqslant 0.01$，则可认为序列是随机的；否则，认为序列是非随机的。

这里选取划分的块数为 $N=20$，模板 $B=\{1\ 0\ 0\ 1\ 1\ 0\ 1\ 0\ 1\ 1\}$，模板长度为 $m=10$。

例 1.12 非重叠模板匹配测试。

代码如下：

```
n1=20
b1={1, 0, 0, 1, 1, 0, 1, 0, 1, 1}
m1=n/n1
s1=Partition[s, m1]
w1=Length/@ (SequenceCases[#, b1, Overlaps→False]&./@s1)
miyou=(m1-10+1)/2^10 //N
segma2=m1(1/2^10-(20-1)/2^20)//N
chai7=Total[(w1-miyou)^2/segma2]
pvalue=Gamma[20/2, chai7/2]/Gamma[20/2]
```

计算结果为 P-value $=0.8585 > 0.01$，说明序列 S 通过非重叠模板匹配测试，可认为其具有随机性。

8. 重叠模板匹配测试

重叠模板匹配测试与非重叠模板匹配测试类似,用于检测序列中特定模式(称为模板)出现的频率情况,不同之处在于前者无论匹配成功与否,均从左向右逐位移位匹配。测试过程如下:

(1) 将待测试序列 S(长度为 n)分成互不重叠的 N 块,每块长度为 M,要求 $n \geqslant 10^6$,SP800-22 标准中选取了 $N=968$,$M=1032$,自由度 $K=5$。

(2) 设定长度为 m 的模板 B,一般地 m 取为 9 或 10,模板 B 采用 1 游程。

(3) 搜索每个块中模板 B 出现的次数,记为 W_j,$j=1,2,\cdots,N$。搜索过程为:从左向右逐位移动匹配,如果模板匹配成功,则 W_j 累加 1。对于所有的 $j=1,2,\cdots,N$,如果 $W_j=0$,则 v_0 累加 1;如果 $W_j=1$,则 v_1 累加 1;如果 $W_j=2$,则 v_2 累加 1;如果 $W_j=3$,则 v_3 累加 1;如果 $W_j=4$,则 v_4 累加 1;如果 $W_j>4$,则 v_5 累加 1。

(4) 根据 m 和 M 计算两个统计量 λ 和 η,如式(1-25)和式(1-26)所示。

$$\lambda = \frac{M-m+1}{2^m} \tag{1-25}$$

$$\eta = \frac{\lambda}{2} = \frac{M-m+1}{2^{m+1}} \tag{1-26}$$

根据 η 的值,计算概率

$$\pi_0 = \exp(-\eta), \quad \pi_1 = \frac{\eta}{2}\exp(-\eta)$$

$$\pi_2 = \frac{\eta\exp(-\eta)}{8}(\eta+2) \quad \pi_3 = \frac{\eta\exp(-\eta)}{8}\left(\frac{\eta^2}{6}+\eta+1\right)$$

$$\pi_4 = \frac{\eta\exp(-\eta)}{16}\left(\frac{\eta^3}{24}+\frac{\eta^2}{2}+\frac{3\eta}{2}+1\right), \quad \pi_5 = 1-\sum_{i=0}^{4}$$

(5) 计算 χ^2 统计量。

$$\chi^2(\text{obs}) = \sum_{i=0}^{5}\frac{(v_i-N\pi_i)^2}{N\pi_i} \tag{1-27}$$

(6) 计算 P-value=igamc($5/2$, χ^2(obs)$/2$),这里 igamc 为上不完全伽玛函数。

如果计算得到的 P-value$\geqslant 0.01$,则可认为序列是随机的;否则,认为序列是非随机的。这里选取划分的块数为 $N=968$,每块长度为 $M=1032$,模板长度为 $m=9$。

例 1.13 重叠模板匹配测试。

代码如下:

```
s1=Partition[s, 1032]
w1=Length/@(SequenceCases[#, b1, Overlaps→True]&/@s1)
w2=If[#>4, 5, #]&/@w1
v1=Table[Count[w2, i], {i, 0, 5}]
m1=1032
lanbta=(m1-9+1)/2^9
yita=lanbta/2
pii0=Exp[-yita]//N
pii1=yita1/2Exp[-yita]//N
pii2=yita Exp[-yita]/8(yita+2)//N
```

pii3＝yita Exp[－yita]/8(yita^2/6＋yita＋1)//N

pii4＝yita Exp[－yita]/16(yita^3/24＋yita^2/2＋3yita/2＋1)//N

pii5＝1－pii0－pii1－pii2－pii3－pii4

pii＝{pii0，pii1，pii2，pii3，pii4，pii5}

chai8＝Total[(v1－n1 pii)^2/(n1 pii)]

pvalue＝Gamma[5/2，chai8/2]/Gamma[5/2]

计算结果为 P-value＝0.0321＞0.01，说明序列 S 通过了重叠模板匹配测试，可认为其具有随机性。

9. Maurer 通用统计测试

Maurer 通用统计测试检测序列能不能被显著压缩，一个能被显著压缩的序列不是随机序列。测试过程如下：

(1) 将长度为 n 的待测序列 S 分成两部分，其一为初始化部分，包括 Q 个长度为 L 的非重叠的块；其二为测试部分，包括 K 个长度为 L 的非重叠块，$K＝n/L－Q$。对 L 和 Q 的要求如表 1-6 所示。

表 1-6　L 和 Q 的设定要求

序号	序列长度	L	$Q＝10×2^L$
1	≥387 840	6	640
2	≥904 960	7	1280
3	≥2 068 480	8	2560
4	≥4 654 080	9	5120
5	≥10 342 400	10	10 240
6	≥22 753 280	11	20 480
7	≥49 643 520	12	40 960
8	≥107 560 960	13	81 920
9	≥231 669 760	14	163 840
10	≥496 435 200	15	327 680
11	≥1 059 061 760	16	655 360

根据表 1-6，如果序列长度为 10^6，则应取 $L＝7$，$Q＝1280$。

(2) 定义一个数组 T，长度为 2^L，元素下标 i 使用 L 位长的二进制数表示，即 $T(i)$，$i＝0，1，\cdots，2^L－1$。对于 $L＝7$ 的情况，在初始化部分，记录下标 i 所对应的长为 L 的二进制序列出现在 Q 中的最后位置 j，则 $T(i)＝j$；如果下标 i 所对应的长为 L 的二进制序列在 Q 中未出现，则 $T(i)＝0$。位置编号如图 1-6 所示。

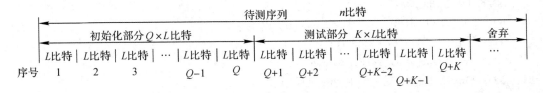

图 1-6　序列划分情况

（3）设定 sum＝0。在测试部分，从左向右依次处理各个长度为 L 比特的块：对于第 $Q+1$ 个位置的 L 比特数据块，这 L 比特二进制数对应的十进制数记为 i_1，计算 sum＝sum＋$\log_2[Q+1-T(i_1)]$，然后令 $T(i_1)=Q+1$；接着，对于第 $Q+2$ 个位置的 L 比特数据块，这 L 比特二进制数对应的十进制数记为 i_2，计算 sum＝sum＋$\log_2[Q+2-T(i_2)]$，然后令 $T(i_2)=Q+2$；以此类推，直到第 $Q+K$ 个位置的 L 比特数据块，这 L 比特二进制数对应的十进制数记为 i_K，计算 sum＝sum＋$\log_2[Q+K-T(i_K)]$，然后令 $T(i_K)=Q+K$。

（4）计算 $f_n=\text{sum}/K$。

（5）计算 P-value，如式（1－28）所示。

$$\text{P-value} = \text{erfc}\left(\left|\frac{f_n - \text{expectedValue}(L)}{\sqrt{2}\,\sigma}\right|\right) \tag{1－28}$$

其中，$\sigma = c\sqrt{\dfrac{\text{variance}(L)}{K}}$，$c = 0.7 - \dfrac{0.8}{L} + \left(4 + \dfrac{32}{L}\right)\dfrac{K^{-3L}}{15}$。

式（2－41）中 expectedValue(L) 和 variance(L) 的值可以从表 1－7 中查得。

表 1－7　expectedValue(L) 和 variance(L) 的值

序号	L	expectedValue(L)	variance(L)
1	6	5.217 705 2	2.954
2	7	6.196 250 7	3.125
3	8	7.183 665 6	3.238
4	9	8.176 424 8	3.311
5	10	9.172 324 3	3.356
6	11	10.170 032	3.384
7	12	11.168 765	3.401
8	13	12.168 070	3.410
9	14	13.167 693	3.416
10	15	14.167 488	3.419
11	16	15.167 379	3.421

如果计算得到的 P-value$\geqslant0.01$，则可以认为序列是随机的；否则，认为序列是非随机的。

例 1.14　Maurer 通用统计测试。

代码如下：

```
l1＝7；q1＝1280；k1＝Floor[n/l1]－q1
c1＝0.7－0.8/l1＋(4＋32/l1)k1⁻³ˡ¹/15
segma1＝c1√(3.125/k1)
s1＝Take[s, q1 * l1];
s2＝s[[q1 * l1＋1;;(q1＋k1) * l1]]
s11＝FromDigits[#, 2]&/@Partition[s1, l1]
s21＝FromDigits[#, 2]&/@Partition[s2, l1]
sum＝0;
t1＝Length[s11]＋1－Flatten[Table[FirstPosition[#, i]&@Reverse[s11], {i, 0, 2⁷－1}]];
```

Table[sum＝sum＋Log2[q1＋i－1. t1[[s21[[i]]＋1]]];t1[[s21[[i]]＋1]]＝q1＋i, {i, 1, k1}]

fn＝sum/k1

pvalue＝Erfc[Abs[(fn－6. 1962507)/(√2 segmal)]]

计算得到 P-value＝0.7525＞0.01，说明序列 **S** 通过 Maurer 通用统计测试，具有随机性。

10. 线性复杂度测试

线性复杂度测试用于检验序列是否等价于使用长的 LFSR(线性反馈移位寄存器)产生。测试过程如下：

(1) 设定自由度为 $K=6$。

(2) 将长度为 n 的待测序列 **S** 分成 N 块，每块长度记为 $M=\left\lfloor\frac{n}{N}\right\rfloor$。要求 $n\geqslant10^6$，$500\leqslant M\leqslant5000$。

(3) 对于每个长度为 M 的块 N_i，使用 Berlekamp-Massey 算法求得产生该块全部比特的线性移位寄存器的复杂度 L_i，$i=1, 2, \cdots, N$。

(4) 计算统计量均值 μ：

$$\mu=\frac{M}{2}+\frac{(9+(-1)^{M+1})}{36}-\frac{\frac{M}{3}-\frac{2}{9}}{2^M} \tag{1-29}$$

(5) 对每个块 $i=1, 2, \cdots, N$，计算 T_i，如式(1-30)所示：

$$T_i=(-1)^M\times(L_i-\mu)+\frac{2}{9} \tag{1-30}$$

(6) 引入变量 $v_0\sim v_6$，其中，v_0 保存 $T_i\leqslant-2.5$ 的块数；v_1 保存 $-2.5<T_i\leqslant-1.5$ 的块数；v_2 保存 $-1.5<T_i\leqslant-0.5$ 的块数；v_3 保存 $-0.5<T_i\leqslant0.5$ 的块数；v_4 保存 $0.5<T_i\leqslant1.5$ 的块数；v_5 保存 $1.5<T_i\leqslant2.5$ 的块数；v_6 保存 $T_i>2.5$ 的块数。

(7) 计算 χ^2 统计量：

$$\chi^2(obs)=\sum_{i=0}^{K}\frac{(v_i-N\pi_i)^2}{N\pi_i} \tag{1-31}$$

这里，$\pi_0=0.010\,417$，$\pi_1=0.031\,25$，$\pi_2=0.125$，$\pi_3=0.5$，$\pi_4=0.5$，$\pi_5=0.0625$，$\pi_6=0.020\,833$。

(8) 计算 P-value＝igamc$(K/2, \chi^2(obs)/2)$，这里 igamc 为上不完全伽玛函数。

如果计算得到的 P-value$\geqslant0.01$，则可认为序列是随机的；否则，认为序列是非随机的。这里选取划分的块数为 $N=1000$，每块长度为 $M=1000$。

例 1.15　线性复杂度测试。

(本题留作习题 2，其实现程序可参考习题 2 答案。)

11. 序列测试

序列测试用于检验序列中长度为 m 的比特模板重复出现的次数。测试过程如下：

(1) 对于长度为 n 的待测序列 **S**，指定比特模板的长度 m，把序列开始的 $m-1$ 个比特添加到序列末尾，使序列 **S** 成为 $n+m-1$ 长的序列。要求 $m<\lfloor\log_2(n)\rfloor-2$。

(2) 用 $v_{i_1i_2\cdots i_m}$ 记录长为 m 的模板 $i_1i_2\cdots i_m$ 在序列 **S** 中出现的频率，$i_k\in\{0,1\}$，$k=1, 2,$

19

$\cdots$，m；用 $v_{i_1 i_2 \cdots i_{m-1}}$ 记录长为 $m-1$ 的模板 $i_1 i_2 \cdots i_{m-1}$ 在序列 S 中出现的频率；用 $v_{i_1 i_2 \cdots i_{m-2}}$ 记录长为 $m-2$ 的模板 $i_1 i_2 \cdots i_{m-2}$ 在序列 S 中出现的频率。

（3）计算：

$$\psi_m^2 = \frac{2^m}{n} \sum_{i_1 i_2 \cdots i_m} (v_{i_1 i_2 \cdots i_m})^2 - n \tag{1-32}$$

$$\psi_{m-1}^2 = \frac{2^{m-1}}{n} \sum_{i_1 i_2 \cdots i_{m-1}} (v_{i_1 i_2 \cdots i_{m-1}})^2 - n \tag{1-33}$$

$$\psi_{m-2}^2 = \frac{2^{m-2}}{n} \sum_{i_1 i_2 \cdots i_{m-2}} (v_{i_1 i_2 \cdots i_{m-2}})^2 - n \tag{1-34}$$

（4）计算：

$$\nabla \psi_m^2 = \psi_m^2 - \psi_{m-1}^2 \tag{1-35}$$

$$\nabla^2 \psi_m^2 = \psi_m^2 - 2\psi_{m-1}^2 + \psi_{m-2}^2 \tag{1-36}$$

（5）计算 P-value1＝igamc(2^{m-2}，$\nabla \psi_m^2$)，P-value2igamc(2^{m-3}，$\nabla^2 \psi_m^2$)。

如果计算得到的 P-value1$\geq$0.01 且 P-value2$\geq$0.01，则可认为序列是随机的；否则，认为序列是非随机的。

这里，$n=10^6$，取 $m=3$。（注意：m 值越大，运算时间越长！）

例 1.16 序列测试。

代码如下：

```
s1＝Join[s, s[[1;;2]]];
v1＝Table[Length[SequenceCases[s1, IntegerDigits[i, 2, 3], Overlaps→True]], {i, 0, 7}]
v2＝Table[Length[SequenceCases[s1, IntegerDigits[i, 2, 2], Overlaps→True]], {i, 0, 3}]
v3＝Table[Length[SequenceCases[s1, IntegerDigits[i, 2, 1], Overlaps→True]], {i, 0, 1}]
fm＝2³/n Total[v1²]- n//N
fm1＝2²/n Total[v2²]- n//N
fm2＝2/n Total[v3²]- n//N
dfm＝fm - fm1
dfm1＝fm - 2fm1＋fm2
pvalue1＝Gamma[2, dfm]/Gamma[2]
pvalue2＝Gamma[1, dfm1]/Gamma[1]
```

计算结果为 P-value1＝0.5636＞0.01，P-value2＝0.0314＞0.01，可认为序列 S 通过了序列测试，具有随机性。

12. 近似熵测试

近似熵测试用于检测长度为 m 和 $m+1$ 的比特序列在待测序列中出现的频率情况。要求 $m<\lfloor \log_2 n \rfloor - 5$，这里，$n$ 为待测序列长度。测试过程如下：

（1）使用"序列测试"中相同的方法求得长为 m 的模板在待测序列 S（将开始的 $m-1$ 比特添加到 S 末尾）中出现的次数，一共有 2^m 种模板，模板 i($i=0, 1, 2, \cdots, 2^m-1$)出现的频数记为 $\#i$，出现的频率记为 $C_i^m = \frac{\#i}{n}$，$i=0, 1, \cdots, 2^m-1$。

（2）使用（1）中的方法求得长度为 $m+1$ 的模板在待测序列 S（将开始的 m 比特添加到 S 末尾）中出现的频率，记为 $C_i^{m+1} = \frac{\#i}{n}$，$i=0, 1, \cdots, 2^{m+1}-1$。

（3）计算：

$$\varphi^m = \sum_{i=0}^{2^m - 1} C_i^m \log (C_i^m) \tag{1-37}$$

$$\varphi^{m+1} = \sum_{i=0}^{2^{m+1} - 1} C_i^{m+1} \log (C_i^{m+1}) \tag{1-38}$$

（4）计算 χ^2 统计量：

$$\chi^2 = 2n(\log 2 + \varphi^{m+1} - \varphi^m) \tag{1-39}$$

（5）计算 P-value＝igamc$(2^{m-1}, \chi^2/2)$。

如果计算得到的 P-value$\geqslant 0.01$，则可认为序列是随机的；否则，认为序列是非随机的。这里选取长度为 $n=1000$ 的序列作为待测序列，$m=3$。

例 1.17　近似熵测试。

代码如下：

```
s1＝s[[1;;1000]];
s2＝Join[s1, s1[[1;;2]]];
c1＝Table[Length[SequenceCases[s2, IntegerDigits[i, 2, 3], Overlaps→True]],
    {i, 0, 7}]/1000
s3＝Join[s1, s1[[1;;3]]];
c2＝Table[Length[SequenceCases[s3, IntegerDigits[i, 2, 4], Overlaps→True]],
    {i, 0, 15}]/1000
faim＝Total[c1Log[c1]]//N
faim1＝Total[c2Log[c2]]//N
chai12＝2 * 1000(Log[2]＋faim1－faim)//N
pvalue＝Gamma[4, chai12/2]/Gamma[4]
```

计算结果为 P-value＝$0.8583 > 0.01$，说明序列 S 具有随机性。

13. 累加和测试

累加和测试用于检验部分序列的累加和的情况，包括两种情况，即从左向右求旅行的累加和以及从右向左求旅行的累加和。测试过程（以从左向右为例）如下：

（1）由长度为 n 的待测序列 S，得到序列 $X = 2S - 1$，即将其中的比特 0 变换为 -1。要求 $n \geqslant 100$。

（2）计算 S_i，$i = 1, 2, \cdots, n$，如式（1-40）所示。

$$S_i = \sum_{j=1}^{i} X(j) \tag{1-40}$$

然后，计算 $z = \max_i S_i$。

（3）计算 P-value 的值，如式（1-41）所示。

$$
\begin{aligned}
\text{P-value} = 1 - &\sum_{k=4\left(\frac{-n}{z}+1\right)}^{4\left(\frac{n-1}{z}\right)} \left[\Phi\left(\frac{(4k+1)z}{\sqrt{n}}\right) - \Phi\left(\frac{(4k-1)z}{\sqrt{n}}\right) \right] + \\
&\sum_{k=4\left(\frac{-n}{z}-3\right)}^{4\left(\frac{n-1}{z}\right)} \left[\Phi\left(\frac{(4k+3)z}{\sqrt{n}}\right) - \Phi\left(\frac{(4k+1)z}{\sqrt{n}}\right) \right]
\end{aligned} \tag{1-41}
$$

这里，$\varPhi$ 为标准正态累积概率分布函数。

如果计算得到的 P-value≥0.01，则可认为序列是随机的；否则，认为序列是非随机的。

这里选取了 $n=10\ 000$ 的序列进行累加和测试。

例 1.18 累加和测试。

代码如下：

```
s1＝s[[1;;10000]];
s2＝2s1－1;
sum＝0;zr1＝Table[sum＝sum+i,{i, s2}]
zrm＝Max[zr1]
n1＝10000
pvalue＝1－Sum[CDF[NormalDistribution[0, 1],
        (4k+1)zrm/√n1]－CDF[NormalDistribution[0, 1], (4k－1)zrm/√n1],
        {k, 4(－n1/zrm+1), 4(n1/zrm－1)}]+Sum[CDF[NormalDistribution[0, 1],
        (4k+3)zrm/√n1]－CDF[NormalDistribution[0, 1], (4k+1)zrm/√n1],
        {k, 4(－n1/zrm－3), 4(n1/zrm－1)}]//N
```

计算结果为 P-value=0.1118＞0.01，可认为序列 S 具有随机性。

14. 随机旅行测试

随机旅行测试检验待测序列中各种旅行的累加和的周期性。测试过程如下：

(1) 由长度为 n 的待测序列 S 生成序列 $X=2S-1$，即将原序列中的比特 0 变换为 -1。要求 $n \geqslant 10^6$。

(2) 计算序列 X 的各个正旅行（从左向右的旅行）的累加和，记为 S_i，$i=0, 1, 2, \cdots$，$n, n+1$，其中 $S_0=S_{n+1}=0$。

$$S_i = \sum_{j=1}^{i} X(j), i = 1, 2, \cdots, n \tag{1-42}$$

(3) 将序列 $\{S_i\}$（$i=0, 1, 2, \cdots, n, n+1$）划分为以周期为单位的块。若一个块的第 1 个元素和它的最后一个元素为 0，且只有这两个元素为 0 时，这个块称为一个周期。

(4) 计算每个周期里 x 出现的频数，$x=\{-4, -3, -2, -1, 1, 2, 3, 4\}$。

(5) 计算 $v_k(x)$，$x=\{-4, -3, -2, -1, 1, 2, 3, 4\}$，$k=0, 1, 2, \cdots, 5$。$v_k(x)$（$k=0$, 1，2，3，4）表示 x 在周期块中出现 k 次的那些周期块的个数；$v_5(x)$ 表示 x 在周期块中出现 5 次或 5 次以上的那些周期块的个数。显然，$\sum_{k=0}^{5} v_k(x)=J$，其中 J 为全部周期块的个数。

(6) 计算 χ^2 统计量：

$$\chi^2(\mathrm{obs}) = \sum_{k=0}^{5} \frac{(v_k(x) - J\pi_k(x))^2}{J\pi_k(x)} \tag{1-43}$$

这里：

$$\pi_0(x) = 1 - \frac{1}{2|x|} \tag{1-44}$$

$$\pi_k(x) = \frac{1}{4x^2}\left(1 - \frac{1}{2|x|}\right)^{k-1}, k = 1, 2, \cdots, 4 \tag{1-45}$$

$$\pi_5(x) = 1 - \sum_{k=0}^{4} \pi_k(x) \tag{1-46}$$

（7）计算 P-value＝igamc($5/2$, χ^2(obs)/2)，这里 igamc 为上不完全伽玛函数。

如果计算得到的 P-value≥0.01，则可认为序列是随机的；否则，认为序列是非随机的。由于 x 取 8 个值，因此，随机旅行测试实际上是 8 个测试的集合。

例 1.19　随机旅行测试。

代码如下：

```
s1＝s;
x＝2s1－1
s2＝FoldList[＃1＋＃2&, 0, x]
s2＝Join[s2, {0}]
s3＝SequenceSplit[s2, {0}]
v＝Table[Table [Count[If[＃
            ＞5, 5, ＃]&/@(Count[＃, j]&/@s3), i], {i, 0, 5},
            {j, {-4, -3, -2, -1, 1, 2, 3, 4}}]]
j1＝Total[First[v]]
pii＝Flatten/@Table[{1-1/(2Abs[x]), Table[1/(4 x²)(1-1/(2Abs[x]))^{k-1}, {k, 4}],
            0}, x, {-4, -3, -2, -1, 1, 2, 3, 4}]]//N
Table[pii[[i, 6]]＝1-Sum[pii[[i, j]], {j, 5}], {i, 8}]
chai14＝Total/@Table[(v[[i]]-j1pii[[i]])²/(j1pii[[i]]), {i, 8}]
pvalue＝Table[Gamma[5/2, chai14[[i]]/2]/Gamma[5/2], {i, 8}]
```

计算结果为 P-value＝{0.1242, 0.9093, 0.1362, 0.1585, 0.6345, 0.6350, 0.0576, 0.1809}，均大于 0.01，说明序列 **S** 通过了随机旅行测试，具有随机性。

15. 随机旅行变种测试

随机旅行变种测试检验待测序列中各种旅行的累加和的周期波动情况。测试过程如下：

（1）由长度为 n 的待测序列 **S**，生成序列 **X**＝2**S**－1，即将原序列中的比特 0 变换为－1。要求 $n \geq 10^6$。

（2）计算序列 **X** 的各个正旅行（从左向右的旅行）的累加和，记为 S_i, $i=0, 1, 2, \cdots, n$, $n+1$，其中 $S_0 = S_{n+1} = 0$。

$$S_i = \sum_{j=1}^{i} X(j), i = 1, 2, \cdots, n \qquad (1-47)$$

（3）将序列 $\{S_i\}$, $i=0, 1, 2, \cdots, n, n+1$ 划分为以周期为单位的块。若一个块的第 1 个元素和它的最后一个元素为 0，且只有这两个元素为 0 时，这个块称为一个周期。

（4）计算序列 $\{S_i\}$ 总的周期数，记为 J。

（5）计算序列 $\{S_i\}$ 中 x 出现的频数，$x=\{-9, -8, -7, -6, -5, -4, -3, -2, -1, 1, 2, 3, 4, 5, 6, 7, 8, 9\}$，记为 $v(x)$。

（6）对于每个 $v(x)$，计算 P-value 的值，如式 1-48 所示。

$$\text{P-value} = \text{erfc}\left(\frac{|v(x)-J|}{\sqrt{2 \cdot J(4-2)}}\right) \qquad (1-48)$$

由于 x 可取 18 个值，因此，随机旅行变种测试将得到 18 个 P-value 值。如果计算得到的全部 P-value≥0.01，则可认为序列是随机的；否则，认为序列是非随机的。

例 1.20 随机旅行变种测试。

代码如下：

```
s1=s;
x=2s1-1
s2=Join[FoldList[#1+#2&, 0, x], {0}]
s3=SequenceSplit[s2, {0}]
j1=Length[s3]
v=Table[Count[s2, x], {x, Join[Range[-9, -1], Range[9]]}]
x1=Join[Range[-9, -1], Range[9]]
pvalue=Table[Erfc[Abs[v[[i]]-j1]/√(2j1(4Abs[x1[[i]]]-2))], {i, 18}]//N
```

计算结果为 P-value＝{0.2998, 0.4353, 0.2482, 0.1506, 0.3472, 0.6117, 0.8649, 0.7078, 0.4466, 0.6544, 0.2008, 0.2709, 0.9460, 0.6980, 0.5800, 0.9012, 0.7331, 0.4636}，均大于 0.01，说明序列 **S** 通过了随机旅行变种测试，具有随机性。

本 章 小 结

本章讨论了混沌伪随机数序列相关的专题，介绍了两个混沌系统，即 Lorenz 系统和 Hénon 映射。然后，基于 Hénon 映射讨论了混沌系统的相图和 Lyapunov 指数，具有正的最大 Lyapunov 指数是混沌系统的典型特征。本章深入讨论了 Hénon 映射的初值取值区间，研究了基于 Hénon 映射的伪随机数发生器。最后，讨论了两种随机性检验标准，即 FIPS140-2 和 SP800-22，混沌系统生成的序列必须通过这些随机检验标准，才能用于图像加密系统中。除了这两种随机性检验标准，常用的还有 Dieharder 随机性检验标准。

本章提出了由密钥生成伪随机数序列的方法，这里的密钥为 $8m$ 位长的比特序列。一般地，要求密钥长度至少为 128 比特，因此，m 应大于等于 16。密钥越长，则密钥空间越大，安全性越好。本书第 4~8 章中均使用本章的混沌伪随机数发生器，且使用 512 位长的密钥（即 $m=64$）。

习 题

1. 基于例 1.4 中的比特序列 **S**，设计其离散傅里叶（谱）测试的 Wolfram 程序（序列长度取 10 000）。

2. 基于例 1.4 中的比特序列 **S**，设计其线性复杂度测试的 Wolfram 程序。

3. 使用 256 位长的密钥 **K**＝{133, 100, 63, 179, 170, 109, 169, 178, 229, 217, 17, 220, 60, 44, 8, 138, 104, 251, 209, 147, 113, 187, 68, 183, 56, 86, 92, 173, 1, 172, 67, 126}（十进制数表示），借助于 Hénon 映射和第 1.2.2 小节的伪随机数生成方法，生成长度为 512×512 的伪随机数序列 a。

第 2 章　数据加密标准(DES)

　　1977 年，美国国家标准局，即现在的美国国家标准与技术研究所(NIST)发布了数据加密标准(DES)，作为美国政府的信息加密标准。DES 的设计寿命是 10 年，但是直到 2002 年，DES 才被高级加密标准(AES)取代。DES 是现代密码术的典型代表，是一种重要的对称密码算法，不但为后来的密码学者们指明了设计对称密码的方法，而且至今仍有学者在其与新算法融合方面进行深入的研究。本章将介绍 DES 算法、3DES 算法以及 3DES 在图像加密方面的应用。

2.1　DES 算法

　　DES 算法基于 Feistel 结构(由密码学家 Horst Feistel 提出的分组密码结构)，是基于硬件的可以快速实现的对称密码算法。从历史的视角看，DES 算法在一定程度上推动了 Feistel 结构的广泛应用。Feistel 结构如图 2-1 所示。

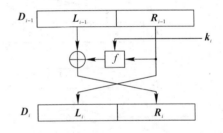

图 2-1　Feistel 结构

　　在图 2-1 所示的 Feistel 结构中，输入数据 D_{i-1} 分为左右两部分，分别记为 L_{i-1} 和 R_{i-1}，输出数据 D_i 也分为左右两部分，分别记为 L_i 和 R_i。在 DES 中，每个 D_i 的长度为 64 位，L_i 和 R_i 的长度均为 32 位。

　　图 2-1 实现了如式(2-1)和式(2-2)所示的运算，即

$$L_i = R_{i-1} \tag{2-1}$$

$$R_i = L_{i-1} \oplus f(k_i, R_{i-1}) = L_{i-1} \oplus f(k_i, L_i) \tag{2-2}$$

式(2-2)中的函数 f 可取为任意输出为 32 位的函数(包括不可逆函数)，函数 f 具有两个输入参数，即 k_i 和 R_{i-1}，这里的 k_i 为 48 位长的随机数序列，由密钥产生。

　　图 2-1 所示的 Feistel 结构将输入 D_{i-1} 变换为 D_i，实现了以下三点原则：

　　(1) 在密钥的作用下(体现为 k_i 的参与)，将输入 D_{i-1} 变换为 D_i；

　　(2) Feistel 结构是可逆的，由 D_i 变换为 D_{i-1} 的运算如式(2-3)和式(2-4)所示。

$$R_{i-1} = L_i \tag{2-3}$$

$$L_{i-1} = R_i \oplus f(k_i, L_i) = R_i \oplus f(k_i, R_{i-1}) \tag{2-4}$$

　　(3) Feistel 结构是明文关联的，即如果伪随机序列 k_i 是相同的，微小变化的 D_{i-1}(实际上是微小变化的 R_{i-1})将使得 D_i 发生显著的变化(实际上是 R_i 发生显著的变化)。

　　上述三点原则是设计密码系统的核心原则，即借助于密码和加密算法将明文加密为密

文，密文受到密钥的控制；加密算法是可逆的，解密算法是加密算法的逆过程；加密算法和解密算法都是明文关联的，即当密钥保持不变时，微小变化的明文将产生具有显著差异的密文，同时，微小变化的密文还原后的图像具有显著的差异，可以有效地对抗差分攻击。

2.1.1 DES 加密算法

DES 加密算法如图 2-2 所示。

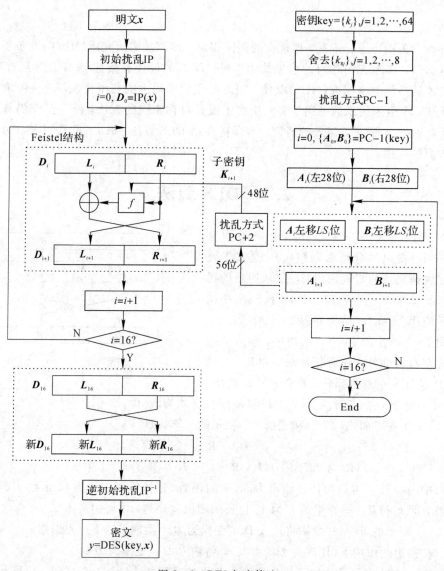

图 2-2 DES 加密算法

本小节内容参考了 NIST FIPS PUB46-3 标准。DES 加密算法使用了 16 级 Feistel 结构，密钥长度为 56 位，输入明文长度为 64 位，输出密文长度与明文长度相同，也是 64 位。DES 加密算法如图 2-2 所示，首先将输入的明文 x 进行位置乱处理，然后经过 16 级 Feistel 结构的运算处理，最后一级 Feistel 结构的输出还要经过一次位置乱处理（这次的位置乱处理是输入明文的位置乱的逆运算），最后将得到密文 y。这里的每级 Feistel 结构如图

2-1 所示，L_i 和 R_i 的长度均为 32 位，$i = 0，1，2，\cdots，16$。

在图 2-2 中，输入长度为 64 位的明文 x 和长度为 64 位的密钥 key，将得到长度为 64 位的密文 y，即 $y = \mathrm{DES}(\mathrm{key}，x)$。

如图 2-2 所示，DES 加密算法的步骤如下所示：

Step 1. 明文 x 经过初始扰乱 IP 后得到 D_0。初始扰乱 IP 如表 2-1 所示。表 2-1 的含义为：x 中第 58 位的位数据作为 D_0 的第 1 位，x 中第 50 位的位数据作为 D_0 的第 2 位，依次类推，x 中第 7 位的位数据作为 D_0 的第 64 位。

表 2-1　初始扰乱 IP

58	50	42	34	26	18	10	2
60	52	44	36	28	20	12	4
62	54	46	38	30	22	14	6
64	56	48	40	32	24	16	8
57	49	41	33	25	17	9	1
59	51	43	35	27	19	11	3
61	53	45	37	29	21	13	5
63	55	47	38	31	23	15	7

Step 2. 令 $i = 0$。

Step 3. 将 D_i 平分为左右两部分，分别记为 L_i 和 R_i。

Step 4. 计算。

$$L_{i+1} = R_i \tag{2-5}$$

$$R_{i+1} = L_i \oplus f(K_{i+1}，R_i) \tag{2-6}$$

得到 D_{i+1}，即 L_{i+1} 为 D_{i+1} 的左 32 位，R_{i+1} 为 D_{i+1} 的右 32 位。其中，函数 f 的结构和子密钥 K_{i+1} 的产生方法将在下文介绍。

Step 5. $i = i + 1$。如果 $i = 16$，则继续到第 6 步；否则跳转到第 3 步。

Step 6. 将 L_{16} 和 R_{16} 互换位置得到新的 D_{16}。

Step 7. 将新的 D_{16} 进行逆初始置乱 IP^{-1}，得到密文 y，即 $y = \mathrm{IP}^{-1}(D_{16})$。其中，逆初始置乱 IP^{-1} 如表 2-2 所示，IP^{-1} 是 IP 的逆变换。

表 2-2　逆初始置乱 IP^{-1}

40	8	48	16	56	24	64	32
39	7	47	15	55	23	63	31
38	6	46	14	54	22	62	30
37	5	45	13	53	21	61	29
36	4	44	12	52	20	60	28
35	3	43	11	51	19	59	27
34	2	42	10	50	18	58	26
33	1	41	9	49	17	57	25

图 2-2 中函数 f 的结构如图 2-3 所示。

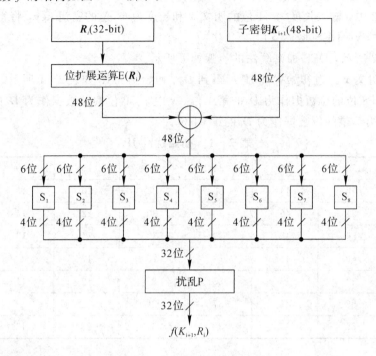

图 2-3　函数 f 的结构

在图 2-3 中，输入 32 位的 R_i 和 48 位的子密钥 K_{i+1}，输出为 $f(K_{i+1}, R_i)$，具体实现的步骤如下所示：

Step 1. 将 R_i 作位扩展运算 E，扩展为 48 位，位扩展运算 E 如表 2-3 所示。

表 2-3　位扩展运算 E

32	1	2	3	4	5
4	5	6	7	8	9
8	9	10	11	12	13
12	13	14	15	16	17
16	17	18	19	20	21
20	21	22	23	24	25
24	25	26	27	28	29
28	29	30	31	32	1

表 2-3 中阴影部分为 R_i 的原始位的位位置，共 32 位，每行都作了头尾扩展，扩展后的表 2-3 中包含了 48 位。扩展后，原 R_i 中位于第 32 位的位成为扩展后向量的第 1 位，原 R_i 中位于第 1 位的位成为扩展后向量的第 2 位，按表 2-3 继续下去，最后，原 R_i 中位于第 1 位的位还将成为扩展后向量的第 48 位。

Step 2. 将子密钥 K_{i+1} 按行折叠成 8 行 6 列的表格，与 R_i 作位扩展运算 E 后得到的 48 位（其位位置如表 2-3 所示）作异或运算，其结果的第 1 行赋给 S_1，第 2 行赋给 S_2，依此类推，第 8 行赋给 S_8，即第 i 行赋给 S_i，下一步介绍 S_i 的处理方式，这里将第 i 行记为 $r_i = \{r_{i1}, r_{i2}, r_{i3}, r_{i4}, r_{i5}, r_{i6}\}$。

Step 3. 每个 S_i 都称作 S 盒子，是一个 4 行 16 列的二维数组，每行的 16 个元素是 0～15 的一个排列，对于 r_i 而言，将其二进制位 r_{i1} 和 r_{i6} 组合成行号，将 r_{i2}，r_{i3}，r_{i4} 和 r_{i5} 组合成列号，查 S_i 表得到的值为 S_i 盒子的输出，输出值为 4 位。8 个 S 盒子如表 2-4 至表 2-11 所示。

表 2-4　S_1 盒

	0	1	2	3	4	5	6	7	8	9	10	11	12	13	14	15
0	14	4	13	1	2	15	11	8	3	10	6	12	5	9	0	7
1	0	15	7	4	14	2	13	1	10	6	12	11	9	5	3	8
2	4	1	14	8	13	6	2	11	15	12	9	7	3	10	5	0
3	15	12	8	2	4	9	1	7	5	11	3	14	10	0	6	13

表 2-5　S_2 盒

	0	1	2	3	4	5	6	7	8	9	10	11	12	13	14	15
0	15	1	8	14	6	11	3	4	9	7	2	13	12	0	5	10
1	3	13	4	7	15	2	8	14	12	0	1	10	6	9	11	5
2	0	14	7	11	10	4	13	1	5	8	12	6	9	3	2	15
3	13	8	10	1	3	15	4	2	11	6	7	12	0	5	14	9

表 2-6　S_3 盒

	0	1	2	3	4	5	6	7	8	9	10	11	12	13	14	15
0	10	0	9	14	6	3	15	5	1	13	12	7	11	4	2	8
1	13	7	0	9	3	4	6	10	2	8	5	14	12	11	15	1
2	13	6	4	9	8	15	3	0	11	1	2	12	5	10	14	7
3	1	10	13	0	6	9	8	7	4	15	14	3	11	5	2	12

表 2-7　S_4 盒

	0	1	2	3	4	5	6	7	8	9	10	11	12	13	14	15
0	7	13	14	3	0	6	9	10	1	2	8	5	11	12	4	15
1	13	8	11	5	6	15	0	3	4	7	2	12	1	10	14	9
2	10	6	9	0	12	11	7	13	15	1	3	14	5	2	8	4
3	3	15	0	6	10	1	13	8	9	4	5	11	12	7	2	14

表 2-8 S₅ 盒

	0	1	2	3	4	5	6	7	8	9	10	11	12	13	14	15
0	2	12	4	1	7	10	11	6	8	5	3	15	13	0	14	9
1	14	11	2	12	4	7	13	1	5	0	15	10	3	9	8	6
2	4	2	1	11	10	13	7	8	15	9	12	5	6	3	0	14
3	11	8	12	7	1	14	2	13	6	15	0	9	10	4	5	3

表 2-9 S₆ 盒

	0	1	2	3	4	5	6	7	8	9	10	11	12	13	14	15
0	12	1	10	15	9	2	6	8	0	13	3	4	14	7	5	11
1	10	15	4	2	7	12	9	5	6	1	13	14	0	11	3	8
2	9	14	15	5	2	8	12	3	7	0	4	10	1	13	11	6
3	4	3	2	12	9	5	15	10	11	14	1	7	6	0	8	13

表 2-10 S₇ 盒

	0	1	2	3	4	5	6	7	8	9	10	11	12	13	14	15
0	4	11	2	14	15	0	8	13	3	12	9	7	5	10	6	1
1	13	0	11	7	4	9	1	10	14	3	5	12	2	15	8	6
2	1	4	11	13	12	3	7	14	10	15	6	8	0	5	9	2
3	6	11	13	8	1	4	10	7	9	5	0	15	14	2	3	12

表 2-11 S₈ 盒

	0	1	2	3	4	5	6	7	8	9	10	11	12	13	14	15
0	13	2	8	4	6	15	11	1	10	9	3	14	5	0	12	7
1	1	15	13	8	10	3	7	4	12	5	6	11	0	14	9	2
2	7	11	4	1	9	12	14	2	0	6	10	13	15	3	5	8
3	2	1	14	7	4	10	8	13	15	12	9	0	3	5	6	11

以 S₈ 盒为例，设 $r_8 = 011011b$，则行号为 $01B = (1)_{10}$，列号为 $1101B = (13)_{10}$，即 S₈ 盒中第 1 行第 13 列的元素 $(14)_{10} = 1110B$ 为 r_8 对应的 4 位输出。

Step 4. 8 个 S 盒的输出依次连接成 32 位长的数据，经过扰乱 P 后得到输出结果 $f(\boldsymbol{K}_{i+1}, \boldsymbol{R}_i)$。这里扰乱 P 如表 2-12 所示。

表 2 - 12 扰乱 P

16	7	20	21
29	12	28	17
1	15	23	26
5	18	31	10
2	8	24	14
32	27	3	9
19	13	30	6
22	11	4	25

表 2-12 表示：扰乱前的数据的第 16 位将成为扰乱后的数据的第 1 位，扰乱前的数据的第 7 位将成为扰乱后的数据的第 2 位，以此类推，扰乱前的数据的第 25 位将成为扰乱后的数据的第 32 位。

现在回到图 2-2，介绍子密钥 K_i，$i=1,2,\cdots,16$ 的生成方法。如图 2-2 的右半部分所示，输入 64 位长的密钥 key，输出 16 个 48 位长的子密钥 K_i，$i=1,2,\cdots,16$。子密钥生成的步骤如下所示：

Step 1. 输入长为 64 位的密钥 key=$\{k_j\}$，$j=1,2,\cdots,64$。DES 算法中，密钥的有效长度为 56 位，64 位 key 中的 k_8，k_{16}，k_{32}，k_{40}，k_{48}，k_{56} 和 k_{64} 等 8 个位为奇校验位，即 k_{8j}，$j=1,2,\cdots,8$ 与各自前面的 7 个位组成奇校验，例如，k_1，k_2，k_3，k_4，k_5，k_6，k_7 与 k_8 组成奇校验，k_8 取值为 0 还是 1 取决于必须保证 $\{k_1,k_2,k_3,k_4,k_5,k_6,k_7,k_8\}$ 中位 1 的个数为奇数个。如果密钥校验是正确的(预防存取或通信中发生错位)，可以直接将 k_8，k_{16}，k_{32}，k_{40}，k_{48}，k_{56} 和 k_{64} 舍去。

Step 2. 对舍去 k_8，k_{16}，k_{32}，k_{40}，k_{48}，k_{56} 和 k_{64} 的 key 中的剩余位按扰乱方式 PC-1 进行位扰乱。扰乱方式 PC-1 如表 2-13 所示。

表 2 - 13 扰乱方式 PC - 1

57	49	41	33	25	17	9
1	58	50	42	34	26	18
10	2	59	51	43	35	27
19	11	3	60	52	44	36
63	55	47	39	31	23	15
7	62	54	46	38	30	22
14	6	61	53	45	37	29
21	13	5	28	20	12	4

表 2-13 表示扰乱前的 key 的第 57 位将成为扰乱后的数据的第 1 位，扰乱前的 key 的第 49 位将成为扰乱后的数据的第 2 位，按表 2-13 推理下去，扰乱前的 key 的第 4 位将成为扰乱后的数据的第 48 位。由于 key 中没有 k_8，k_{16}，k_{32}，k_{40}，k_{48}，k_{56} 和 k_{64} 这些位，所以表

2-13中也没有这些位的位置号，经表2-13扰乱后的数据的前28位赋给 A_0，其后28位赋给 B_0。

Step 3. $i=0$。

Step 4. 如果 $i=0$，1，8 或 15，则 $LS_i=1$；否则，$LS_i=2$。

Step 5. 将 A_i 循环左移 LS_i 位得到 A_{i+1}，同时，将 B_i 循环左移 LS_i 位得到 B_{i+1}。

Step 6. 将 A_{i+1} 与 B_{i+1} 连接成 56 位，各位的位置重新顺序编号，从 1 至 56。然后，经过扰乱方式 PC-2 的扰乱后，得到子密钥 K_{i+1}。扰乱方式 PC-2 如表 2-14 所示。

表 2-14 扰乱方式 PC-2

14	17	11	24	1	5
3	28	15	6	21	10
23	19	12	4	26	8
16	7	27	20	13	2
41	52	31	37	47	55
30	40	51	45	33	48
44	49	39	56	34	53
46	42	50	36	29	32

表 2-14 表示连接 A_{i+1} 与 B_{i+1} 得到的 56 位长的数据中，第 14 位作为子密钥 K_{i+1} 的第 1 位，第 17 位作为子密钥 K_{i+1} 的第 2 位，按表 2-14 推理下去，第 32 位作为子密钥 K_{i+1} 的第 48 位。

Step 7. $i=i+1$。如果 $i=16$，则结束；否则，跳转到 Step 4。

2.1.2 DES 解密算法

DES 解密算法是 DES 加密算法的逆过程，如图 2-4 所示。仔细研究图 2-2 会发现，图 2-2 左半边部分正向和逆向过程形式上是相同的。因此，只需要把子密钥序列逆序输入就可以得到 DES 解密过程，即先使用子密钥 K_{16}，再使用子密钥 K_{15}，依次类推，最后使用子密钥 K_1。所以，可以先执行密钥发生器，由输入密钥 key 预先准备好全部的 16 个子密钥，这样，只需要以逆序输入各个子密钥就可以实现 DES 解密过程。

另一种方法是直接逆序产生子密钥。仔细观察图 2-2 的右半部分，由于 16 次循环次数 $LS_0+LS_1+\cdots+LS_{15}=28$，即全部循环结束后的 $A_{16}=A_0$，$B_{16}=B_0$。因此，可以直接由 A_0、B_0 得到 A_{16} 和 B_{16}，然后，再进行相同次数的循环右移就可以依次得到 A_i、B_i，$i=15$，14，…，2，1，这一过程如图 2-4 的右边部分所示。

在图 2-4 中，引入了两个循环控制变量 i 和 j，这样使得输入的子密钥的索引号（用 i 索引）仍然是顺序的（即从 1 至 16），这样编号是为了程序设计的方便。此外，在图 2-4 右半部分的子密钥发生器中，16 次循环体内均使用了向右循环移位，循环移动的位数用 RS_i，$i=0$，1，2，…，15 表示，这里，当 $i=0$，7 和 14 时，$RS_i=1$，其余情况下，$RS_i=2$。仔细对比分析图 2-2 和图 2-4 可知，图 2-4 是图 2-2 的逆过程。

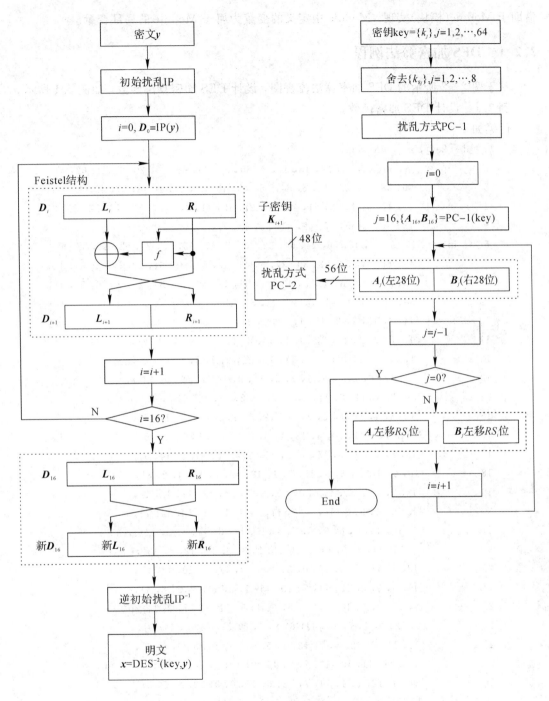

图 2 - 4　DES 解密算法

2.2　DES 算法实现

本节介绍借助于 Wolfram 语言实现 DES 算法的例程。Wolfram 语言中，Notebook（笔记本）中定义的变量均为全局变量，不同的 Notebook 间的变量可以通用。而函数一般需要借助于 Module(模块)实现，Module 中定义的变量为属于 Module 的局部变量。

2.2.1 DES 加密算法例程

基于图 2-2 所示的 DES 加密算法流程图，设计 DES 加密算法函数，如例 2.1 所示。

例 2.1 设计 DES 加密函数。

代码如下：

```
1    des[key_, x_] := Module[
2      {ip = {58, 50, 42, 34, 26, 18, 10, 2, 60, 52, 44, 36, 28, 20, 12, 4, 62, 54,
3             46, 38, 30, 22, 14, 6, 64, 56, 48, 40, 32, 24, 16, 8, 57, 49, 41, 33,
4             25, 17, 9, 1, 59, 51, 43, 35, 27, 19, 11, 3,   61, 53, 45, 37, 29, 21,
5             13, 5, 63, 55, 47, 39, 31, 23, 15, 7},
6      ip1 = {40, 8, 48, 16, 56, 24, 64, 32, 39, 7, 47, 15, 55, 23, 63, 31, 38, 6,
7             46, 14, 54, 22, 62, 30, 37, 5, 45, 13, 53, 21, 61, 29, 36, 4, 44, 12,
8             52, 20, 60, 28, 35, 3, 43, 11, 51, 19, 59, 27, 34, 2, 42, 10, 50, 18,
9             58, 26, 33, 1, 41, 9, 49, 17, 57, 25},
10     s = {{{14, 4, 13, 1, 2, 15, 11, 8, 3, 10, 6, 12, 5, 9, 0, 7},
11           {0, 15, 7, 4, 14, 2, 13, 1, 10, 6, 12, 11, 9, 5, 3, 8},
12           {4, 1, 14, 8, 13, 6, 2, 11, 15, 12, 9, 7, 3, 10, 5, 0},
13           {15, 12, 8, 2, 4, 9, 1, 7, 5, 11, 3, 14, 10, 0, 6, 13}},
14         {{15, 1, 8, 14, 6, 11, 3, 4, 9, 7, 2, 13, 12, 0, 5, 10},
15           {3, 13, 4, 7, 15, 2, 8, 14, 12, 0, 1, 10, 6, 9, 11, 5},
16           {0, 14, 7, 11, 10, 4, 13, 1, 5, 8, 12, 6, 9, 3, 2, 15},
17           {13, 8, 10, 1, 3, 15, 4, 2, 11, 6, 7, 12, 0, 5, 14, 9}},
18         {{10, 0, 9, 14, 6, 3, 15, 5, 1, 13, 12, 7, 11, 4, 2, 8},
19           {13, 7, 0, 9, 3, 4, 6, 10, 2, 8, 5, 14, 12, 11, 15, 1},
20           {13, 6, 4, 9, 8, 15, 3, 0, 11, 1, 2, 12, 5, 10, 14, 7},
21           {1, 10, 13, 0, 6, 9, 8, 7, 4, 15, 14, 3, 11, 5, 2, 12}},
22         {{7, 13, 14, 3, 0, 6, 9, 10, 1, 2, 8, 5, 11, 12, 4, 15},
23           {13, 8, 11, 5, 6, 15, 0, 3, 4, 7, 2, 12, 1, 10, 14, 9},
24           {10, 6, 9, 0, 12, 11, 7, 13, 15, 1, 3, 14, 5, 2, 8, 4},
25           {3, 15, 0, 6, 10, 1, 13, 8, 9, 4, 5, 11, 12, 7, 2z 14}},
26         {{2, 12, 4, 1, 7, 10, 11, 6, 8, 5, 3, 15, 13, 0, 14, 9},
27           {14, 11, 2, 12, 4, 7, 13, 1, 5, 0, 15, 10, 3, 9, 8, 6},
28           {4, 2, 1, 11, 10, 13, 7, 8, 15, 9, 12, 5, 6, 3, 0, 14},
29           {11, 8, 12, 7, 1, 14, 2, 13, 6, 15, 0, 9, 10, 4, 5, 3}},
30         {{12, 1, 10, 15, 9, 2, 6, 8, 0, 13, 3, 4, 14, 7, 5, 11},
31           {10, 15, 4, 2, 7, 12, 9, 5, 6, 1, 13, 14, 0, 11, 3, 8},
32           {9, 14, 15, 5, 2, 8, 12, 3, 7, 0, 4, 10, 1, 13, 11, 6},
33           {4, 3, 2, 12, 9, 5, 15, 10, 11, 14, 1, 7, 6, 0, 8, 13}},
34         {{4, 11, 2, 14, 15, 0, 8, 13, 3, 12, 9, 7, 5, 10, 6, 1},
35           {13, 0, 11, 7, 4, 9, 1, 10, 14, 3, 5, 12, 2, 15, 8, 6},
36           {1, 4, 11, 13, 12, 3, 7, 14, 10, 15, 6, 8, 0, 5, 9, 2},
```

```
37              {6, 11, 13, 8, 1, 4, 10, 7, 9, 5, 0, 15, 14, 2, 3, 12}},
38            {{13, 2, 8, 4, 6, 15, 11, 1, 10, 9, 3, 14, 5, 0, 12, 7},
39              {1, 15, 13, 8, 10, 3, 7, 4, 12, 5, 6, 11, 0, 14, 9, 2},
40              {7, 11, 4, 1, 9, 12, 14, 2, 0, 6, 10, 13, 15, 3, 5, 8},
41              {2, 1, 14, 7, 4, 10, 8, 13, 15, 12, 9, 0, 3, 5, 6, 11}}},
42        p = {16, 7, 20, 21, 29, 12, 28, 17, 1, 15, 23, 26, 5, 18, 31, 10,
43              2, 8, 24, 14, 32, 27, 3, 9, 19, 13, 30, 6, 22, 11, 4, 25},
44        keys, x1, x2, x3, x4, d0, l0, r0, l1, r1, r01, r02, r03, r04, r05, d, d1, d2, d3, d4},
45        keys = Module[{ls = {1, 1, 2, 2, 2, 2, 2, 2, 1, 2, 2, 2, 2, 2, 2, 1},
46              pc1 = {57, 49, 41, 33, 25, 17, 9, 1, 58, 50, 42, 34, 26, 18, 10,
47                    2, 59, 51, 43, 35, 27, 19, 11, 3, 60, 52, 44, 36, 63, 55,
48                    47, 39, 31, 23, 15, 7, 62, 54, 46, 38, 30, 22, 14, 6, 61,
49                    53, 45, 37, 29, 21, 13, 5, 28, 20, 12, 4},
50              pc2 = {14, 17, 11, 24, 1, 5, 3, 28, 15, 6, 21, 10, 23, 19, 12, 4,
51                    26, 8, 16, 7, 27, 20, 13, 2, 41, 52, 31, 37, 47, 55, 30, 40,
52                    51, 45, 33, 48, 44, 49, 39, 56, 34, 53, 46, 42, 50, 36, 29, 32},
53        key1, key2, key3, key4, keys1},
54        key1 = Flatten[StringSplit[key]];
55        key2 = FromDigits[#, 16] & /@ key1;
56        key3 = Flatten[IntegerDigits[#, 2, 8] & /@ key2];
57        key4 = key3[[pc1]];
58        keys1 = Partition[Table[0, {i, 48 * 16}], 48];
59        Table[
60              key4 = Flatten[RotateLeft[#, ls[[i]]] & /@ Partition[key4, 28]];
61              keys1[[i]] = key4[[pc2]], {i, 16}]; keys1
62        ];
63        x1 = Flatten[StringSplit[x]];
64        x2 = FromDigits[#, 16] & /@ x1;
65        x3 = Flatten[IntegerDigits[#, 2, 8] & /@ x2];
66        x4 = x3[[ip]];
67        d0 = x4;
68        l0 = Partition[d0, 32][[1]];
69        r0 = Partition[d0, 32][[2]];
70        Table[l1 = r0;
71              r01 = Flatten[Partition[Join[{Last[r0]}, r0, {First[r0]}], 6, 4]];
72              r02 = Partition[BitXor[r01, keys[[i]]], 6];
73              r03 = Table[
74              s[[j, r02[[j, 1]] * 2 + r02[[j, 6]] + 1,
75                    FromDigits[r02[[j, 2 ;; 5]], 2] + 1]], {j, 8}];
76              r04 = Flatten[IntegerDigits[#, 2, 4] & /@ r03];
77              r05 = r04[[p]];
78              r1 = BitXor[r05, l0];
79              l0 = l1;
```

```
80          r0 = r1,
81          {i, 16}];
82      d = Flatten[{r0, l0}];
83      d1 = d[[ip1]];
84      d2 = Partition[d1, 8];
85      d3 = FromDigits[#, 2] & /@ d2;
86      d4 = IntegerString[#, 16, 2] & /@ d3
87      ]
```

在 Wolfram 语言中，函数参数具有参数名加上下划线的形式，如第 1 行所示。Module 模块包括两部分，第一部分为初始化部分用"{"和"}"括起来，包括局部变量的定义；第二部分为模块的实现代码。第 2～44 行为 Module 的初始化部分，其中，第 2～5 行初始化 ip（见表 2-1），第 6～9 行初始化 ip1（见表 2-2），第 10～41 行初始化 s（见表 2-4 至表 2-11 的 S_1 至 S_8 盒），第 42～43 行初始化 p（见表 2-12）。第 45～86 行为 Module 的执行代码部分，其中，第 45～62 行为内嵌的 Module 模块，用于生成子密钥（见图 2-2），在这个内嵌 Module 中：第 45～52 行依次初始化 ls（循环左移位序列）、pc1（见表 2-13）和 pc2（见表 2-14），然后，第 54～61 行按子密钥生成算法得到子密钥 keys1（赋给 keys）。

第 63～69 行由输入的明文 x 得到 l0 和 r0（对应图 2-2 中的 L_0 和 R_0），然后，第 70～81 行循环迭代 16 次 Feistel 结构，得到新的 l0 和 r0（对应图 2-2 中的 L_{16} 和 R_{16}），最后，按图 2-2 所示的方法得到密文 d4（对应着图 2-2 中的 y）。

例 2.2 DES 加密算法测试实例。

本例测试数据如表 2-15 所示。

表 2-15 DES 测试数据（十六进制形式）

序　号	密　　钥	明　　文	密　　文
1	00 00 00 00 00 00 00 00	00 00 00 00 00 00 00 00	8C A6 4D E9 C1 B1 23 A7
2	0F 15 71 C9 47 D9 E8 59	02 46 8A CE EC A8 64 20	DA 02 CE 3A 89 EC AC 3B
3	D3 61 F5 AD B3 CF E0 5C	67 B0 28 E9 63 F5 42 8A	9E 26 6A A7 86 85 6E D1
4	79 C5 F2 7A 9D 65 2B 7B	83 99 07 52 9A AF 94 3E	1F 74 E1 EB 7D 4F 33 42
5	D1 CD CB 2A 24 62 1E 58	23 E7 E7 0F 4C 21 67 3F	42 E6 76 E0 DE 59 4B 06
6	FF FF FF FF FF FF FF FF	FF FF FF FF FF FF FF FF	73 59 B2 16 3E 4E DC 58

备注：表 2-15 中第 2 行测试文本引用自 W. Stallings 的《Cryptography and Network Security：Principles and Practice，Sixth Edition》。

测试代码如下：

```
1    key1 = {"00 00 00 00 00 00 00 00"}
2    x1 = {"00 00 00 00 00 00 00 00"}
3    y1 = des[key1, x1]
4
5    key2 = {"0F 15 71 C9 47 D9 E8 59"}
```

```
6       x2 = {"02 46 8A CE EC A8 64 20"}

7       y2 = des[key2, x2]

8

9       key3 = {"D3 61 F5 AD B3 CF E0 5C"}

10      x3 = {"67 B0 28 E9 63 F5 42 8A"}

11      y3 = des[key3, x3]

12

13      key4 = {"79 C5 F2 7A 9D 65 2B 7B"}

14      x4 = {"83 99 07 52 9A AF 94 3E"}

15      y4 = des[key4, x4]

16

17      key5 = {"D1 CD CB 2A 24 62 1E 58"}

18      x5 = {"23 E7 E7 0F 4C 21 67 3F"}

19      y5 = des[key5, x5]

20

21      key6 = {"FF FF FF FF FF FF FF FF"}

22      x6 = {"FF FF FF FF FF FF FF FF"}

23      y6 = des[key6, x6]
```

上述代码中，第 1～3 行使用密钥 key1 加密明文 x1 得到密文 y1；同理，第 5～7 行使用密钥 key2 加密明文 x2 得到密文 y2；以此类推，第 21～23 行使用密钥 key6 加密明文 x6 得到密文 y6。上述代码的运行结果列于表 2-15 中。

2.2.2　DES 解密算法例程

例 2.3　设计 DES 解密函数。

代码如下：

```
1   desinv[key_, x_] := Module[

2        {ip = {58, 50, 42, 34, 26, 18, 10, 2, 60, 52, 44, 36, 28, 20, 12, 4, 62, 54,

3               46, 38, 30, 22, 14, 6, 64, 56, 48, 40, 32, 24, 16, 8, 57, 49, 41, 33,

4               25, 17, 9, 1, 59, 51, 43, 35, 27, 19, 11, 3,   61, 53, 45, 37, 29, 21,

5               13, 5, 63, 55, 47, 39, 31, 23, 15, 7},

6        ip1 = {40, 8, 48, 16, 56, 24, 64, 32, 39, 7, 47, 15, 55, 23, 63, 31, 38, 6,

7               46, 14, 54, 22, 62, 30, 37, 5, 45, 13, 53, 21, 61, 29, 36, 4, 44, 12,

8               52, 20, 60, 28, 35, 3, 43, 11, 51, 19, 59, 27, 34, 2, 42, 10, 50, 18,

9               58, 26, 33, 1, 41, 9, 49, 17, 57, 25},

10        s = {{{14, 4, 13, 1, 2, 15, 11, 8, 3, 10, 6, 12, 5, 9, 0, 7},

11             {0, 15, 7, 4, 14, 2, 13, 1, 10, 6, 12, 11, 9, 5, 3, 8},

12             {4, 1, 14, 8, 13, 6, 2, 11, 15, 12, 9, 7, 3, 10, 5, 0},

13             {15, 12, 8, 2, 4, 9, 1, 7, 5, 11, 3, 14, 10, 0, 6, 13}},

14             {{15, 1, 8, 14, 6, 11, 3, 4, 9, 7, 2, 13, 12, 0, 5, 10},

15             {3, 13, 4, 7, 15, 2, 8, 14, 12, 0, 1, 10, 6, 9, 11, 5},

16             {0, 14, 7, 11, 10, 4, 13, 1, 5, 8, 12, 6, 9, 3, 2, 15},

17             {13, 8, 10, 1, 3, 15, 4, 2, 11, 6, 7, 12, 0, 5, 14, 9}},
```

```
18          {{10, 0, 9, 14, 6, 3, 15, 5, 1, 13, 12, 7, 11, 4, 2, 8},
19           {13, 7, 0, 9, 3, 4, 6, 10, 2, 8, 5, 14, 12, 11, 15, 1},
20           {13, 6, 4, 9, 8, 15, 3, 0, 11, 1, 2, 12, 5, 10, 14, 7},
21           {1, 10, 13, 0, 6, 9, 8, 7, 4, 15, 14, 3, 11, 5, 2, 12}},
22          {{7, 13, 14, 3, 0, 6, 9, 10, 1, 2, 8, 5, 11, 12, 4, 15},
23           {13, 8, 11, 5, 6, 15, 0, 3, 4, 7, 2, 12, 1, 10, 14, 9},
24           {10, 6, 9, 0, 12, 11, 7, 13, 15, 1, 3, 14, 5, 2, 8, 4},
25           {3, 15, 0, 6, 10, 1, 13, 8, 9, 4, 5, 11, 12, 7, 2, 14}},
26          {{2, 12, 4, 1, 7, 10, 11, 6, 8, 5, 3, 15, 13, 0, 14, 9},
27           {14, 11, 2, 12, 4, 7, 13, 1, 5, 0, 15, 10, 3, 9, 8, 6},
28           {4, 2, 1, 11, 10, 13, 7, 8, 15, 9, 12, 5, 6, 3, 0, 14},
29           {11, 8, 12, 7, 1, 14, 2, 13, 6, 15, 0, 9, 10, 4, 5, 3}},
30          {{12, 1, 10, 15, 9, 2, 6, 8, 0, 13, 3, 4, 14, 7, 5, 11},
31           {10, 15, 4, 2, 7, 12, 9, 5, 6, 1, 13, 14, 0, 11, 3, 8},
32           {9, 14, 15, 5, 2, 8, 12, 3, 7, 0, 4, 10, 1, 13, 11, 6},
33           {4, 3, 2, 12, 9, 5, 15, 10, 11, 14, 1, 7, 6, 0, 8, 13}},
34          {{4, 11, 2, 14, 15, 0, 8, 13, 3, 12, 9, 7, 5, 10, 6, 1},
35           {13, 0, 11, 7, 4, 9, 1, 10, 14, 3, 5, 12, 2, 15, 8, 6},
36           {1, 4, 11, 13, 12, 3, 7, 14, 10, 15, 6, 8, 0, 5, 9, 2},
37           {6, 11, 13, 8, 1, 4, 10, 7, 9, 5, 0, 15, 14, 2, 3, 12}},
38          {{13, 2, 8, 4, 6, 15, 11, 1, 10, 9, 3, 14, 5, 0, 12, 7},
39           {1, 15, 13, 8, 10, 3, 7, 4, 12, 5, 6, 11, 0, 14, 9, 2},
40           {7, 11, 4, 1, 9, 12, 14, 2, 0, 6, 10, 13, 15, 3, 5, 8},
41           {2, 1, 14, 7, 4, 10, 8, 13, 15, 12, 9, 0, 3, 5, 6, 11}}}},
42      p = {16, 7, 20, 21, 29, 12, 28, 17, 1, 15, 23, 26, 5, 18, 31, 10,
43          2, 8, 24, 14, 32, 27, 3, 9, 19, 13, 30, 6, 22, 11, 4, 25},
44      keys, x1, x2, x3, x4, d0, l0, r0, l1, r1, r01, r02, r03, r04, r05,
            d, d1, d2, d3, d4},
45  keys = Module[{rs = {1, 2, 2, 2, 2, 2, 2, 1, 2, 2, 2, 2, 2, 2, 1, 2},
46      pc1 = {57, 49, 41, 33, 25, 17, 9, 1, 58, 50, 42, 34, 26, 18, 10,
47          2, 59, 51, 43, 35, 27, 19, 11, 3, 60, 52, 44, 36, 63, 55,
48          47, 39, 31, 23, 15, 7, 62, 54, 46, 38, 30, 22, 14, 6, 61,
49          53, 45, 37, 29, 21, 13, 5, 28, 20, 12, 4},
50      pc2 = {14, 17, 11, 24, 1, 5, 3, 28, 15, 6, 21, 10, 23, 19, 12, 4,
51          26, 8, 16, 7, 27, 20, 13, 2, 41, 52, 31, 37, 47, 55, 30, 40,
52          51, 45, 33, 48, 44, 49, 39, 56, 34, 53, 46, 42, 50, 36, 29, 32},
53  key1, key2, key3, key4, keys1},
54  key1 = Flatten[StringSplit[key]];
55  key2 = FromDigits[#, 16] & /@ key1;
56  key3 = Flatten[IntegerDigits[#, 2, 8] & /@ key2];
57  key4 = key3[[pc1]];
58  keys1 = Partition[Table[0, {i, 48 * 16}], 48];
59  Table[keys1[[i]] = key4[[pc2]]; key4 = Flatten[
```

```
60            RotateRight[ #, rs[[i]]] & /@ Partition[key4, 28]], {i, 16}];
61         keys1
62         ];
63         x1 = Flatten[StringSplit[x]];
64         x2 = FromDigits[ #, 16] & /@ x1;
65         x3 = Flatten[IntegerDigits[ #, 2, 8] & /@ x2];
66         x4 = x3[[ip]];
67         d0 = x4;
68         l0 = Partition[d0, 32][[1]];
69         r0 = Partition[d0, 32][[2]];
70         Table[l1 = r0;
71             r01 = Flatten[Partition[Join[{Last[r0]}, r0, {First[r0]}], 6, 4]];
72             r02 = Partition[BitXor[r01, keys[[i]]], 6];
73             r03 = Table[s[[j, r02[[j, 1]] * 2 + r02[[j, 6]]] + 1,
74                     FromDigits[r02[[j, 2 ;; 5]], 2] + 1]], {j, 8}];
75             r04 = Flatten[IntegerDigits[ #, 2, 4] & /@ r03];
76             r05 = r04[[p]];
77         r1 = BitXor[r05, l0];
78         l0 = l1;
79         r0 = r1,
80         {i, 16}];
81         d = Flatten[{r0, l0}];
82         d1 = d[[ip1]];
83         d2 = Partition[d1, 8];
84         d3 = FromDigits[ #, 2] & /@ d2;
85         d4 = IntegerString[ #, 16, 2] & /@ d3
86     ]
```

结合图 2-4 和图 2-2，并对照例 2.1 的 DES 加密函数，可知 DES 解密函数只需要修改第 45 和 39 行，即只需要修改子密钥生成算法。因此，这里不再详细介绍上述代码的工作原理。

例 2.4　DES 解密示例。

代码如下：

```
1    y1 = {"8C A6 4D E9 C1 B1 23 A7"}
2    key1 = {"00 00 00 00 00 00 00 00"}
3    x1 = desinv[key1, y1]
4
5    y2 = {"DA 02 CE 3A 89 EC AC 3B"}
6    key2 = {"0F 15 71 C9 47 D9 E8 59"}
7    x2 = desinv[key2, y2]
```

上述代码中，第 1～3 行为使用密钥 key1 解密密文 y1 得到明文 x1，第 5～7 行为使用密钥 key2 解密密文 y2 得到明文 x2。测试结果如表 2-15 的第 1～2 行所示。

2.3 3DES 算法与图像加密

经过长期的实践应用，现在公认在安全性方面 DES 算法的唯一缺点是密钥太短，导致密钥空间太小而不能有效地对抗穷举攻击，特别是计算机高速发展的今天，56 位长的密钥使得 DES 已经不具备保密性了。一种常用的扩展 DES 密钥的方法是使用 3 个 DES 的串联，如图 2-5 所示。

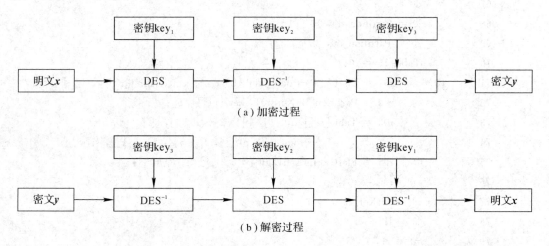

图 2-5 3DES 结构框图

图 2-5(a)中使用了 2 个 DES 加密过程和 1 个 DES 解密过程，完成 3DES 加密，即

$$y = 3DES(key_1, key_2, key_3, x) = DES(key_3, DES^{-1}(key_2, DES(key_1, x)))$$

$$(2-7)$$

图 2-5(b)是 3DES 的解密过程，是图 2-5(a)的逆过程，即

$$x = 3DES^{-1}(key_1, key_2, key_3, y) = DES^{-1}(key_1, DES(key_2, DES^{-1}(key_3, y)))$$

$$(2-8)$$

图 2-5 的优势在于当 $key_1 = key_2 = key_3 = key$ 时，相当于只使用一次 DES，这样可以兼容使用 DES 算法的陈旧设备。由于图 2-5 中使用了 3 个 DES，所以常被称为 3DES 或 TDEA(Triple Data Encryption Algorithm)。

由图 2-5 可知，3DES 具有 3 个 56 位的密钥，从而总的密钥长度达到 168 位，在对抗穷举攻击方面比 56 位长密钥的 DES 更加有效。

2.3.1 3DES 算法实现

下面介绍借助于 Wolfram 语言实现 3DES 算法的例程及其应用实例。

例 2.5 设计 3DES 加密函数。

代码如下：

```
1    des3[key_, x_] :=
2        Module[{key0, key1, key2, key3, y1, y2, y3},
3            key0 = Partition[Flatten[StringSplit[key]], 8];
```

```
4            key1 = key0[[1]]; key2 = key0[[2]]; key3 = key0[[3]];
5            y1 = des[key1, x]; y2 = desinv[key2, y1]; y3 = des[key3, y2]
6        ]
```

上述代码中，第 3 行将输入密钥 key 分成长度为 8 的 3 段，第 4 行由 key0 得到 3 个密钥，第 5 行按图 2-5(a)将明文 x 加密为密文 y3。

例 2.6　设计 3DES 解密函数。

代码如下：

```
1    des3inv[key_, x_] :=
2            Module[{key0, key1, key2, key3, y1, y2, y3},
3                key0 = Partition[Flatten[StringSplit[key]], 8];
4                key1 = key0[[1]]; key2 = key0[[2]]; key3 = key0[[3]];
5                y1 = desinv[key3, x]; y2 = des[key2, y1]; y3 = desinv[key1, y2]
6            ]
```

上述代码中，第 3 行将输入密钥 key 分成长度为 8 的 3 段，第 4 行由 key0 得到 3 个密钥，第 5 行按图 2-5(b)将密文 x 解密为明文 y3。

例 2.7　3DES 加密与解密示例。

代码如下：

```
1    key = {"0F 15 71 C9 47 D9 E8 59 0F 15 71 C9 47 D9 E8 59 0F 15 71 C9 47 D9 E8 59"}
2    x = {"02 46 8A CE EC A8 64 20"}
3    y = des3[key, x]
4
5    x1 = des3inv[key, y]
```

上述代码中，使用长度为 192 位的密钥（有效位数为 168 位）key，明文为 x，第 3 行调用 des3 函数将明文 x 加密为密文 y（这里的 y 为{"da02ce3a89ecac3b"}）。然后，第 5 行调用 des3inv 函数解密密文 y，还原出明文 x1（与 x 相同）。

2.3.2　3DES 图像密码系统

3DES 的输入为 64 位（即 8 字节）的数据，输出也是 64 位（8 字节）的数据。3DES 用于图像加密时，需要将图像分割为 8 个字节一组的小数据块序列，如果图像不能实现整数分割，即灰度图像的像素点个数除以 8 的商不是整数时，则在最后一组填充 0 以达到 8 个字节。一般地，常使用密码分组链接方式（CBC）对图像的各个小数据块进行加密，如图 2-6 所示。

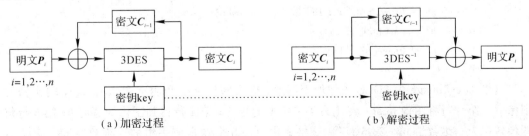

图 2-6　3DES 工作在 CBC 模式下的灰度图像密码系统

参考图 2-6(a)，3DES 工作在 CBC 模式下加密数字图像的步骤如下：

Step 1. 设明文图像 P 的大小为 $M \times N$，不妨假设 8 能整除 MN，令 $n = MN/8$，将 P 逐行展开成一维行向量，然后，每 8 个字节一组，划分为 n 组，即 $\{P_i, i = 1, 2, \cdots, n\}$。

Step 2. 将 P_i，$i = 1, 2, \cdots, n$ 经 3DES 加密后得到的密文块记为 C_i，则

$$C_i = 3\text{DES}(\text{key}, P_i \oplus C_{i-1}), \quad i = 1, 2, \cdots, n \tag{2-9}$$

C_0 可取任意 64 位公开的常数，这里取为 $C_0 = \text{0x0000 0000 0000 0000}$。密钥 key 为 168 位，由图 2-5 中的 key_1、key_2 和 key_3 组成。

Step 3. 将 $\{C_i, i = 1, 2, \cdots, n\}$ 逐行填充为 $M \times N$ 的图像 C，C 即为密文图像。

结合图 2-6(b)可知，图像解密过程是加密过程的逆过程，可借助于式(2-10)由 C_i 还原出 P_i，即

$$P_i = \text{TDES}^{-1}(\text{key}, C_i) \oplus C_{i-1}, \quad i = 1, 2, \cdots, n \tag{2-10}$$

其中，$C_0 = \text{0x0000 0000 0000 0000}$。

加密方通过"私有信道"与合法的收信方共享密钥 key，而通过公共信道将 C_0 和密文 C 传递到收信方，收信方借助于密钥和解密算法即可还原出原始的明文图像。

2.3.3 3DES 图像加密示例

下面首先给出 3DES 加密和解密灰度图像的函数，然后，借助于 Lena 图像进行图像加密/解密实验。

例 2.8 设计 3DES 图像加密函数。

代码如下：

```
1    des3image[key_, image_] := Module[{c0 = {"00 00 00 00 00 00 00 00"},
2      p1, p2, p3, p4, p5, p6, p7, p8, x1, x2, x3, x4, c1, c2, n},
3      p1 = ImageData[image, "Byte"];
4      n = Dimensions[p1][[1]];
5      p2 = Flatten[p1];
6      p3 = Partition[p2, 8];
7      p4 = IntegerString[#, 16, 2] & /@ p3;
8      p5 = Table[x1 = Flatten[StringSplit[x]];
9        x2 = FromDigits[#, 16] & /@ x1; c1 = Flatten[StringSplit[c0]];
10       c2 = FromDigits[#, 16] & /@ c1; x3 = BitXor[x2, c2];
11       x4 = IntegerString[#, 16, 2] & /@ x3;
12       c0 = des3[key, x4], {x, p4}];
13     p6 = FromDigits[#, 16] & /@ Flatten[p5];
14     p7 = Partition[p6, n];
15     p8 = Image[p7, "Byte"]
16     ]
```

这里，des3image 为 3DES 图像加密函数，输入密钥 key 和明文图像 image，输出密文图像 p8。第 3 行将图像 image 转化为字节字型的矩阵；第 4 行得到图像的宽度 n；第 5 行将图像转化为一维数组 p2；第 6 行将 p2 格式化为每 8 个像素值一组的二维数组 p3；第 7 行将二维数组 p3 的每个元素转化为字符串，为了适应 des3 函数的输入要求；第 8~12 行使

用 CBC 模式加密 p4;第 13 行将 p5 转化为整数数组 p6;第 14 行将 p6 格式化为每行 n 个元素的二维数组 p7;第 15 行将 p7 转化为图像 p8。

例 2.9 设计 3DES 图像解密函数。

代码如下:

```
1    des3imageinv[key_, image_] := Module[{c0 = {"00 00 00 00 00 00 00 00"},
2        p1, p2, p3, p4, p5, p6, p7, p8, x1, x2, x3, x4, x5, c1, c2, n},
3        p1 = ImageData[image, "Byte"];
4        n = Dimensions[p1][[1]];
5        p2 = Flatten[p1];
6        p3 = Partition[p2, 8];
7        p4 = IntegerString[#, 16, 2] & /@ p3;
8        p5 = Table[x1 = des3inv[key, x];
9          x2 = Flatten[StringSplit[x1]]; x3 = FromDigits[#, 16] & /@ x2;
10         c1 = Flatten[StringSplit[c0]]; c2 = FromDigits[#, 16] & /@ c1;
11         c0 = x;
12         x4 = BitXor[x3, c2];
13         x5 = IntegerString[#, 16, 2] & /@ x4
14         , {x, p4}];
15         p6 = FromDigits[#, 16] & /@ Flatten[p5];
16         p7 = Partition[p6, n];
17         p8 = Image[p7, "Byte"]
18        ]
```

上述代码为 3DES 图像解密函数 des3imageinv,输入为密钥 key 和密文图像 image,输出为解密后的图像 p8。其中,第 3 行由图像 image 得到二维数组 p1;第 4 行得到图像的宽度 n;第 5 行将 p1 转化为一维数组 p2;第 6 行将 p2 转化为 8 个像素值一组的二维数组 p3;第 7 行将 p3 的每个元素转化为字符串,适应 des3inv 的输入要求;第 8~14 行按式(2-10)对 p4 解密,解密后的数据赋给 p5;第 15 行将 p5 转化为一维整数数组 p6;第 16 行将 p6 格式化为每行为 n 个元素的二维数组 p7;第 17 行将 p7 转化为图像 p8。

例 2.10 3DES 图像加密/解密示例。

代码如下:

```
1    p1 = ExampleData[{"TestImage", "Lena"}]
2    p2 = ColorConvert[p1, "Grayscale"]
3    key = {"0F 15 71 C9 47 D9 E8 59 0F 15 71 C9 47 D9 E8 59 0F 15 71 C9 47 D9 E8 59"}
4    c1 = des3image[key, p2]
5
6    p3 = des3imageinv[key, c1]
```

Mathematica 软件具有庞大的资源库,常用的标准测试图像,例如 Lena,都在其资源库中。上述代码的第 1 行从资源库中读出标准测试图像 Lena,赋给 p1,p1 为 512×512 的彩色图像;第 2 行将 p1 转化为灰度图像 p2;第 3 行设定密钥 key;第 4 行调用 des3image 函数使用密钥 key 加密 p2 得到密文图像 c1;第 6 行调用 des3imageinv 函数使用同一个密钥 key 解密 c1 得到还原后的图像 p3。加密与解密结果如图 2-7 所示。

（a）Lena 图像　　　　　　　　　　（b）密文图像　　　　　　　　　（c）解密后的图像

图 2-7　3DES 加密与解密图像结果

在图 2-7 中，（a）为 Lena 图像，（b）为 Lena 的密文图像，（c）为解密（b）后的图像，与原始明文图像（a）完全相同。由于 Mathematica 是解释执行的，例 2.10 中的程序执行速度比较慢（在计算机配置为 i7-9750H CPU@2.60GHz 下运行时间约为 120 秒，可使用语句"p3 = des3imageinv[key, c1] //Timing"进行测试。但借助于 C♯语言的可执行代码程序，例 2.10 所示的 3DES 加密与解密速度是非常快的[3]）。

本 章 小 结

本章详细介绍了 DES 算法和 3DES 算法，使用 Wolfram 语言基于 Mathematica 软件设计了 DES 算法和 3DES 算法的实现程序。DES 算法是一种重要的对称密码算法，特别是 Feistel 结构是现代对称密码学扩散技术的典型代表，至今仍具有重要的研究价值。而且，3DES 在三个密钥的生成方式上仍有优化的空间。

研究密码学常用的软件还有 MATLAB 和 Visual Studio 等。密码学者的工作实践表明，综合使用 Mathematica/MATLAB 和 Visual Studio（使用 C♯语言）是研究图像密码学的最佳工具选择，Mathematica/MATLAB 的优势在于其可以快速实现算法（即由数学模型转化为代码的速度极快），所以，密码算法大都先使用 Mathematica/MATLAB 进行算法合法性测试（即加密和解密是否行得通）。C♯语言的优势在于执行算法的速度快，代码可嵌入到网络应用中，且具有工程健壮性和图形界面优美等优点，C♯语言是密码算法的主流设计语言。本书的重点在于使用 Mathematica 进行图像密码算法验证与敏感性测试，关于 MATLAB 和 C♯语言进行图像密码算法实现的研究请参阅文献[2-3]。

习 题

1. 在例 2.1 的基础上，结合图 2-4 编写 DES 解密算法程序，并用表 2-15 中的数据进行解密测试。现给定密文"AA A5 AA A5 AA A5 AA A5"和密钥"01 23 45 67 89 AB CD EF"，借助所设计的解密程序还原出原始的明文数据。

第 3 章　高级加密标准（AES）

AES 即高级加密标准，是当前美国政府的信息加密标准算法。AES 可用专用集成电路（ASIC）或通用计算机软件快速实现。AES 使用了查找表技术，在通用计算机上加密速度非常快，是目前应用最广泛的加密算法，而且至今仍没有官方报道的可行的破译算法。本章内容参考了 NIST FIPS 197 标准（http：//csrc. nist. gov/）和 C. Paar 与 J. Pelzl 的著作《Understanding Cryptography：A Textbook for Students and Practitioners》。除了详细介绍 AES 算法外，还重点介绍了 AES 算法在图像加密方面的应用。

3.1　AES 算 法

AES 算法，也称为 Rijndael 算法，是由 J. Daemen 和 V. Rijmen 两位密码学家提出来的。与 DES 类似，AES 也属于对称加密算法，即通信双方使用相同的密钥，但是 AES 的密钥长度比 DES 长，可以有效地对抗穷举密钥攻击。AES 的密钥长度可以选为 128 位、192 位或 256 位。AES 的输入明文文本长度为 128 位，输出密文文本长度也为 128 位。

本书根据 AES 的密钥长度命名 AES 的三种类型，即 AES - 128 表示密钥长度为 128 位的 AES，AES - 192 表示密钥长度为 192 位的 AES，AES - 256 表示密钥长度为 256 位的 AES。同时，定义"字"表示 32 位，"字节"表示 8 位。这样 AES 的明文、密钥和密文长度以及加密轮数如表 3 - 1 所示。

表 3 - 1　AES 的明文、密钥和密文长度及加密轮数

	明文长度（字）	密钥长度（字）	密文长度（字）	加密轮数 N_r
AES - 128	4	4	4	10
AES - 192	4	6	4	12
AES - 256	4	8	4	14

需要说明的是，本章介绍 AES 算法使用了 FIPS 197 标准中的英文术语，为避免引起歧义，没有将这些术语译为中文。

3.1.1　AES 加密算法

AES 加密算法如图 3 - 1 所示。AES 的输入为明文文本 x 和密钥 k，密钥 k 经密钥扩展算法生成 N_r+1 个子密钥 $\{k_i\}$，$i=0$，1，2，$\cdots$，N_r，每个子密钥长 4 个字（即 128 位）。首先，明文 x 与子密钥 k_0 相异或；然后，对异或的结果循环执行 SubBytes、ShiftRows 和

MixColumns 操作 N_r-1 次；最后，将上一步的输出再执行一次 SubBytes 和一次 ShiftRows 操作，并与子密钥 $\boldsymbol{k}_{N_r}$ 相异或得到密文 $\boldsymbol{y}$。

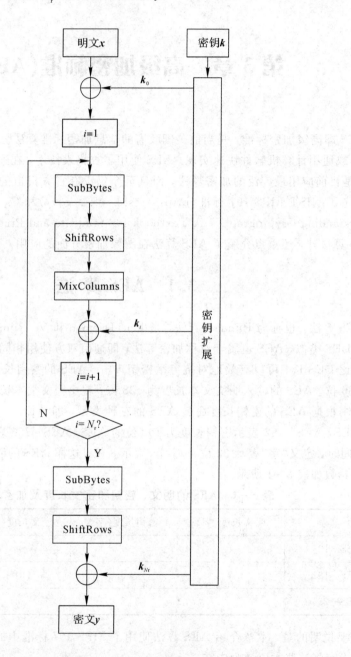

图 3-1 AES 加密算法

在图 3-1 中，一个完整的轮操作包括一次 SubBytes、一次 ShiftRows、一次 MixColumns和一次异或操作，AES 包括 N_r-1 个完整的轮操作。但是，最后一个轮操作是不完整的，只包括一次 SubBytes、一次 ShiftRows 和一次异或操作。

下面依次介绍 SubBytes、ShiftRows、MixColus 操作，如图 3-2 所示。密钥扩展算法将在第 3.1.2 节中介绍。

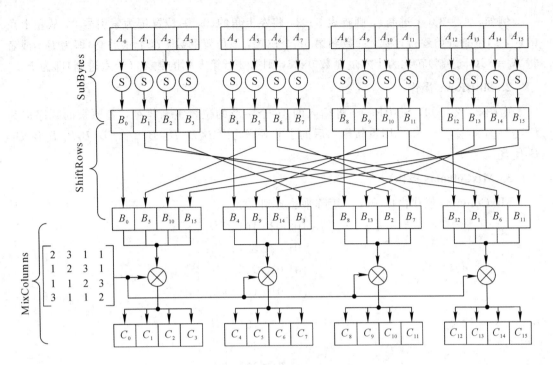

图 3-2　SubBytes、ShiftRows 和 MixColumns 操作

1. SubBytes 操作

由图 3-2 可知，SubBytes 操作把输入的 4 个字长的数据分成 16 个字节，依次记为 A_i，$i=0$，1，2，$\cdots$，15。A_i 通过查 S 盒得到 B_i。AES 算法只有一个 S 盒，如表 3-2 所示。

表 3-2　AES 的 S 盒（十六进制）

		列　号														
		0	1	2	3	4	5	6	7	8	9	A	B	C	D	E	F
行号	0	63	7C	77	7B	F2	6B	6F	C5	30	01	67	2B	FE	D7	AB	76
	1	CA	82	C9	7D	FA	59	47	F0	AD	D4	A2	AF	9C	A4	72	C0
	2	B7	FD	93	26	36	3F	F7	CC	34	A5	E5	F1	71	D8	31	15
	3	04	C7	23	C3	18	96	05	9A	07	12	80	E2	EB	27	B2	75
	4	09	83	2C	1A	1B	6E	5A	A0	52	3B	D6	B3	29	E3	2F	84
	5	53	D1	00	ED	20	FC	B1	5B	6A	CB	BE	39	4A	4C	58	CF
	6	D0	EF	AA	FB	43	4D	33	85	45	F9	02	7F	50	3C	9F	A8
	7	51	A3	40	8F	92	9D	38	F5	BC	B6	DA	21	10	FF	F3	D2
	8	CD	0C	13	EC	5F	97	44	17	C4	A7	7E	3D	64	5D	19	73
	9	60	81	4F	DC	22	2A	90	88	46	EE	B8	14	DE	5E	0B	DB
	A	E0	32	3A	0A	49	06	24	5C	C2	D3	AC	62	91	85	E4	79
	B	E7	C8	37	6D	8D	D5	4E	A9	6C	56	F4	EA	65	7A	AE	08
	C	BA	78	25	2E	1C	A6	B4	C6	E8	DD	74	1F	4B	BD	8B	8A
	D	70	3E	B5	66	48	03	F6	0E	61	35	57	B9	86	C1	1D	9E
	E	E1	F8	98	11	69	D9	8E	94	9B	1E	87	E9	CE	55	28	DF
	F	8C	A1	89	0D	BF	E6	42	68	41	99	2D	0F	B0	54	BB	16

例如，$A_i = 38$（十进制），则查表 3 - 2，将左上角的$(0，0)$位置记为索引号 0，从左上角的$(0，0)$位置开始逐行计数，计数到第 38 个位置，该位置的数 F7（十六进制）即为 B_i。或者将 $A_i = 38$（十进制）转化为十六进制数 0x26，则第 2 行第 6 列的数 F7（十六进制）即为 B_i。

2. ShiftRows 操作

由图 3 - 2 可知，ShiftRows 将输入的 16 个字节的位置重新排列，若原来的顺序记为 B_i，$i = 0，1，2，\cdots，15$，则重新排列后的字节顺序为 $B_0 B_5 B_{10} B_{15} B_4 B_9 B_{14} B_3 B_8 B_{13} B_2 B_7 B_{12} B_1 B_6 B_{11}$。

3. MixColumns 操作

MixColumns 操作由以下 4 个矩阵乘法得到，即

$$
\begin{bmatrix} C_0 \\ C_1 \\ C_2 \\ C_3 \end{bmatrix} = \begin{bmatrix} 02 & 03 & 01 & 01 \\ 01 & 02 & 03 & 01 \\ 01 & 01 & 02 & 03 \\ 03 & 01 & 01 & 02 \end{bmatrix} \begin{bmatrix} B_0 \\ B_5 \\ B_{10} \\ B_{15} \end{bmatrix} \tag{3-1}
$$

$$
\begin{bmatrix} C_4 \\ C_5 \\ C_6 \\ C_7 \end{bmatrix} = \begin{bmatrix} 02 & 03 & 01 & 01 \\ 01 & 02 & 03 & 01 \\ 01 & 01 & 02 & 03 \\ 03 & 01 & 01 & 02 \end{bmatrix} \begin{bmatrix} B_4 \\ B_9 \\ B_{14} \\ B_3 \end{bmatrix} \tag{3-2}
$$

$$
\begin{bmatrix} C_8 \\ C_9 \\ C_{10} \\ C_{11} \end{bmatrix} = \begin{bmatrix} 02 & 03 & 01 & 01 \\ 01 & 02 & 03 & 01 \\ 01 & 01 & 02 & 03 \\ 03 & 01 & 01 & 02 \end{bmatrix} \begin{bmatrix} B_8 \\ B_{13} \\ B_2 \\ B_7 \end{bmatrix} \tag{3-3}
$$

$$
\begin{bmatrix} C_{12} \\ C_{13} \\ C_{14} \\ C_{15} \end{bmatrix} = \begin{bmatrix} 02 & 03 & 01 & 01 \\ 01 & 02 & 03 & 01 \\ 01 & 01 & 02 & 03 \\ 03 & 01 & 01 & 02 \end{bmatrix} \begin{bmatrix} B_{12} \\ B_1 \\ B_6 \\ B_{11} \end{bmatrix} \tag{3-4}
$$

式（3 - 1）～式（3 - 4）中的乘法与加法运算均基于 $GF(2^8)$ 域，使用的不可约多项式为 $x^8 + x^4 + x^3 + x + 1$。

仔细研究图 3 - 2 和 MixColumns 操作，可以通过四种类型的查找表和模 2 加法运算由 A_i 得到 C_i，这里以分析式（3 - 1）为例，如图 3 - 3 所示。

$$
\begin{bmatrix} C_0 \\ C_1 \\ C_2 \\ C_3 \end{bmatrix} = \begin{bmatrix} 02 \\ 01 \\ 01 \\ 03 \end{bmatrix} B_0 + \begin{bmatrix} 03 \\ 02 \\ 01 \\ 01 \end{bmatrix} B_5 + \begin{bmatrix} 01 \\ 03 \\ 02 \\ 01 \end{bmatrix} B_{10} + \begin{bmatrix} 01 \\ 01 \\ 03 \\ 02 \end{bmatrix} B_{15}
$$

A_0查表 A_5查表 A_{10}查表 A_{15}查表

图 3 - 3 查表方法计算 SubBytes、ShiftRows 和 MixColumns

在图 3-3 中，需要构造 4 种查找表，"A_0 查表"表示由 A_0 查第一种查找表可以得到，"A_5 查表"表示由 A_5 查第二种查找表可以得到，"A_{10} 查表"表示由 A_{10} 查第三种查找表可以得到，"A_{15} 查表"表示由 A_{15} 查第四种查找表可以得到。

结合式（3-1）～式（3-4）可知，第一种查找表供 A_0、A_4、A_8 和 A_{12} 用，第二种查找表供 A_1、A_5、A_9 和 A_{13} 使用，第三种查找表供 A_2、A_6、A_{10} 和 A_{14} 使用，第四种查找表供 A_3、A_7、A_{11} 和 A_{15} 使用。

下面，以第一种查找表和 A_0 为例，介绍构造第一种查找表的方法。此时，输入为 A_0，取值为 0x00～0xFF 中的任一值，即 1 个字节的值；输出为 transpose(2, 1, 1, 3)B_0，transpose 表示转置，即输出为 4 行 1 列的 4 个字节。第一种查找表为 256 行 4 列的矩阵，第 0 行的 4 个元素对应着 A_0 取为 0x00 时，计算 transpose(2, 1, 1, 3)B_0 得到的 4 个字节（的转置）；第 1 行的 4 个元素对应着 A_0 取为 0x01 时，计算 transpose(2, 1, 1, 3)B_0 得到的 4 个字节（的转置）；以此类推，第 255 行的 4 个元素对应着 A_0 取为 0xFF 时，计算 transpose(2, 1, 1, 3)B_0 得到的 4 个字节（的转置）。

在图 3-3 中，当已知 A_0、A_5、A_{10} 和 A_{15} 时，用 A_0 查第一种查找表得到含 4 个字节的向量；用 A_5 查第二种查找表得到含 4 个字节的向量；用 A_{10} 查第三种查找表得到含 4 个字节的向量；用 A_{15} 查第四种查找表得到含 4 个字节的向量。将这四个向量按向量加法取和，得到一个含 4 个字节的向量，这 4 个字节依次为 C_0、C_1、C_2 和 C_3。

在文献[3]中详细介绍了这四种查找表的生成算法，并使用这四种查找表设计了 AES 算法实现程序。为了易于阅读，本章仍将基于标准的 AES 算法实现 AES 算法程序。

3.1.2　AES 密钥扩展算法

AES 的密钥长度可以取为 128 位、192 位或 256 位，即 4 个字、6 个字或 8 个字，对应的密码系统依次称为 AES-128、AES-192 或 AES-256。结合表 3-1 和图 3-1 可知，AES-128 共需要 11 个子密钥（或称轮密钥），AES-192 共需要 13 个子密钥，AES-256 共需要 15 个子密钥。每个子密钥的长度为 4 个字，因此，AES-128 需要由密钥扩展出 44 个字，记为 W_i，$i=0, 1, 2, \cdots, 43$；AES-192 需要由密钥扩展出 52 个字，记为 W_i，$i=0, 1, 2, \cdots, 51$；AES-256 需要由密钥扩展出 60 个字，记为 W_i，$i=0, 1, 2, \cdots, 59$。其中，$W_{4i} W_{4i+1} W_{4i+2} W_{4i+3}$ 为第 i 轮的子密钥 k_i。

下面图 3-4 至图 3-6 分别为 AES-128、AES-192 和 AES-256 的密钥扩展方式，图 3-7 为密钥扩展中使用的 g 函数和 h 函数。

在图 3-4 中，输入密钥 k 被分成 4 个字，记为 K_i，$i=0, 1, 2, 3$，子密钥 k_0 与密钥 k 相同，即 $W_i = K_i$，$i=0, 1, 2, 3$。然后，由子密钥 k_i 产生子密钥 k_{i+1}，$i=0, 1, 2, \cdots, 9$，产生规则如下：

$$W_{4(i+1)} = W_{4i} \oplus g(W_{4i+3}) \tag{3-5}$$

$$W_{4(i+1)+1} = W_{4(i+1)} \oplus W_{4i+1} \tag{3-6}$$

$$W_{4(i+1)+2} = W_{4(i+1)+1} \oplus W_{4i+2} \tag{3-7}$$

$$W_{4(i+1)+3} = W_{4(i+1)+2} \oplus W_{4i+3} \tag{3-8}$$

其中，$i=0, 1, 2, \cdots, 9$。函数 g 如图 3-7 所示。

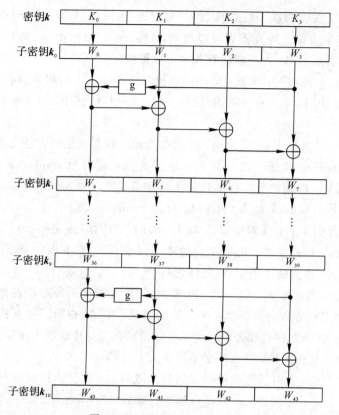

图 3-4　AES-128 密钥扩展

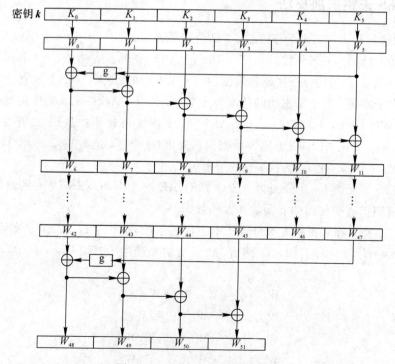

图 3-5　AES-192 密钥扩展

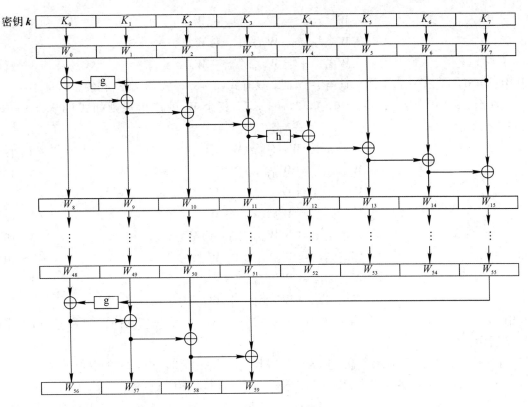

图 3-6　AES-256 密钥扩展

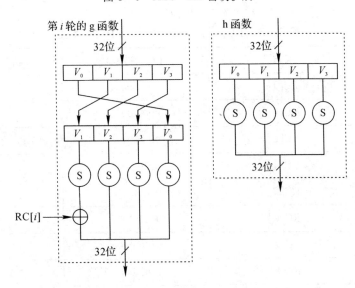

图 3-7　g 函数和 h 函数

图 3-5 为 AES-192 系统的密钥扩展过程，图 3-6 为 AES-256 系统的密钥扩展过程。
图 3-5 中 $W_i = K_i$，$i = 0, 1, 2, \cdots, 5$，其余 W_i 的产生规则如式（3-9）～式（3-14）所示。

$$W_{6(i+1)} = W_{6i} \oplus g(W_{6i+5}) \qquad (3-9)$$

$$W_{6(i+1)+1} = W_{6(i+1)} \oplus W_{6i+1} \qquad (3-10)$$

$$W_{6(i+1)+2} = W_{6(i+1)+1} \oplus W_{6i+2} \qquad (3-11)$$

$$W_{6(i+1)+3} = W_{6(i+1)+2} \bigoplus W_{6i+3} \qquad (3-12)$$

$$W_{6(i+1)+4} = W_{6(i+1)+3} \bigoplus W_{6i+4} \qquad (3-13)$$

$$W_{6(i+1)+5} = W_{6(i+1)+4} \bigoplus W_{6i+5} \qquad (3-14)$$

其中，$i=0$，1，2，…，6，7，且当 $i=7$ 时，只有式(3-9)~式(3-12)有效。

在图 3-6 中 $W_i = K_i$，$i=0$，1，2，…，7，其余 W_i 的产生规则如式(3-15)~式(3-22)所示。

$$W_{8(i+1)} = W_{8i} \bigoplus g(W_{8i+7}) \qquad (3-15)$$

$$W_{8(i+1)+1} = W_{8(i+1)} \bigoplus W_{8i+1} \qquad (3-16)$$

$$W_{8(i+1)+2} = W_{8(i+1)+1} \bigoplus W_{8i+2} \qquad (3-17)$$

$$W_{8(i+1)+3} = W_{8(i+1)+2} \bigoplus W_{8i+3} \qquad (3-18)$$

$$W_{8(i+1)+4} = h(W_{8(i+1)+3}) \bigoplus W_{8i+4} \qquad (3-19)$$

$$W_{8(i+1)+5} = W_{8(i+1)+4} \bigoplus W_{8i+5} \qquad (3-20)$$

$$W_{8(i+1)+6} = W_{8(i+1)+5} \bigoplus W_{8i+6} \qquad (3-21)$$

$$W_{8(i+1)+7} = W_{8(i+1)+6} \bigoplus W_{8i+7} \qquad (3-22)$$

其中，$i=0$，1，2，…，6，且当 $i=6$ 时，只有式(3-15)~式(3-18)有效。函数 g 和 h 如图 3-7 所示。

在图 3-7 中，"S"表示 S 盒，见表 3-2。$RC[i]$，$i=1$，2，…，10 的取值如表 3-3 所示。在 AES 中，生成多项式为 $P(x)=x^8+x^4+x^3+x+1$，$RC[i]=x^{i-1}$，$i=1$，2，…，10。所以，$RC[i]=1<<(i-1)$，$i=1$，2，…，8；$RC[9]=x^8=x^4+x^3+x+1=0001\ 1011B$，$RC[10]=x^9=x \cdot x^8=x^5+x^4+x^2+x=0011\ 0110B$。

表 3-3　$RC[i]$，$i=1$，2，…，10 的取值

序号 i	$RC[i]$	值(二进制)	值(十六进制)
1	RC[1]	0000 0001	01
2	RC[2]	0000 0010	02
3	RC[3]	0000 0100	04
4	RC[4]	0000 1000	08
5	RC[5]	0001 0000	10
6	RC[6]	0010 0000	20
7	RC[7]	0100 0000	40
8	RC[8]	1000 0000	80
9	RC[9]	0001 1011	1B
10	RC[10]	0011 0110	36

3.1.3　AES 解密算法

AES 解密算法是 AES 加密算法的逆过程，如图 3-8 所示。

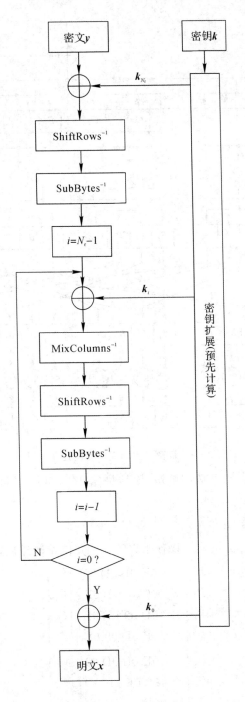

图 3-8 AES 解密过程

对照图 3-1 所示的 AES 加密过程，可知图 3-8 所示的 AES 解密过程是图 3-1 的逆过程。解密过程也需要 N_r 轮，第一轮包含与子密钥 k_{N_r} 的异或运算、逆向的 ShiftRows（用 ShiftRows^{-1} 表示）和逆向的 SubBytes（用 SubBytes^{-1} 表示）；其余的 N_r-1 轮是相似的，都包含了与该轮子密钥的异或运算、逆向 MixColumns（用 MixColumn^{-1} 表示）、ShiftRows^{-1} 和 SubBytes^{-1}。解密过程的完整的轮处理过程如图 3-9 所示。

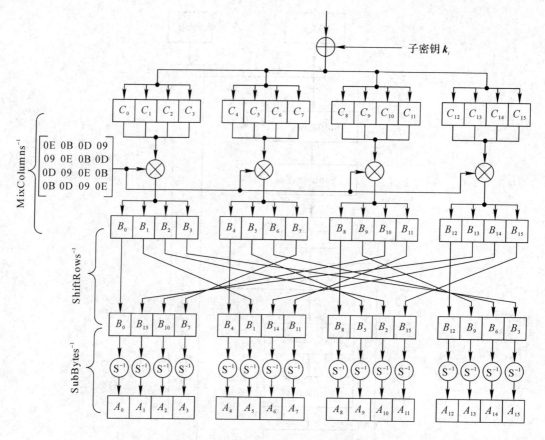

图 3-9 解密过程的完整的轮处理过程

对照图 3-2 可知，图 3-9 所示解密过程的轮处理是图 3-2 的逆过程，下面依次介绍各个操作过程。

1. MixColumns⁻¹ 操作

由图 3-9 可知，MixColumns⁻¹ 操作由以下 4 个矩阵乘法组成，即

$$\begin{bmatrix} B_0 \\ B_1 \\ B_2 \\ B_3 \end{bmatrix} = \begin{bmatrix} 0E & 0B & 0D & 09 \\ 09 & 0E & 0B & 0D \\ 0D & 09 & 0E & 0B \\ 0B & 0D & 09 & 0E \end{bmatrix} \begin{bmatrix} C_0 \\ C_1 \\ C_2 \\ C_3 \end{bmatrix} \tag{3-23}$$

$$\begin{bmatrix} B_4 \\ B_5 \\ B_6 \\ B_7 \end{bmatrix} = \begin{bmatrix} 0E & 0B & 0D & 09 \\ 09 & 0E & 0B & 0D \\ 0D & 09 & 0E & 0B \\ 0B & 0D & 09 & 0E \end{bmatrix} \begin{bmatrix} C_4 \\ C_5 \\ C_6 \\ C_7 \end{bmatrix} \tag{3-24}$$

$$\begin{bmatrix} B_8 \\ B_9 \\ B_{10} \\ B_{11} \end{bmatrix} = \begin{bmatrix} 0E & 0B & 0D & 09 \\ 09 & 0E & 0B & 0D \\ 0D & 09 & 0E & 0B \\ 0B & 0D & 09 & 0E \end{bmatrix} \begin{bmatrix} C_8 \\ C_9 \\ C_{10} \\ C_{11} \end{bmatrix} \tag{3-25}$$

$$\begin{bmatrix} B_{12} \\ B_{13} \\ B_{14} \\ B_{15} \end{bmatrix} = \begin{bmatrix} 0E & 0B & 0D & 09 \\ 09 & 0E & 0B & 0D \\ 0D & 09 & 0E & 0B \\ 0B & 0D & 09 & 0E \end{bmatrix} \begin{bmatrix} C_{12} \\ C_{13} \\ C_{14} \\ C_{15} \end{bmatrix} \tag{3-26}$$

式(3-23)至式(3-26)中的乘法和加法均基于 $GF(2^8)$ 域进行，生成多项式为 $P(x)=x^8+x^4+x^3+x+1$。

2. ShiftRows^{-1}操作

由图 3-9 可知，ShiftRows^{-1} 操作将输入的"$B_0 B_1 B_2 B_3\ B_4 B_5 B_6 B_7\ B_8 B_9 B_{10} B_{11}\ B_{12} B_{13} B_{14} B_{15}$"重新排列为"$B_0 B_{13} B_{10} B_7\ B_4 B_1 B_{14} B_{11}\ B_8 B_5 B_2 B_{15}\ B_{12} B_9 B_6 B_3$"。

3. SubBytes^{-1}操作

图 3-9 中的"S^{-1}"表示逆向 S 盒。SubBytes^{-1} 操作中，依次输入"$B_0 B_{13} B_{10} B_7\ B_4 B_1 B_{14} B_{11}\ B_8 B_5 B_2 B_{15}\ B_{12} B_9 B_6 B_3$"查 S^{-1} 盒，将依次得到"$A_0 A_1 A_2 A_3\ A_4 A_5 A_6 A_7\ A_8 A_9 A_{10} A_{11}\ A_{12} A_{13} A_{14} A_{15}$"。$S^{-1}$ 盒如表 3-4 所示。

表 3-4　AES 解密过程的 S^{-1} 盒(十六进制)

		列　号															
		0	1	2	3	4	5	6	7	8	9	A	B	C	D	E	F
行号	0	52	09	6A	D5	30	36	A5	38	BF	40	A3	9E	81	F3	D7	FB
	1	7C	E3	39	82	98	2F	FF	87	34	8E	43	44	C4	DE	E9	CB
	2	54	7B	94	32	A6	C2	23	3D	EE	4C	95	0B	42	FA	C3	4E
	3	08	2E	A1	66	28	D9	24	B2	76	5B	A2	49	6D	8B	D1	25
	4	72	F8	F6	64	86	68	98	16	D4	A4	5C	CC	5D	65	B6	92
	5	6C	70	48	50	FD	ED	B9	DA	5E	15	46	57	A7	8D	9D	84
	6	90	D8	AB	00	8C	BC	D3	0A	F7	E4	58	05	B8	B3	45	06
	7	D0	2C	1E	8F	CA	3F	0F	02	C1	AF	BD	03	01	13	8A	6B
	8	3A	91	11	41	4F	67	DC	EA	97	F2	CF	CE	F0	B4	E6	73
	9	96	AC	74	22	E7	AD	35	85	E2	F9	37	E8	1C	75	DF	6E
	A	47	F1	1A	71	1D	29	C5	89	6F	B7	62	0E	AA	18	BE	1B
	B	FC	56	3E	4B	C6	D2	79	20	9A	DB	C0	FE	78	CD	5A	F4
	C	1F	DD	A8	33	88	07	C7	31	B1	12	10	59	27	80	EC	5F
	D	60	51	7F	A9	19	B5	4A	0D	2D	E5	7A	9F	93	C9	9C	EF
	E	A0	E0	3B	4D	AE	2A	F5	B0	C8	EB	BB	3C	83	53	99	61
	F	17	2B	04	7E	BA	77	D6	26	E1	69	14	63	55	21	0C	7D

例如，$B_{13}=0x4A$(十六进制)，则 $A_1=S^{-1}(B_{13})=0x5C$(即处于第 4 行第 A 列的值)。

3.2　AES 算法实现

Wolfram 语言中集成了对称密码算法和公钥密码算法，可以直接调用相关的函数实现加密与解密。下面首先介绍 Wolfram 语言的系统函数 Encrypt 和 Decrypt，然后，在第 3.2.1 节和第 3.2.2 节介绍 AES 的具体实现程序。在第 3.3 节介绍使用系统函数 Encrypt 和 Decrypt 进行 AES 图像加密。

这里介绍基于 CBC 模式（密文分组链接模式）的 Wolfram 语言 AES 实现方法。CBC 模式如图 3-10 所示。按照 AES 算法的输入与输出规定，图 3-10 中每个明文分组和密文分组均为 128 位，初始向量 IV 也为 128 位，密钥 K 可取 128 位、192 位或 256 位。对于一个明文数据，首先将其分割为长度为 128 位的分组，然后按 PKCS 填充标准对分组进行修补，保证每个明文分组均为 128 位（16 字节）。PKCS 填充标准为在明文分组后添加 m 个值为 m 的 8 位字节，保证明文数据为 128 位（16 字节）的整数倍；如果明文数据已经为 128 位的整数倍，则应添加 16 个值为 16 的字节，即必须有填充位。例如，加密的数据为 15 个字节，而每个分组大小为 16 个字节，此时，应补上 1 个字节，其值为 1；加密的数据为 12 个字节，则应补上 4 个字节，每个字节值为 4。

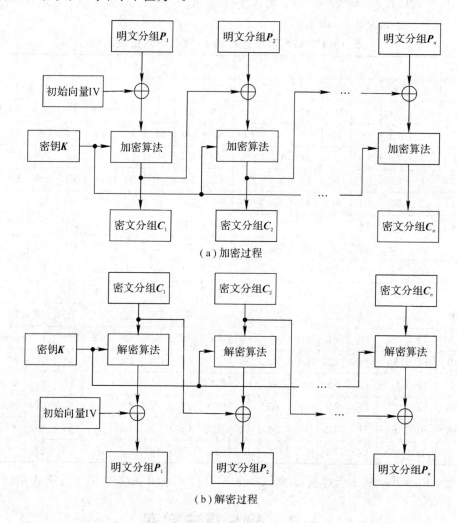

图 3-10　CBC 工作模式

下面借助于系统函数 Encrypt 和 Decrypt 测试表 3-5 的数据。

表 3 - 5　AES 的一些测试数据

序号	密　钥	明　文	密　文
1	2B7E 1516 28AE D2A6 ABF7 1588 09CF 4F3C	3243 F6A8 885A 308D 3131 98A2 E037 0734	3925 841D 02DC 09FB DC11 8597 196A 0B32
2	A956 A5AB 517B A43D 4CC1 BC3A 07A6 C840	4C7B 2D5E 2237 96DC 9C6E 5853 6EBE C945	88D7 DB18 AE73 E3F9 B092 D3D8 2D84 56EB
3	2227 C89F B0BF D3EC 0E62 4637 B64E C77C 7C60 6478 EB9E 403C	2E89 7E91 7861 1622 BDC4 9DCA BDE5 208D	FEE6 50F0 57C3 46C4 7CB4 DFD5 2E22 3E6F
4	FD86 0E42 BFA9 79E0 8BC9 ED26 B3CB 8623	A593 18BF 8F23 51A5 A6F5 E788 8FAB C21F	8E2E 1ACE 4775 F97B D604 6015 2108 97DD
5	808C 7050 7D2A 7262 285C 8404 EFC5 516D		

在表 3 - 5 中，初始向量 IV 均为{0,0,0,0,0,0,0,0,0,0,0,0,0,0,0,0}。

例 3.1　AES 加密与解密示例。

代码如下：

```
1   key1 = {"2B 7E 15 16 28 AE D2 A6 AB F7 15 88 09 CF 4F 3C"}
2   key2 = StringSplit[key1[[1]]]
3   key3 = FromDigits[#, 16] & /@ key2
4   key4 = ByteArray[key3]
5   key = GenerateSymmetricKey[key4,
6     Method -> <|"Cipher" ->"AES128",
7       "InitializationVector" ->
8         ByteArray[{0, 0, 0, 0, 0, 0, 0, 0, 0, 0, 0, 0, 0, 0, 0, 0}]|>]
9
10  p1 = {"32 43 F6 A8 88 5A 30 8D 31 31 98 A2 E0 37 07 34"}
11  p2 = StringSplit[p1[[1]]]
12  p3 = FromDigits[#, 16] & /@ p2
13  p = ByteArray[p3]
14
15  c = Encrypt[key, p]
16  c1 = Normal[c["Data"]]
17  c2 = IntegerString[#, 16, 2] & /@ c1
18
19  r = Decrypt[key, c] (* c3=ByteArray[c1]; r=Decrypt[key, c3] *)
20  r1 = Normal[r]
21  r2 = IntegerString[#, 16, 2] & /@ r1
```

上述代码中，第 1 行为设定密钥 key1，对应于表 3 - 5 的"序号 1"的密钥；第 2～3 行将 key 转化为整数序列 key3，每个元素位于 0 至 255 间；第 4 行将 key3 转化为字节数组 key4；第 5 行调用 GenerateSymmetricKey 函数由密钥 key4 生成轮密钥 key，基于 AES128

算法，并且初始向量 IV 设为 128 位的 0 向量。第 10 行设定明文为 p1，对应于表 3-5 的
"序号 1"的明文；第 11~12 行将 p1 转化为整数序列 p3；第 13 行将 p3 转化为字节数组 p。

第 15 行调用 Encrypt 函数使用轮密钥 key 加密明文 p 得到密文 c；第 16 行得到密文 c
的整型数据数组 c1；第 17 行将 c1 转化为十六进制字符数组 c2，此时的 c2 为

$$\{39, 25, 84, 1d, 02, dc, 09, fb, dc, 11, 85, 97, 19, 6a, 0b, 32,$$
$$07, 87, 2c, 5d, 35, f1, 6f, 21, 95, 1b, 7c, 27, d2, e8, 45, 6b\}$$

上述的"39，25，84，1d，02，dc，09，fb，dc，11，85，97，19，6a，0b，32"为真实的密文，
在 CBC 模式下，输入为 16 个字节的明文 p1 时，将自动在其后面添加 16 个字节，每个字节
的值为 16。因此，加密将得到 32 个字节的数据，其中，前面的 16 个字节(39，25，84，1d，
02，dc，09，fb，dc，11，85，97，19，6a，0b，32)对应着第 10 行 p1 的密文，而后面的 16 个
字节(07，87，2c，5d，35，f1，6f，21，95，1b，7c，27，d2，e8，45，6b)为前面的 16 个字节
密文与{16，16，16，16，16，16，16，16，16，16，16，16，16，16，16，16}相异或得到的数
组再经 AES128 加密(仍然使用密钥 key)得到的密文。需要注意的是，解密时必须输入完整
的 c2 才能实现解密。

第 19 行调用解密函数 Decrypt 使用轮密钥 key 解密密文 c 还原出明文 r；第 20 行将 r
转化为整型数组 r1；第 21 行将 r1 转化为十六进制字符串，此时，将得到原始明文{32，43，
f6，a8，88，5a，30，8d，31，31，98，a2，e0，37，07，34}，自动将添加的 16 个字节(每个字
节值为 16)去掉了。

下面在例 3.1 基础上，编写了一个 AES 加密与解密函数，输入和输出均为字符串。

例 3.2 设计 AES 加密与解密函数。

代码如下：

要求： 对于 AES 加密函数，输入明文长度必须为 16 个字节的整数倍，输出为密文和一
个长度为 16 个字节的数据 extra。对于 AES 解密函数，输入为密文和一个长度为 16 个字
节的数据 extra，输出为与密文数据相同长度的明文数据。初始向量设为长度为 128 位的 0
向量。

```
1    aes[key_, plain_] := Module[
2      {key1, key2, key3, key4, n, str, p1, p2, p, c, c1, c2},
3      key1 = StringSplit[key[[1]]];
4      key2 = FromDigits[#, 16] & /@ key1;
5      n = Length[key2];
6      key3 = ByteArray[key2];
7      str = If[n == 16, "AES128", If[n == 24, "AES192", "AES256"]];
8      key4 = GenerateSymmetricKey[key3,
9        Method -> <|"Cipher" -> str,
10         "InitializationVector" ->
11         ByteArray[{0, 0, 0, 0, 0, 0, 0, 0, 0, 0, 0, 0, 0, 0, 0, 0}]|>];
12     p1 = StringSplit[plain[[1]]];
13     p2 = FromDigits[#, 16] & /@ p1;
14     p = ByteArray[p2];
15     c = Encrypt[key4, p];
```

```
16      c1 = Normal[c["Data"]];
17      c2 = IntegerString[#, 16, 2] & /@ c1
18      ]
19
20  y1 = aes[{"2B 7E 15 16 28 AE D2 A6 AB F7 15 88 09 CF 4F 3C"},
21          {"32 43 F6 A8 88 5A 30 8D 31 31 98 A2 E0 37 07 34"}]
22
23  y2 = aes[{"A9 56 A5 AB 51 7B A4 3D 4C C1 BC 3A 07 A6 C8 40"},
24          {"4C 7B 2D 5E 22 37 96 DC 9C 6E 58 53 6E BE C9 45"}]
25
26  y3 = aes[{"22 27 C8 9F B0 BF D3 EC 0E 62 46 37 B6 4E C7 7C 7C 60 64 78 EB 9E
27          40 3C"},  {"2E 89 7E 91 78 61 16 22 BD C4 9D CA BD E5 20 8D"}]
28
29  y4 = aes[{"FD 86 0E 42 BF A9 79 E0 8B C9 ED 26 B3 CB 86 23 80 8C 70
30          50 7D 2A 72 62 28 5C 84 04 EF C5 51 6D"},
31          {"A5 93 18 BF 8F 23 51 A5 A6 F5 E7 88 8F AB C2 1F"}]
32
33  aesinv[key_, cipher_] := Module[
34      {key1, key2, key3, key4, n, str, p1, p2, p, c, c1, c2},
35      key1 = StringSplit[key[[1]]];
36      key2 = FromDigits[#, 16] & /@ key1;
37      n = Length[key2];
38      key3 = ByteArray[key2];
39      str = If[n == 16, "AES128", If[n == 24, "AES192", "AES256"]];
40      key4 = GenerateSymmetricKey[key3,
41          Method -> <|"Cipher" -> str,
42          "InitializationVector" ->
43          ByteArray[{0, 0, 0, 0, 0, 0, 0, 0, 0, 0, 0, 0, 0, 0, 0, 0}]|>];
44      c1 = Flatten[StringSplit[cipher]];
45      c2 = FromDigits[#, 16] & /@ c1;
46      c = ByteArray[c2];
47      p = Decrypt[key4, c];
48      p1 = Normal[p];
49      p2 = IntegerString[#, 16, 2] & /@ p1
50      ]
51
52  x1 = aesinv[{"2B 7E 15 16 28 AE D2 A6 AB F7 15 88 09 CF 4F 3C"},
53  {"39 25 84 1d 02 dc 09 fb dc 11 85 97 19 6a 0b 32 07 87 2c 5d 35
54  f1 6f 21 95 1b 7c 27 d2 e8 45 6b"}]
55
56  x1 = aesinv[{"2B 7E 15 16 28 AE D2 A6 AB F7 15 88 09 CF 4F 3C"}, y1]
57
58  x2 = aesinv[{"A9 56 A5 AB 51 7B A4 3D 4C C1 BC 3A 07 A6 C8 40"}, y2]
```

```
59
60    x3 = aesinv[{"22 27 C8 9F B0 BF D3 EC 0E 62 46 37 B6 4E C7 7C 7C 60
61    64 78 EB 9E 40 3C"}, y3]
62
63    x4 = aesinv[{"FD 86 0E 42 BF A9 79 E0 8B C9 ED 26 B3 CB 86 23 80 8C
64    70 50 7D 2A 72 62 28 5C 84 04 EF C5 51 6D"}, y4]
```

上述代码中，第 1～18 行为 AES 加密函数，输入为密钥 key 和明文 plain，输出为密文 c2。根据输入的密钥的长度，选择相应的加密函数 AES128、AES192 或 AES256。第 20～31 行为测试表 3-5 中的加密数据，输入的密钥和明文均来自表 3-5，输出的密文中去掉最后的 16 个字节后的数据为密文（与表 3-5 中的密文数据相同）。

第 33～50 行为 AES 解密函数，输入为密钥 key 和密文 cipher，输出为明文 p2。根据输入的密钥的长度，选择相应的解密函数 AES128、AES192 或 AES256。第 52～64 行为测试表 3-5 中数据的解密实例，第 53～54 行的数据来自第 20 行的 y1。

3.2.1 AES 密钥扩展算法实现

本小节使用 Wolfram 语言实现第 3.1.2 节的 AES 密钥扩展算法。输入的密钥为十六进制字符串列表，输出的子密钥为二维的整数列表。

例 3.3 设计 AES 密钥扩展子密钥函数。

代码如下：

```
1    aeskey128[key_] :=
2    Module[{sbox = {99, 124, 119, 123, 242, 107, 111, 197, 48, 1, 103, 43, 254,
3        215, 171, 118, 202, 130, 201, 125, 250, 89, 71, 240, 173, 212, 162,
4        175, 156, 164, 114, 192, 183, 253, 147, 38, 54, 63, 247, 204, 52,
5        165, 229, 241, 113, 216, 49, 21, 4, 199, 35, 195, 24, 150, 5, 154,
6        7, 18, 128, 226, 235, 39, 178, 117, 9, 131, 44, 26, 27, 110, 90,
7        160, 82, 59, 214, 179, 41, 227, 47, 132, 83, 209, 0, 237, 32, 252,
8        177, 91, 106, 203, 190, 57, 74, 76, 88, 207, 208, 239, 170, 251, 67,
9        77, 51, 133, 69, 249, 2, 127, 80, 60, 159, 168, 81, 163, 64, 143,
10       146, 157, 56, 245, 188, 182, 218, 33, 16, 255, 243, 210, 205, 12,
11       19, 236, 95, 151, 68, 23, 196, 167, 126, 61, 100, 93, 25, 115, 96,
12       129, 79, 220, 34, 42, 144, 136, 70, 238, 184, 20, 222, 94, 11, 219,
13       224, 50, 58, 10, 73, 6, 36, 92, 194, 211, 172, 98, 145, 149, 228,
14       121, 231, 200, 55, 109, 141, 213, 78, 169, 108, 86, 244, 234, 101,
15       122, 174, 8, 186, 120, 37, 46, 28, 166, 180, 198, 232, 221, 116, 31,
16       75, 189, 139, 138, 112, 62, 181, 102, 72, 3, 246, 14, 97, 53, 87,
17       185, 134, 193, 29, 158, 225, 248, 152, 17, 105, 217, 142, 148, 155,
18       30, 135, 233, 206, 85, 40, 223, 140, 161, 137, 13, 191, 230, 66, 104,
19       65, 153, 45, 15, 176, 84, 187, 22},
20       rc = {1, 2, 4, 8, 16, 32, 64, 128, 27, 54},
21       key1, key2, key3, w},
22       key1 = StringSplit[key[[1]]];
```

```
23        key2 = FromDigits[#, 16] & /@ key1;
24        key3 = Partition[key2, 4];
25        w = Table[0, {i, 44}];
26        Table[w[[i]] = key3[[i]], {i, 4}];
27        Table[w[[i]] = BitXor[w[[i - 4]],
28            Flatten[{BitXor[sbox[[RotateLeft[w[[i - 1]]] + 1]][[1]],
29              rc[[(i - 1)/4]]], sbox[[RotateLeft[w[[i - 1]]] + 1]][[2 ;; 4]]}]];
30        w[[i + 1]] = BitXor[w[[i]], w[[i - 3]]];
31        w[[i + 2]] = BitXor[w[[i + 1]], w[[i - 2]]];
32        w[[i + 3]] = BitXor[w[[i + 2]], w[[i - 1]]]
33        , {i, 5, 44, 4}];
34        w
35      ]
36
```

第 1~36 行为密钥长度为 128 位时的密钥扩展函数 aeskey128。

```
37    aeskey192[key_] :=
38     Module[{sbox = {99, 124, 119, 123, 242, 107, 111, 197, 48, 1, 103, 43, 254,
39            215, 171, 118,   202, 130, 201, 125, 250, 89, 71, 240, 173, 212, 162,
40            175, 156, 164, 114, 192,   183, 253, 147, 38, 54, 63, 247, 204, 52,
41            165, 229, 241, 113, 216, 49, 21,   4, 199, 35, 195, 24, 150, 5, 154,
42            7, 18, 128, 226, 235, 39, 178, 117, 9, 131, 44, 26, 27, 110, 90, 160,
43            82, 59, 214, 179, 41, 227, 47, 132,   83, 209, 0, 237, 32, 252, 177,
44            91, 106, 203, 190, 57, 74, 76, 88, 207,   208, 239, 170, 251, 67, 77,
45            51, 133, 69, 249, 2, 127, 80, 60, 159, 168,   81, 163, 64, 143, 146,
46            157, 56, 245, 188, 182, 218, 33, 16, 255, 243, 210,   205, 12, 19,
47            236, 95, 151, 68, 23, 196, 167, 126, 61, 100, 93, 25, 115,   96, 129,
48            79, 220, 34, 42, 144, 136, 70, 238, 184, 20, 222, 94, 11, 219,   224,
49            50, 58, 10, 73, 6, 36, 92, 194, 211, 172, 98, 145, 149, 228,   121,
50            231, 200, 55, 109, 141, 213, 78, 169, 108, 86, 244, 234, 101,   122,
51            174, 8,   186, 120, 37, 46, 28, 166, 180, 198, 232, 221, 116, 31, 75,
52            189, 139, 138,   112, 62, 181, 102, 72, 3, 246, 14, 97, 53, 87, 185,
53            134, 193, 29, 158,   225, 248, 152, 17, 105, 217, 142, 148, 155, 30,
54            135, 233, 206, 85, 40, 223,   140, 161, 137, 13, 191, 230, 66, 104,
55            65, 153, 45, 15, 176, 84, 187, 22},
56            rc = {1, 2, 4, 8, 16, 32, 64, 128, 27, 54},
57        key1, key2, key3, w},
58        key1 = StringSplit[key[[1]]];
59        key2 = FromDigits[#, 16] & /@ key1;
60        key3 = Partition[key2, 4];
61        w = Table[0, {i, 52}];
62        Table[w[[i]] = key3[[i]], {i, 6}];
63        Table[w[[i]] = BitXor[w[[i - 6]],
64            Flatten[{BitXor[sbox[[RotateLeft[w[[i - 1]]] + 1]][[1]],
```

```
65            rc[[(i - 1)/6]]], sbox[[RotateLeft[w[[i - 1]]] + 1]][[2 ;; 4]]}]];
66       w[[i + 1]] = BitXor[w[[i]], w[[i - 5]]];
67       w[[i + 2]] = BitXor[w[[i + 1]], w[[i - 4]]];
68       w[[i + 3]] = BitXor[w[[i + 2]], w[[i - 3]]];
69       w[[i + 4]] = BitXor[w[[i + 3]], w[[i - 2]]];
70       w[[i + 5]] = BitXor[w[[i + 4]], w[[i - 1]]];
71       , {i, 7, 43, 6}];
72       w[[49]] = BitXor[w[[43]],
73          Flatten[{BitXor[sbox[[RotateLeft[w[[48]]] + 1]][[1]], rc[[8]]],
74             sbox[[RotateLeft[w[[48]]] + 1]][[2 ;; 4]]}]];
75       w[[50]] = BitXor[w[[49]], w[[44]]];
76       w[[51]] = BitXor[w[[50]], w[[45]]];
77       w[[52]] = BitXor[w[[51]], w[[46]]];
78       w
79     ]
80
```

第 37~79 行为密钥长度为 192 位时的密钥扩展函数 aeskey192。

```
81     aeskey256[key_] :=
82       Module[{sbox = {99, 124, 119, 123, 242, 107, 111, 197, 48, 1, 103, 43, 254,
83          215, 171, 118, 202, 130, 201, 125, 250, 89, 71, 240, 173, 212, 162, 175,
84          156, 164, 114, 192,    183, 253, 147, 38, 54, 63, 247, 204, 52, 165, 229,
85          241, 113, 216, 49, 21,    4, 199, 35, 195, 24, 150, 5, 154, 7, 18, 128,
86          226, 235, 39, 178, 117,    9, 131, 44, 26, 27, 110, 90, 160, 82, 59, 214,
87          179, 41, 227, 47, 132, 83, 209, 0, 237, 32, 252, 177, 91, 106, 203, 190,
88          57, 74, 76, 88, 207,    208, 239, 170, 251, 67, 77, 51, 133, 69, 249, 2,
89          127, 80, 60, 159, 168,    81, 163, 64, 143, 146, 157, 56, 245, 188, 182,
90          218, 33, 16, 255, 243, 210, 205, 12, 19, 236, 95, 151, 68, 23, 196, 167,
91          126, 61, 100, 93,    25, 115, 96, 129, 79, 220, 34, 42, 144, 136, 70, 238,
92          184, 20, 222, 94, 11, 219, 224, 50, 58, 10, 73, 6, 36, 92, 194, 211, 172,
93          98, 145, 149, 228, 121,    231, 200, 55, 109, 141, 213, 78, 169, 108, 86,
94          244, 234, 101, 122, 174, 8,    186, 120, 37, 46, 28, 166, 180, 198, 232,
95          221, 116, 31, 75, 189, 139, 138,    112, 62, 181, 102, 72, 3, 246, 14, 97,
96          53, 87, 185, 134, 193, 29, 158,    225, 248, 152, 17, 105, 217, 142, 148,
97          155, 30, 135, 233, 206, 85, 40, 223,    140, 161, 137, 13, 191, 230, 66,
98          104, 65, 153, 45, 15, 176, 84, 187, 22},
99          rc = {1, 2, 4, 8, 16, 32, 64, 128, 27, 54},
100         key1, key2, key3, w},
101       key1 = StringSplit[key[[1]]];
102       key2 = FromDigits[#, 16] & /@ key1;
103       key3 = Partition[key2, 4];
104       w = Table[0, {i, 60}];
105       Table[w[[i]] = key3[[i]], {i, 8}];
106       Table[w[[i]] =   BitXor[w[[i - 8]],
```

```
107          Flatten[{BitXor[sbox[[RotateLeft[w[[i - 1]]] + 1]][[1]],
108              rc[[(i - 1)/8]]], sbox[[RotateLeft[w[[i - 1]]] + 1]][[2 ;; 4]]}]];
109      w[[i + 1]] = BitXor[w[[i]], w[[i - 7]]];
110      w[[i + 2]] = BitXor[w[[i + 1]], w[[i - 6]]];
111      w[[i + 3]] = BitXor[w[[i + 2]], w[[i - 5]]];
112      w[[i + 4]] = BitXor[sbox[[w[[i + 3]] + 1]], w[[i - 4]]];
113      w[[i + 5]] = BitXor[w[[i + 4]], w[[i - 3]]];
114      w[[i + 6]] = BitXor[w[[i + 5]], w[[i - 2]]];
115      w[[i + 7]] = BitXor[w[[i + 6]], w[[i - 1]]];
116      , {i, 9, 49, 8}];
117      w[[57]] =
118      BitXor[w[[49]],
119          Flatten[{BitXor[sbox[[RotateLeft[w[[56]]] + 1]][[1]], rc[[7]]],
120          sbox[[RotateLeft[w[[56]]] + 1]][[2 ;; 4]]}]];
121      w[[58]] = BitXor[w[[50]], w[[57]]];
122      w[[59]] = BitXor[w[[51]], w[[58]]];
123      w[[60]] = BitXor[w[[52]], w[[59]]];
124      w
125      ]
126
```

第 81～125 行为密钥长度为 256 位时密钥扩展函数 aeskey256。

```
127  aeskey[key_] := Module[ {key1, key2, n, w},
128      key1 = StringSplit[key[[1]]];
129      key2 = FromDigits[#, 16] & /@ key1;
130      n = Length[key2];
131      w = If[n == 16, aeskey128[key],
132          If[n == 24, aeskey192[key], aeskey256[key]]]
133      ]
134
```

第 127～133 行为 AES 算法的密钥扩展函数 aeskey，输入密钥 key，根据密钥的长度自动调用相应的密钥扩展函数，得到子密钥，保存在 w 中。

```
135  key1 = {"2B 7E 15 16 28 AE D2 A6 AB F7 15 88 09 CF 4F 3C"}
136  aeskey[key1]
137
138  {{43, 126, 21, 22}, {40, 174, 210, 166}, {171, 247, 21, 136}, {9, 207, 79, 60},
139  {160, 250, 254, 23}, {136, 84, 44, 177}, {35, 163, 57, 57}, {42, 108, 118, 5},
140  {242, 194, 149, 242}, {122, 150, 185, 67}, {89, 53, 128, 122}, {115, 89, 246, 127},
141  {61, 128, 71, 125}, {71, 22, 254, 62}, {30, 35, 126, 68}, {109, 122, 136, 59},
142  {239, 68, 165, 65}, {168, 82, 91, 127}, {182, 113, 37, 59}, {219, 11, 173, 0},
143  {212, 209, 198, 248}, {124, 131, 157, 135}, {202, 242, 184, 188}, {17, 249, 21, 188},
144  {109, 136, 163, 122}, {17, 11, 62, 253}, {219, 249, 134, 65}, {202, 0, 147, 253},
145  {78, 84, 247, 14}, {95, 95, 201, 243}, {132, 166, 79, 178}, {78, 166, 220, 79},
146  {234, 210, 115, 33}, {181, 141, 186, 210}, {49, 43, 245, 96}, {127, 141, 41, 47},
```

```
147        {172, 119, 102, 243}, {25, 250, 220, 33}, {40, 209, 41, 65}, {87, 92, 0, 110},
148        {208, 20, 249, 168}, {201, 238, 37, 137}, {225, 63, 12, 200}, {182, 99, 12, 166}}
149
```

第 135 行设定 128 位长的密钥 key1，第 136 行调用 aeskey 函数由 128 位长的密钥 key1 得到等价密钥 w，如第 138～148 行所示。

```
150    key2 = {"22 27 C8 9F B0 BF D3 EC 0E 62 46 37 B6 4E C7 7C 7C 60 64 78
151           EB 9E 40 3C"}
152    aeskey[key2]
153
154    {{34, 39, 200, 159}, {176, 191, 211, 236}, {14, 98, 70, 55}, {182, 78, 199, 124},
155     {124, 96, 100, 120}, {235, 158, 64, 60}, {40, 46, 35, 118}, {152, 145, 240, 154},
156     {150, 243, 182, 173}, {32, 189, 113, 209}, {92, 221, 21, 169}, {183, 67, 85, 149},
157     {48, 210, 9, 223}, {168, 67, 249, 69}, {62, 176, 79, 232}, {30, 13, 62, 57},
158     {66, 208, 43, 144}, {245, 147, 126, 5}, {232, 33, 98, 57}, {64, 98, 155, 124},
159     {126, 210, 212, 148}, {96, 223, 234, 173}, {34, 15, 193, 61}, {215, 156, 191, 56},
160     {62, 41, 101, 55}, {126, 75, 254, 75}, {0, 153, 42, 223}, {96, 70, 192, 114},
161     {66, 73, 1, 79}, {149, 213, 190, 119}, {45, 135, 144, 29}, {83, 204, 110, 86},
162     {83, 85, 68, 137}, {51, 19, 132, 251}, {113, 90, 133, 180}, {228, 143, 59, 195},
163     {126, 101, 190, 116}, {45, 169, 208, 34}, {126, 252, 148, 171}, {77, 239, 16, 80},
164     {60, 181, 149, 228}, {216, 58, 174, 39}, {190, 129, 114, 21}, {147, 40, 162, 55},
165     {237, 212, 54, 156}, {160, 59, 38, 204}, {156, 142, 179, 40}, {68, 180, 29, 15},
166     {179, 37, 4, 14}, {32, 13, 166, 57}, {205, 217, 144, 165}, {109, 226, 182, 105}}
167
```

第 150～151 行设定 192 位长的密钥 key2，第 152 行调用 aeskey 函数由 192 位长的密钥 key2 得到等价密钥 w，如第 154～166 行所示。

```
168    key3 = {"FD 86 0E 42 BF A9 79 E0 8B C9 ED 26 B3 CB 86 23 80 8C 70 50
169           7D 2A 72 62 28 5C 84 04 EF C5 51 6D"}
170    aeskey[key3]
171
172    {{253, 134, 14, 66}, {191, 169, 121, 224}, {139, 201, 237, 38}, {179, 203, 134, 35},
173     {128, 140, 112, 80}, {125, 42, 114, 98}, {40, 92, 132, 4}, {239, 197, 81, 109},
174     {90, 87, 50, 157}, {229, 254, 75, 125}, {110, 55, 166, 91}, {221, 252, 32, 120},
175     {65, 60, 199, 236}, {60, 22, 181, 142}, {20, 74, 49, 138}, {251, 143, 96, 231},
176     {43, 135, 166, 146}, {206, 121, 237, 239}, {160, 78, 75, 180}, {125, 178, 107, 204},
177     {190, 11, 184, 167}, {130, 29, 13, 41}, {150, 87, 60, 163}, {109, 216, 92, 68},
178     {78, 205, 189, 174}, {128, 180, 80, 65}, {32, 250, 27, 245}, {93, 72, 112, 57},
179     {242, 89, 233, 181}, {112, 68, 228, 156}, {230, 19, 216, 63}, {139, 203, 132, 123},
180     {89, 146, 156, 147}, {217, 38, 204, 210}, {249, 220, 215, 39}, {164, 148, 167, 30},
181     {187, 123, 181, 199}, {203, 63, 81, 91}, {45, 44, 137, 100}, {166, 231, 13, 31},
182     {221, 69, 92, 183}, {4, 99, 144, 101}, {253, 191, 71, 66}, {89, 43, 224, 92},
183     {112, 138, 84, 141}, {187, 181, 5, 214}, {150, 153, 140, 178}, {48, 126, 129, 173},
184     {14, 73, 201, 179}, {10, 42, 89, 214}, {247, 149, 30, 148}, {174, 190, 254, 200},
```

185   {148, 36, 239, 101}, {47, 145, 234, 179}, {185, 8, 102, 1}, {137, 118, 231, 172},
186   {118, 221, 88, 20}, {124, 247, 1, 194}, {139, 98, 31, 86}, {37, 220, 225, 158}}

第 168~169 行设定 256 位长的密钥 key3,第 170 行调用 aeskey 函数由 256 位长的密钥 key3 得到等价密钥 w,如第 172~186 行所示。

3.2.2 AES 加密算法实现

本小节使用 Wolfram 语言实现第 3.1.1 节的 AES 加密算法。

例 3.4 设计 AES 加密函数 aesen。

代码如下:

```
1    aesen[key_, x_] := Module[
2      {table1 = {{0, 1, 2, 3, 4, 5, 6, 7, 8, 9, 10, 11, 12, 13, 14, 15,
3        16, 17, 18, 19, 20, 21, 22, 23, 24, 25, 26, 27, 28, 29, 30, 31,
4        32, 33, 34, 35, 36, 37, 38, 39, 40, 41, 42, 43, 44, 45, 46, 47,
5        48, 49, 50, 51, 52, 53, 54, 55, 56, 57, 58, 59, 60, 61, 62, 63,
6        64, 65, 66, 67, 68, 69, 70, 71, 72, 73, 74, 75, 76, 77, 78, 79,
7        80, 81, 82, 83, 84, 85, 86, 87, 88, 89, 90, 91, 92, 93, 94, 95,
8        96, 97, 98, 99, 100, 101, 102, 103, 104, 105, 106, 107, 108,
9        109, 110, 111, 112, 113, 114, 115, 116, 117, 118, 119, 120, 121,
10       122, 123, 124, 125, 126, 127, 128, 129, 130, 131, 132, 133,
11       134, 135, 136, 137, 138, 139, 140, 141, 142, 143, 144, 145, 146,
12       147, 148, 149, 150, 151, 152, 153, 154, 155, 156, 157, 158,
13       159, 160, 161, 162, 163, 164, 165, 166, 167, 168, 169, 170, 171,
14       172, 173, 174, 175, 176, 177, 178, 179, 180, 181, 182, 183,
15       184, 185, 186, 187, 188, 189, 190, 191, 192, 193, 194, 195, 196,
16       197, 198, 199, 200, 201, 202, 203, 204, 205, 206, 207, 208,
17       209, 210, 211, 212, 213, 214, 215, 216, 217, 218, 219, 220, 221,
18       222, 223, 224, 225, 226, 227, 228, 229, 230, 231, 232, 233,
19       234, 235, 236, 237, 238, 239, 240, 241, 242, 243, 244, 245, 246,
20       247, 248, 249, 250, 251, 252, 253, 254, 255},
21       {0, 2, 4, 6, 8, 10, 12, 14, 16, 18, 20, 22, 24, 26, 28, 30, 32,
22       34, 36, 38, 40, 42, 44, 46, 48, 50, 52, 54, 56, 58, 60, 62, 64,
23       66, 68, 70, 72, 74, 76, 78, 80, 82, 84, 86, 88, 90, 92, 94, 96,
24       98, 100, 102, 104, 106, 108, 110, 112, 114, 116, 118, 120, 122,
25       124, 126, 128, 130, 132, 134, 136, 138, 140, 142, 144, 146, 148,
26       150, 152, 154, 156, 158, 160, 162, 164, 166, 168, 170, 172,
27       174, 176, 178, 180, 182, 184, 186, 188, 190, 192, 194, 196, 198,
28       200, 202, 204, 206, 208, 210, 212, 214, 216, 218, 220, 222,
29       224, 226, 228, 230, 232, 234, 236, 238, 240, 242, 244, 246, 248,
30       250, 252, 254, 27, 25, 31, 29, 19, 17, 23, 21, 11, 9, 15, 13,
31       3, 1, 7, 5, 59, 57, 63, 61, 51, 49, 55, 53, 43, 41, 47, 45, 35,
32       33, 39, 37, 91, 89, 95, 93, 83, 81, 87, 85, 75, 73, 79, 77, 67,
33       65, 71, 69, 123, 121, 127, 125, 115, 113, 119, 117, 107, 105,
```

34	111, 109, 99, 97, 103, 101, 155, 153, 159, 157, 147, 145, 151,
35	149, 139, 137, 143, 141, 131, 129, 135, 133, 187, 185, 191, 189,
36	179, 177, 183, 181, 171, 169, 175, 173, 163, 161, 167, 165,
37	219, 217, 223, 221, 211, 209, 215, 213, 203, 201, 207, 205, 195,
38	193, 199, 197, 251, 249, 255, 253, 243, 241, 247, 245, 235,
39	233, 239, 237, 227, 225, 231, 229}, {0, 3, 6, 5, 12, 15, 10, 9,
40	24, 27, 30, 29, 20, 23, 18, 17, 48, 51, 54, 53, 60, 63, 58, 57,
41	40, 43, 46, 45, 36, 39, 34, 33, 96, 99, 102, 101, 108, 111, 106,
42	105, 120, 123, 126, 125, 116, 119, 114, 113, 80, 83, 86, 85,
43	92, 95, 90, 89, 72, 75, 78, 77, 68, 71, 66, 65, 192, 195, 198,
44	197, 204, 207, 202, 201, 216, 219, 222, 221, 212, 215, 210, 209,
45	240, 243, 246, 245, 252, 255, 250, 249, 232, 235, 238, 237,
46	228, 231, 226, 225, 160, 163, 166, 165, 172, 175, 170, 169, 184,
47	187, 190, 189, 180, 183, 178, 177, 144, 147, 150, 149, 156,
48	159, 154, 153, 136, 139, 142, 141, 132, 135, 130, 129, 155, 152,
49	157, 158, 151, 148, 145, 146, 131, 128, 133, 134, 143, 140,
50	137, 138, 171, 168, 173, 174, 167, 164, 161, 162, 179, 176, 181,
51	182, 191, 188, 185, 186, 251, 248, 253, 254, 247, 244, 241,
52	242, 227, 224, 229, 230, 239, 236, 233, 234, 203, 200, 205, 206,
53	199, 196, 193, 194, 211, 208, 213, 214, 223, 220, 217, 218, 91,
54	88, 93, 94, 87, 84, 81, 82, 67, 64, 69, 70, 79, 76, 73, 74,
55	107, 104, 109, 110, 103, 100, 97, 98, 115, 112, 117, 118, 127,
56	124, 121, 122, 59, 56, 61, 62, 55, 52, 49, 50, 35, 32, 37, 38,
57	47, 44, 41, 42, 11, 8, 13, 14, 7, 4, 1, 2, 19, 16, 21, 22, 31,
58	28, 25, 26}},

第 2～58 行的 table1 有三个元素，分别表示在 GF(2^8) 中 1、2 和 3 乘以 0 至 256 所得的结果，用作 MixColumns 运算（见图 3-2）中矩阵乘法的查找表。

59	sbox = {99, 124, 119, 123, 242, 107, 111, 197, 48, 1, 103, 43, 254, 215, 171, 118,
60	202, 130, 201, 125, 250, 89, 71, 240, 173, 212, 162, 175, 156, 164, 114, 192,
61	183, 253, 147, 38, 54, 63, 247, 204, 52, 165, 229, 241, 113, 216, 49, 21,
62	4, 199, 35, 195, 24, 150, 5, 154, 7, 18, 128, 226, 235, 39, 178, 117,
63	9, 131, 44, 26, 27, 110, 90, 160, 82, 59, 214, 179, 41, 227, 47, 132,
64	83, 209, 0, 237, 32, 252, 177, 91, 106, 203, 190, 57, 74, 76, 88, 207,
65	208, 239, 170, 251, 67, 77, 51, 133, 69, 249, 2, 127, 80, 60, 159, 168,
66	81, 163, 64, 143, 146, 157, 56, 245, 188, 182, 218, 33, 16, 255, 243, 210,
67	205, 12, 19, 236, 95, 151, 68, 23, 196, 167, 126, 61, 100, 93, 25, 115,
68	96, 129, 79, 220, 34, 42, 144, 136, 70, 238, 184, 20, 222, 94, 11, 219,
69	224, 50, 58, 10, 73, 6, 36, 92, 194, 211, 172, 98, 145, 149, 228, 121,
70	231, 200, 55, 109, 141, 213, 78, 169, 108, 86, 244, 234, 101, 122, 174, 8,
71	186, 120, 37, 46, 28, 166, 180, 198, 232, 221, 116, 31, 75, 189, 139, 138,
72	112, 62, 181, 102, 72, 3, 246, 14, 97, 53, 87, 185, 134, 193, 29, 158,
73	225, 248, 152, 17, 105, 217, 142, 148, 155, 30, 135, 233, 206, 85, 40, 223,
74	140, 161, 137, 13, 191, 230, 66, 104, 65, 153, 45, 15, 176, 84, 187, 22},

第 59～74 行为 AES 的 S 盒查找表。

```
75        sr = {1, 6, 11, 16, 5, 10, 15, 4, 9, 14, 3, 8, 13, 2, 7, 12},
76          w, k, x1, x2, x3, x4, x5, x6, x7, x10, x11, x12, x13, x14, n
77        },
```

第 75 行的 sr 用于 ShiftRows 运算(见图 3 - 2)中的行移位操作。

```
78        w = aeskey[key];
79        n = If[Length[w] == 44, 10, If[Length[w] == 52, 12, 14]];
80        k = Partition[Flatten[w], 16];
81        x1 = StringSplit[x[[1]]];
82        x2 = FromDigits[♯, 16] & /@ x1;
83        x3 = BitXor[x2, k[[1]]];
84        x4 = x3;
85        Table[x5 = sbox[[x4 + 1]];
86              x6 = x5[[sr]];
87              x7 = Flatten[{
88          Table[{BitXor[table1[[2, x6[[4 j + 1]] + 1]],
89              table1[[3, x6[[4 j + 2]] + 1]],
90              table1[[1, x6[[4 j + 3]] + 1]],
91              table1[[1, x6[[4 j + 4]] + 1]]],
92              BitXor[table1[[1, x6[[4 j + 1]] + 1]],
93              table1[[2, x6[[4 j + 2]] + 1]],
94              table1[[3, x6[[4 j + 3]] + 1]],
95              table1[[1, x6[[4 j + 4]] + 1]]],
96              BitXor[table1[[1, x6[[4 j + 1]] + 1]],
97              table1[[1, x6[[4 j + 2]] + 1]],
98              table1[[2, x6[[4 j + 3]] + 1]],
99              table1[[3, x6[[4 j + 4]] + 1]]],
100             BitXor[table1[[3, x6[[4 j + 1]] + 1]],
101             table1[[1, x6[[4 j + 2]] + 1]],
102             table1[[1, x6[[4 j + 3]] + 1]],
103             table1[[2, x6[[4 j + 4]] + 1]]]}
104             , {j, 0, 3}]}];
105             x4 = BitXor[x7, k[[i]]],
106             {i, 2, n}];
107       x10 = x4; x11 = sbox[[x10 + 1]]; x12 = x11[[sr]];
108       x13 = BitXor[x12, k[[n + 1]]];
109       x14 = IntegerString[♯, 16, 2] & /@ x13
110       ]
```

上述代码中,第 78 行产生子密钥 w;第 80 行将 w 转化为轮密钥 k;第 81～109 行按图 3 - 1 所示进行 AES 加密处理。

例 3.5　产生 AES 加密函数 aesen 的测试结果。

代码如下:

```
1    key1 = {"2B 7E 15 16 28 AE D2 A6 AB F7 15 88 09 CF 4F 3C"}
2    x1 = {"32 43 F6 A8 88 5A 30 8D 31 31 98 A2 E0 37 07 34"}
3    y1 = aesen[key1, x1]
4
5    {39, 25, 84, 1d, 02, dc, 09, fb, dc, 11, 85, 97, 19, 6a, 0b, 32}
6
7    key2 = {"22 27 C8 9F B0 BF D3 EC 0E 62 46 37 B6 4E C7 7C 7C 60 64 78
8    EB 9E 40 3C"}
9    x2 = {"2E 89 7E 91 78 61 16 22 BD C4 9D CA BD E5 20 8D"}
10   y2 = aesen[key2, x2]
11
12   {fe, e6, 50, f0, 57, c3, 46, c4, 7c, b4, df, d5, 2e, 22, 3e, 6f}
13
14   key3 = {"FD 86 0E 42 BF A9 79 E0 8B C9 ED 26 B3 CB 86 23 80 8C 70 50
15   7D 2A 72 62 28 5C 84 04 EF C5 51 6D"}
16   x3 = {"A5 93 18 BF 8F 23 51 A5 A6 F5 E7 88 8F AB C2 1F"}
17   y3 = aesen[key3, x3]
18
19   {8e, 2e, 1a, ce, 47, 75, f9, 7b, d6, 04, 60, 15, 21, 08, 97, dd}
```

上述代码验证了表 3 - 5 中的结果，第 1 行设定密钥 key1，第 2 行设定明文数据 x1，第 3 行调用 aesen 函数使用密钥 key1 加密 x1 得到密文 y1，如第 5 行所示。同理，第 10 行调用 aesen 函数使用密钥 key2 加密 x2 得到密文 y2，如第 12 行所示；第 17 行调用 aesen 函数使用密钥 key3 加密 x3 得到密文 y3，如第 19 行所示。

3.2.3 AES 解密算法实现

本小节使用 Wolfram 语言实现第 3.1.3 小节的 AES 解密算法。

例 3.6 设计 AES 解密函数 aesde。

代码如下：

```
1    aesde[key_, x_] := Module[
2      {table1 = {{0, 9, 18, 27, 36, 45, 54, 63, 72, 65, 90, 83, 108, 101,
3        126, 119, 144, 153, 130, 139, 180, 189, 166, 175, 216, 209, 202,
4        195, 252, 245, 238, 231, 59, 50, 41, 32, 31, 22, 13, 4, 115,
5        122, 97, 104, 87, 94, 69, 76, 171, 162, 185, 176, 143, 134, 157,
6        148, 227, 234, 241, 248, 199, 206, 213, 220, 118, 127, 100,
7        109, 82, 91, 64, 73, 62, 55, 44, 37, 26, 19, 8, 1, 230, 239,
8        244, 253, 194, 203, 208, 217, 174, 167, 188, 181, 138, 131, 152,
9        145, 77, 68, 95, 86, 105, 96, 123, 114, 5, 12, 23, 30, 33, 40,
10       51, 58, 221, 212, 207, 198, 249, 240, 235, 226, 149, 156, 135,
11       142, 177, 184, 163, 170, 236, 229, 254, 247, 200, 193, 218, 211,
12       164, 173, 182, 191, 128, 137, 146, 155, 124, 117, 110, 103, 88,
13       81, 74, 67, 52, 61, 38, 47, 16, 25, 2, 11, 215, 222, 197, 204,
14       243, 250, 225, 232, 159, 150, 141, 132, 187, 178, 169, 160, 71,
```

15　78, 85, 92, 99, 106, 113, 120, 15, 6, 29, 20, 43, 34, 57, 48,

16　154, 147, 136, 129, 190, 183, 172, 165, 210, 219, 192, 201, 246,

17　255, 228, 237, 10, 3, 24, 17, 46, 39, 60, 53, 66, 75, 80, 89,

18　102, 111, 116, 125, 161, 168, 179, 186, 133, 140, 151, 158, 233,

19　224, 251, 242, 205, 196, 223, 214, 49, 56, 35, 42, 21, 28, 7,

20　14, 121, 112, 107, 98, 93, 84, 79, 70},

21　{0, 11, 22, 29, 44, 39, 58, 49, 88, 83, 78, 69, 116, 127, 98,

22　105, 176, 187, 166, 173, 156, 151, 138, 129, 232, 227, 254, 245,

23　196, 207, 210, 217, 123, 112, 109, 102, 87, 92, 65, 74, 35, 40,

24　53, 62, 15, 4, 25, 18, 203, 192, 221, 214, 231, 236, 241, 250,

25　147, 152, 133, 142, 191, 180, 169, 162, 246, 253, 224, 235, 218,

26　209, 204, 199, 174, 165, 184, 179, 130, 137, 148, 159, 70, 77,

27　80, 91, 106, 97, 124, 119, 30, 21, 8, 3, 50, 57, 36, 47, 141,

28　134, 155, 144, 161, 170, 183, 188, 213, 222, 195, 200, 249, 242,

29　239, 228, 61, 54, 43, 32, 17, 26, 7, 12, 101, 110, 115, 120, 73,

30　66, 95, 84, 247, 252, 225, 234, 219, 208, 205, 198, 175, 164, 185,

31　178, 131, 136, 149, 158, 71, 76, 81, 90, 107, 96, 125, 118, 31,

32　20, 9, 2, 51, 56, 37, 46, 140, 135, 154, 145, 160, 171, 182, 189,

33　212, 223, 194, 201, 248, 243, 238, 229, 60, 55, 42, 33, 16, 27,

34　6, 13, 100, 111, 114, 121, 72, 67, 94, 85, 1, 10, 23, 28, 45, 38,

35　59, 48, 89, 82, 79, 68, 117, 126, 99, 104, 177, 186, 167, 172, 157,

36　150, 139, 128, 233, 226, 255, 244, 197, 206, 211, 216, 122, 113,

37　108, 103, 86, 93, 64, 75, 34, 41, 52, 63, 14, 5, 24, 19, 202,

38　193, 220, 215, 230, 237, 240, 251, 146, 153, 132, 143, 190, 181,

39　168, 163},

40　{0, 13, 26, 23, 52, 57, 46, 35, 104, 101, 114, 127,

41　92, 81, 70, 75, 208, 221, 202, 199, 228, 233, 254, 243, 184,

42　181, 162, 175, 140, 129, 150, 155, 187, 182, 161, 172, 143, 130,

43　149, 152, 211, 222, 201, 196, 231, 234, 253, 240, 107, 102,

44　113, 124, 95, 82, 69, 72, 3, 14, 25, 20, 55, 58, 45, 32, 109,

45　96, 119, 122, 89, 84, 67, 78, 5, 8, 31, 18, 49, 60, 43, 38, 189,

46　176, 167, 170, 137, 132, 147, 158, 213, 216, 207, 194, 225,

47　236, 251, 246, 214, 219, 204, 193, 226, 239, 248, 245, 190, 179,

48　164, 169, 138, 135, 144, 157, 6, 11, 28, 17, 50, 63, 40, 37,

49　110, 99, 116, 121, 90, 87, 64, 77, 218, 215, 192, 205, 238, 227,

50　244, 249, 178, 191, 168, 165, 134, 139, 156, 145, 10, 7, 16,

51　29, 62, 51, 36, 41, 98, 111, 120, 117, 86, 91, 76, 65, 97, 108,

52　123, 118, 85, 88, 79, 66, 9, 4, 19, 30, 61, 48, 39, 42, 177,

53　188, 171, 166, 133, 136, 159, 146, 217, 212, 195, 206, 237, 224,

54　247, 250, 183, 186, 173, 160, 131, 142, 153, 148, 223, 210,

55　197, 200, 235, 230, 241, 252, 103, 106, 125, 112, 83, 94, 73,

56　68, 15, 2, 21, 24, 59, 54, 33, 44, 12, 1, 22, 27, 56, 53, 34,

57　47, 100, 105, 126, 115, 80, 93, 74, 71, 220, 209, 198, 203, 232,

```
58          229, 242, 255, 180, 185, 174, 163, 128, 141, 154, 151},
59          {0, 14, 28, 18, 56, 54, 36, 42, 112, 126, 108, 98, 72, 70, 84,
60          90, 224, 238, 252, 242, 216, 214, 196, 202, 144, 158, 140, 130, 168,
61          166, 180, 186, 219, 213, 199, 201, 227, 237, 255, 241, 171, 165,
62          183, 185, 147, 157, 143, 129, 59, 53, 39, 41, 3, 13, 31, 17,
63          75, 69, 87, 89, 115, 125, 111, 97, 173, 163, 177, 191, 149, 155,
64          137, 135, 221, 211, 193, 207, 229, 235, 249, 247, 77, 67, 81,
65          95, 117, 123, 105, 103, 61, 51, 33, 47, 5, 11, 25, 23, 118, 120,
66          106, 100, 78, 64, 82, 92, 6, 8, 26, 20, 62, 48, 34, 44, 150,
67          152, 138, 132, 174, 160, 178, 188, 230, 232, 250, 244, 222, 208,
68          194, 204, 65, 79, 93, 83, 121, 119, 101, 107, 49, 63, 45, 35,
69          9, 7, 21, 27, 161, 175, 189, 179, 153, 151, 133, 139, 209, 223,
70          205, 195, 233, 231, 245, 251, 154, 148, 134, 136, 162, 172, 190,
71          176, 234, 228, 246, 248, 210, 220, 206, 192, 122, 116, 102,
72          104, 66, 76, 94, 80, 10, 4, 22, 24, 50, 60, 46, 32, 236, 226,
73          240, 254, 212, 218, 200, 198, 156, 146, 128, 142, 164, 170, 184,
74          182, 12, 2, 16, 30, 52, 58, 40, 38, 124, 114, 96, 110, 68, 74,
75          88, 86, 55, 57, 43, 37, 15, 1, 19, 29, 71, 73, 91, 85, 127, 113,
76          99, 109, 215, 217, 203, 197, 239, 225, 243, 253, 167, 169, 187,
77          181, 159, 145, 131, 141}},
```

第 2～77 行的 table1 有四个元素，分别表示在 GF(2^8)中 9、11、13 和 14 乘以 0 至 256 所得的结果，用作 MixColums^{-1} 运算（见图 3-9）中矩阵乘法的查找表。

```
78          sboxinv = {82, 9, 106, 213, 48, 54, 165, 56, 191, 64, 163, 158,
79          129, 243, 215, 251, 124, 227, 57, 130, 155, 47, 255, 135, 52,
80          142, 67, 68, 196, 222, 233, 203, 84, 123, 148, 50, 166, 194, 35,
81          61, 238, 76, 149, 11, 66, 250, 195, 78, 8, 46, 161, 102, 40, 217,
82          36, 178, 118, 91, 162, 73, 109, 139, 209, 37, 114, 248, 246,
83          100, 134, 104, 152, 22, 212, 164, 92, 204, 93, 101, 182, 146,
84          108, 112, 72, 80, 253, 237, 185, 218, 94, 21, 70, 87, 167, 141,
85          157, 132, 144, 216, 171, 0, 140, 188, 211, 10, 247, 228, 88, 5,
86          184, 179, 69, 6, 208, 44, 30, 143, 202, 63, 15, 2, 193, 175, 189,
87          3, 1, 19, 138, 107, 58, 145, 17, 65, 79, 103, 220, 234, 151,
88          242, 207, 206, 240, 180, 230, 115, 150, 172, 116, 34, 231, 173,
89          53, 133, 226, 249, 55, 232, 28, 117, 223, 110, 71, 241, 26, 113,
90          29, 41, 197, 137, 111, 183, 98, 14, 170, 24, 190, 27, 252, 86,
91          62, 75, 198, 210, 121, 32, 154, 219, 192, 254, 120, 205, 90, 244,
92          31, 221, 168, 51, 136, 7, 199, 49, 177, 18, 16, 89, 39, 128,
93          236, 95, 96, 81, 127, 169, 25, 181, 74, 13, 45, 229, 122, 159,
94          147, 201, 156, 239, 160, 224, 59, 77, 174, 42, 245, 176, 200,
95          235, 187, 60, 131, 83, 153, 97, 23, 43, 4, 126, 186, 119, 214,
96          38, 225, 105, 20, 99, 85, 33, 12, 125},
```

第 78～96 行为 AES 的逆 S 盒查找表。

```
97          sr = {1, 14, 11, 8, 5, 2, 15, 12, 9, 6, 3, 16, 13, 10, 7, 4},
```

```
98          w, k, x1, x2, x3, x4, x5, x6, x7, x8, x10, x11, x12, n },
```

第 97 行的 sr 用于 ShiftRows^{-1} 运算（见图 3-9）中的行移位操作。

```
99          w = aeskey[key];
100         n = If[Length[w] == 44, 10, If[Length[w] == 52, 12, 14]];
101         k = Partition[Flatten[w], 16];
102         x1 = StringSplit[x[[1]]];
103         x2 = FromDigits[#, 16] & /@ x1;
104         x3 = BitXor[x2, k[[n + 1]]];
105         x4 = x3[[sr]];
106         x5 = sboxinv[[x4 + 1]];
107     Table[
108         x6 = BitXor[x5, k[[i]]];
109         x7 = Flatten[{
110             Table[
111             {BitXor[table1[[4, x6[[4 j + 1]] + 1]], table1[[2, x6[[4 j + 2]] + 1]],
112               table1[[3, x6[[4 j + 3]] + 1]], table1[[1, x6[[4 j + 4]] + 1]]],
113             BitXor[table1[[1, x6[[4 j + 1]] + 1]], table1[[4, x6[[4 j + 2]] + 1]],
114               table1[[2, x6[[4 j + 3]] + 1]], table1[[3, x6[[4 j + 4]] + 1]]],
115             BitXor[table1[[3, x6[[4 j + 1]] + 1]], table1[[1, x6[[4 j + 2]] + 1]],
116               table1[[4, x6[[4 j + 3]] + 1]], table1[[2, x6[[4 j + 4]] + 1]]],
117             BitXor[table1[[2, x6[[4 j + 1]] + 1]], table1[[3, x6[[4 j + 2]] + 1]],
118               table1[[1, x6[[4 j + 3]] + 1]], table1[[4, x6[[4 j + 4]] + 1]]]}
119             , {j, 0, 3}]}];
120         x8 = x7[[sr]]; x5 = sboxinv[[x8 + 1]],
121         {i, n, 2, -1}];
122         x10 = x5; x11 = BitXor[x10, k[[1]]];
123         x12 = IntegerString[#, 16, 2] & /@ x11
124     ]
```

上述代码中，第 99 行产生子密钥 w（该函数的执行需要 aeskey 函数!）；第 101 行将 w 转化为轮密钥 k；第 102~123 行按图 3-8 所示进行 AES 解密处理。

例 3.7　产生 AES 解密函数 aesde 的测试结果。

代码如下：

```
1       key1 = {"2B 7E 15 16 28 AE D2 A6 AB F7 15 88 09 CF 4F 3C"}
2       y1 = {"39 25 84 1D 02 DC 09 FB DC 11 85 97 19 6A 0B 32"}
3       x1 = aesde[key1, y1]
4
5       {32, 43, f6, a8, 88, 5a, 30, 8d, 31, 31, 98, a2, e0, 37, 07, 34}
6
7       key2 = {"22 27 C8 9F B0 BF D3 EC 0E 62 46 37 B6 4E C7 7C 7C 60 64 78
8       EB 9E 40 3C"}
9       y2 = {"FE E6 50 F0 57 C3 46 C4 7C B4 DF D5 2E 22 3E 6F"}
10      x2 = aesde[key2, y2]
```

```
11
12      {2e, 89, 7e, 91, 78, 61, 16, 22, bd, c4, 9d, ca, bd, e5, 20, 8d}
13
14      key3 = {"FD 86 0E 42 BF A9 79 E0 8B C9 ED 26 B3 CB 86 23 80 8C 70 50
15      7D 2A 72 62 28 5C 84 04 EF C5 51 6D"}
16      y3 = {"8E 2E 1A CE 47 75 F9 7B D6 04 60 15 21 08 97 DD"}
17      x3 = aesde[key3, y3]
18
19      {a5, 93, 18, bf, 8f, 23, 51, a5, a6, f5, e7, 88, 8f, ab, c2, 1f}
```

上述代码验证了表 3-5 中的结果，第 1 行设定密钥 key1，第 2 行设定密文数据 y1，第 3 行调用 aesde 函数使用密钥 key1 解密 y1 得到明文 x1，如第 5 行所示。同理，第 10 行调用 aesde 函数使用密钥 key2 解密 y2 得到明文 x2，如第 12 行所示；第 17 行调用 aesde 函数使用密钥 key3 解密 y3 得到明文 x3，如第 19 行所示。

3.3　AES 图像加密

这里使用 Mathematica 系统函数 Encrypt 和 Decrypt 进行 AES 图像加密与解密处理。设输入的明文图像为灰度图像，记为 P，大小为 $M \times N$，不妨设 MN 能被 16 整除，否则，补 0 使之能被 16 整除。

将 P 按行展开为一维向量，然后，分成 16 个字节一组的分组，记为 P_i，$i=1, 2, \cdots$，$MN/16$。设初始向量 IV 为 128 位的 0 向量。按照图 3-10(a) 所示的 CBC 工作模式，输入密钥 K，加密各个明文分组 P_i 得到相应的密文分组 C_i，将密文分组 C_i，$i=1, 2, \cdots$，$MN/16$ 合并，再格式化为 $M \times N$ 的矩阵，即为密文图像。需要注意的是，密文分组数将比明文分组数大 1，最后的密文分组 $C_{MN/16+1}$ 不用于合成密文图像（但解密时需要用到）。AES 图像解密的过程按图 3-10(b) 中的方式进行，输入密文分组 C_i，依次解密得到各个明文分组 P_i，再将 P_i 合并再格式化为原始的明文图像。在调用 Encrypt 函数时，实际上加密的数据为 P_i 及其补了 16 个字节（每个字节值为 16）的数据；而调用 Decrypt 函数时，将自动将添加的 16 个字节（每个字节值为 16）去掉。

例 3.8　AES 图像加密与解密示例。

代码如下：

```
1      p = ExampleData[{"TestImage", "Peppers"}]
2      p1 = ColorConvert[p, "Grayscale"]
3      p2 = ImageData[p1, "Byte"]
4      {m, n} = Dimensions[p2]
5      p3 = Flatten[p2]
6      p4 = ByteArray[p3]
7
```

第 1 行读入明文图像 Peppers（计算机必须联网），这里的 p 为彩色图像；第 2 行将 p 转化为灰度图像 p1，如图 3-11(a) 所示；第 3 行获得图像 p1 的字节数据 p2（二维数组）；第 4 行得到二维数组 p2 的大小为 m=512 行、n=512 列；第 5 行将 p2（按行展开）转化为一维数组 p3；第 6 行将 p3 转化为字节数组。

```
8     key1 = {"2B 7E 15 16 28 AE D2 A6 AB F7 15 88 09 CF 4F 3C"}
9     key2 = StringSplit[key1[[1]]]
10    key3 = FromDigits[♯, 16] & /@ key2
11    key4 = ByteArray[key3]
12    key = GenerateSymmetricKey[key4,
13       Method -> <|"Cipher" -> "AES128",
14       "InitializationVector" ->
15       ByteArray[{0, 0, 0, 0, 0, 0, 0, 0, 0, 0, 0, 0, 0, 0, 0, 0}]|>]
16
```

第 8 行输入密钥 key1；第 9～11 行将字符串形式的密钥 key1 转化为字节数组 key4；第 12 行由 key4 得到 AES 的子密钥。

```
17    c = Encrypt[key, p4]
18
```

第 17 行调用 Encrypt 函数使用 key 加密 p4，得到密文 c。这时的密文 c 的长度为 262 160 字节，而明文 p4 的长度为 262 144 字节，即密文 c 比明文 p4 多了 16 个字节。这是因为明文 p4 为 16 字节的整数倍，按 PKCS 规定，其后需要添加 16 个字节(每个字节值为 16)。实际上，密文 c 是加密 p4 及其填充的 16 个值为 16 的字节(总长度为 262 160 字节)得到的密文数据。

```
19    c1 = Normal[c["Data"]]
20    t1 = Partition[c1, m]
21    t2 = Image[t1, "Byte"]
22
```

第 19 行得到密文数据 c1；第 20 行将 c1 格式化为 m×n 的二维数组 t1，此时自动舍弃了 c1 的最后 16 个字节；第 21 行显示密文图像，如图 3-11(b)所示。

```
23    c2 = ByteArray[c1]
24    v1 = Decrypt[key, c2]
25    v2 = Normal[v1]
26    v3 = Partition[v2, m]
27    v4 = Image[v3, "Byte"]
28
```

有两种解密方式，上面第 23～24 行为第一种方式，将密文 c1 转化为字节数组 c2，调用 Decrypt 函数解密得到 v1；第 25 行将字节数组 v1 转化为列表 v2；第 26 行将 v2 转化为二维图像数组，第 27 行显示解密后的图像 v4，如图 3-11(c)所示。

```
29    r1 = Decrypt[key, c]
30    r2 = Normal[r1]
31    r3 = Partition[r2, m]
32    r4 = Image[r3, "Byte"]
```

第二种解密方式为直接使用 c(第 17 行的输出密文)，调用 Decrypt 函数解密，如第 29 行所示。然后，第 30～32 行显示解密后的图像 r4，如图 3-11(c)所示。

（a）Peppers　　　　　　　（b）Peppers 密文图像　　　　　　（c）解密后的图像

图 3-11　AES 图像加密与解密

本 章 小 结

AES 是目前应用最广泛的对称密码算法。本章详细介绍了 AES 算法，包括其加密算法、密钥扩展和解密算法，并探讨了 AES 算法在图像加密方面的应用。讨论了 Wolfram 语言内置的 AES 加密与解密函数，并基于 Wolfram 语言，设计了 AES 算法的实现程序。事实上，Wolfram 语言内置的加密函数 Encrypt 和解密函数 Decrypt 不仅可以实现 AES 加密与解密处理，还可以实现 RSA 公钥算法。AES 算法既可以基于硬件实现（以字节为处理单元），又适合于计算机软件实现，是一种优秀的对称密码算法。基于 CBC 工作模式，AES 算法不仅可用于文本或小数据量加密，而且适合于图像和大数据量加密，安全性能优异，加密速度也非常快[3, 15]。

习 题

1. 基于例 3.1 和例 3.2，验证表 3-5 中的 AES 加密与解密结果。
2. 在第 3.2 节的基础上编写密钥长度为 192 位的 AES 加密与解密算法。
3. 在第 3.2 节的基础上编写密钥长度为 256 位的 AES 加密与解密算法。

第4章　明文关联图像密码技术

典型的基于混沌系统的数字图像密码系统如图4-1所示，包括加密系统与解密系统。对于加密系统而言，输入为密钥和明文图像，输出为密文图像；对于解密系统而言，输入为密钥和密文图像，输出为明文图像。

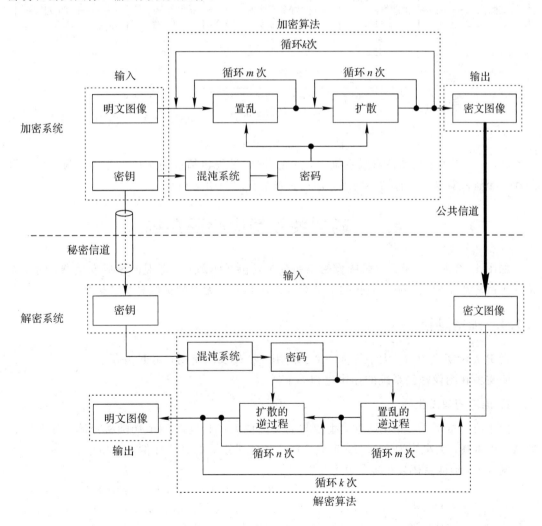

图4-1　典型混沌图像密码系统

由图4-1可知，典型的基于混沌系统的图像密码系统中，加密算法由"置乱—扩散"的循环结构组成。本章将研究基于"扩散—置乱—扩散"结构的新型图像密码算法，其结构如

图 4-2 所示[11, 17, 18]。在这种新型的图像密码系统中,明文图像本身的信息直接决定图像像素点的置乱操作,称之为明文关联的图像置乱算法,相应的系统称为明文关联的图像密码系统(Plaintext-Related Image Cryptosystem)。

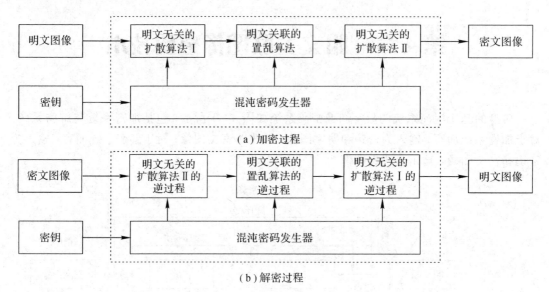

图 4-2　新型图像密码系统

在图 4-2 所示的图像密码系统中,加密/解密过程包括混沌密码发生器、两个扩散算法和一个置乱算法,没有循环处理,且只有置乱算法与明文相关联。

4.1　明文关联图像密码系统

如图 4-2 所示,明文关联图像密码系统主要包括四部分,即混沌密码发生器、明文无关的扩散算法 I 模块、明文关联的置乱算法模块和明文无关的扩散算法 II 模块。

4.1.1　加密过程

设 P 表示明文图像,大小为 $M \times N$。使用 512 位长的密钥,用 K 表示。

明文关联图像密码系统的加密过程如下所示。

1. 混沌密码发生器

使用第 1 章例 1.4 中的方法,生成与明文图像大小相同的四个伪随机矩阵,分别记为 X、Y、R 和 W,大小均为 $M \times N$。生成这四个伪随机矩阵的算法如例 4.1 所示。

例 4.1　混沌密码发生器算法。

```
1    key = {176, 83, 246, 222, 173, 132, 78, 30, 125, 197, 147, 128, 38,
2        199, 67, 93, 173, 32, 69, 37, 244, 186, 53, 85, 217, 91, 182, 76, 0,
3        187, 30, 100, 47, 206, 103, 98, 209, 10, 110, 145, 36, 231, 120,
4        11, 177, 130, 41, 104, 108, 234, 202, 59, 9, 192, 183, 179, 175,
5        199, 15, 69, 220, 51, 11, 9}
```

第 1~5 行使用了 key 作为密钥 K,这里的 key 用十进制数表示,共 64 个元素,每个十进制数表示的元素可转化为 8 位的二进制数，共有 512 位。密钥 key 可以指定为任意的 64 个十进制数。

```
6    key1 = Partition[key, 2]
7    ul = -1. 13135；ur = 1. 40583；d = (ur - ul)/256
8    init1 = Table[ul + x[[1]] d + x[[2]] d/256, {x, key1}]
9    init2 = Table[{x, x}, {x, init1}]
10   henon[x_, y_] := {1 - 1. 4 x^2 + y, 0. 3 x} /. {a_, b_} /; a < ul -> {2 ul - a, b}
11   t = {0, 0};
12   Table[t =
13     Nest[henon[#[[1]], #[[2]]] &, 2 x/3 + (t /. {a_, b_} -> {b, b})/3,
14         64], {x, init2}]
15   m = 512；n = 512
16
17   a1 = NestList[henon[#[[1]], #[[2]]] &, t, 4 * m * n]
18   a2 = Flatten[a1][[3 ;; -1 ;; 2]]
19   x1 = Mod[IntegerPart[FractionalPart[a2[[1 ;; m * n]]] 10^14], 256]
20   x = Partition[x1, m]
21   y1 = Mod[IntegerPart[FractionalPart[a2[[m * n + 1 ;; m * n * 2]]] 10^13], 256]
22   y = Partition[y1, m]
23   r1 = Mod[IntegerPart[FractionalPart[a2[[m * n * 2 + 1 ;; m * n * 3]]] 10^12], m]
24   r = Partition[r1, m]
25   w1 = Mod[IntegerPart[FractionalPart[a2[[m * n * 3 + 1 ;; -1]]] 10^11], n]
26   w = Partition[w1, m]
```

第 6～18 行与第 1 章例 1.4 相同，第 19～26 行用于生成二维数组 x、y、r 和 w，即上述的四个伪随机矩阵 $\boldsymbol{X}$、$\boldsymbol{Y}$、$\boldsymbol{R}$ 和 $\boldsymbol{W}$，借助于以下公式：

$$\boldsymbol{X}(u, v) = \text{floor}[\boldsymbol{a}_{2, (u-1) \times N + v} \times 10^{14}] \bmod 256 \tag{4-1}$$

$$\boldsymbol{Y}(u, v) = \text{floor}[\boldsymbol{a}_{2, MN + (u-1) \times N + v} \times 10^{13}] \bmod 256 \tag{4-2}$$

$$\boldsymbol{R}(u, v) = \text{floor}[\boldsymbol{a}_{2, 2MN + (u-1) \times N + v} \times 10^{12}] \bmod M \tag{4-3}$$

$$\boldsymbol{W}(u, v) = \text{floor}[\boldsymbol{a}_{2, 3MN + (u-1) \times N + v} \times 10^{11}] \bmod N \tag{4-4}$$

其中，floor(t)返回小于或等于数 t 的最大整数，$u = 1, 2, \cdots, M$，$v = 1, 2, \cdots, N$。

例 4.1 计算得到的矩阵 $\boldsymbol{X}$ 用于前向扩散模块中，$\boldsymbol{Y}$ 用于后向扩散模块中，$\boldsymbol{R}$ 和 $\boldsymbol{W}$ 用于置乱模块中。

2. 明文无关的扩散算法Ⅰ模块

通过明文无关的扩散算法Ⅰ（即明文无关的前向扩散算法）模块将明文 $\boldsymbol{P}$ 转化为矩阵 $\boldsymbol{A}$，其运算步骤如下：

Step 1. 借助于式(4-5)和式(4-6)将 $\boldsymbol{P}(1, j)$ 转化为 $\boldsymbol{A}(1, j)$，$j = 1, 2, \cdots, N$，即

$$\boldsymbol{A}(1, 1) = (\boldsymbol{P}(1, 1) + \boldsymbol{X}(1, 1)) \bmod 256 \tag{4-5}$$

$$\boldsymbol{A}(1, j) = (\boldsymbol{P}(1, j) + \boldsymbol{X}(1, j) + \boldsymbol{A}(1, j-1)) \bmod 256, \quad j = 2, 3, \cdots, N \tag{4-6}$$

Step 2. 借助于式(4-7)将 $\boldsymbol{P}(i, 1)$ 转化为 $\boldsymbol{A}(i, 1)$，$i = 2, 3, \cdots, M$，即

$$\boldsymbol{A}(i, 1) = (\boldsymbol{P}(i, 1) + \boldsymbol{X}(i, 1) + \boldsymbol{A}(i-1, 1)) \bmod 256, \quad i = 2, 3, \cdots, M \tag{4-7}$$

Step 3. 借助于式(4-8)将 $P(i, j)$ 转化为 $A(i, j)$，$i=2, 3, \cdots, M$，$j=2, 3, \cdots$，N，即

$$A(i, j) = (P(i, j) + A(i-1, j) + A(i, j-1) + X(i, j)) \bmod 256, \quad (4-8)$$
$$i = 2, 3, \cdots, M, \ j = 2, 3, \cdots, N$$

经过上述扩散操作后得到矩阵 A。

3. 明文关联的置乱算法模块

将像素点 $A(i, j)$，$i=1, 2, \cdots, M$，$j=1, 2, \cdots, N$ 与 $A(m, n)$ 置换位置，其置换步骤如下所示：

Step 1. 计算 $A(i, j)$ 所在行的全部元素(不含 $A(i, j)$)的和，记为 row_i，即

$$\text{row}_i = \text{sum}(A(i, 1 \text{ to } N)) - A(i, j) \quad (4-9)$$

Step 2. 计算 $A(i, j)$ 所在列的全部元素(不含 $A(i, j)$)的和，记为 col_i，即

$$\text{col}_i = \text{sum}(A(1 \text{ to } M, j)) - A(i, j) \quad (4-10)$$

Step 3. 按如下公式计算坐标 (m, n) 的值，即

$$m = \text{row}_i + R(i, j) \bmod M \quad (4-11)$$
$$n = \text{col}_i + W(i, j) \bmod N \quad (4-12)$$

Step 4. 如果 $m=i$ 或 $n=j$，则 $A(i, j)$ 与 $A(m, n)$ 的位置保持不变。否则，$A(i, j)$ 与 $A(m, n)$ 互换位置，同时根据 $A(m, n)$ 的低 3 位的值，将 $A(i, j)$ 进行循环移位，即

$$A(i, j) = A(i, j) <<< (A(m, n) \ \& \ 0x7) \quad (4-13)$$

这里，"$x<<<y$"表示 x 循环左移 y 位。

Step 5. 按第 1~4 步的方法，先置乱矩阵 A 的第 M 行 $A(M, 1 \text{ to } N-1)$，然后再置乱矩阵 A 的第 N 列 $A(1 \text{ to } M-1, N)$，接着按从左向右再从上而下的扫描顺序依次乱矩阵 A 的元素 $A(1 \text{ to } M-1, 1 \text{ to } N-1)$，最后置乱矩阵 A 的元素 $A(M, N)$。

按上述方法对图像 A 进行置乱后的图像，记为 B。

4. 明文无关的扩散算法 Ⅱ 模块

通过明文无关的扩散算法 Ⅱ(即明文无关的后向扩散算法)模块将矩阵 B 转化为矩阵 C，其运算步骤如下：

Step 1. 将 $B(M, j)$ 转化为 $C(M, j)$，$j=N, N-1, \cdots, 2, 1$，借助于下述公式：

$$C(M, N) = (B(M, N) + Y(M, N)) \bmod 256 \quad (4-14)$$
$$C(M, j) = (B(M, j) + Y(M, j) + C(M, j+1)) \bmod 256, \quad (4-15)$$
$$j = N-1, N-2, \cdots, 3, 2, 1$$

Step 2. 将 $B(i, N)$ 转化为 $C(i, N)$，$i=M-1, M-2, \cdots, 2, 1$，借助于下述公式：

$$C(i, N) = (B(i, N) + Y(i, N) + C(i+1, N)) \bmod 256, \quad (4-16)$$
$$i = M-1, M-2, \cdots, 2, 1$$

Step 3. 将 $B(i, j)$ 转化为 $C(i, j)$，$i=M-1, M-2, \cdots, 2, 1$，$j=N-1, N-2, \cdots$，$2, 1$，借助于下述公式：

$$C(i, j) = (B(i, j) + C(i+1, j) + C(i, j+1) + Y(i, j)) \bmod 256, \quad (4-17)$$
$$i = M-1, M-2, \cdots, 2, 1, \ j = N-1, N-2, \cdots, 2, 1$$

经过上述扩散操作后得到的矩阵 C 即为密文图像。

4.1.2　解密过程

明文关联图像密码系统的解密过程如图 4-2(b)所示,其中的混沌密码发生器与加密过程中的混沌密码发生器相同,其余模块为加密过程对应模块的逆过程。下面介绍扩散算法Ⅱ模块、置乱算法模块和扩散算法Ⅰ模块的逆过程。

设密文图像记为 C,大小为 $M×N$。

1. 扩散算法Ⅱ模块的逆过程

通过扩散算法Ⅱ模块的逆过程将矩阵 C 转化为矩阵 B,其运算步骤如下:

Step 1. 将 $C(M, j)$ 转化为 $B(M, j)$, $j=N$, $N-1$, $\cdots$, 2, 1,借助于下述公式:

$$B(M, N) = (256 + C(M, N) - Y(M, N)) \bmod 256 \tag{4-18}$$

$$B(M, j) = (512 + C(M, j) - Y(M, j) - C(M, j+1)) \bmod 256, \tag{4-19}$$
$$j = N-1, N-2, \cdots, 3, 2, 1$$

Step 2. 将 $C(i, N)$ 转化为 $B(i, N)$, $i=M-1$, $M-2$, $\cdots$, 2, 1,借助于下述公式:

$$B(i, N) = (512 + C(i, N) - Y(i, N) - C(i+1, N)) \bmod 256, \tag{4-20}$$
$$i = M-1, M-2, \cdots, 2, 1$$

Step 3. 将 $C(i, j)$ 转化为 $B(i, j)$, $i=M-1$, $M-2$, $\cdots$, 2, 1, $j=N-1$, $N-2$, $\cdots$, 2, 1,借助于下述公式:

$$B(i, j) = (768 + C(i, j) - C(i+1, j) - C(i, j+1) - Y(i, j)) \bmod 256$$
$$i = M-1, M-2, \cdots, 2, 1$$
$$j = N-1, N-2, \cdots, 2, 1$$

$$\tag{4-21}$$

经上述扩散算法Ⅱ的逆过程后,借助于 Y 由 C 得到 B。

2. 置乱算法模块的逆过程

将像素点 $B(i, j)$, $i=1, 2, \cdots, M$, $j=1, 2, \cdots, N$ 与 $B(m, n)$ 置换位置,其置换步骤如下所示:

Step 1. 计算 $B(i, j)$ 所在行的全部元素(不含 $B(i, j)$)的和,记为 row_i,即

$$\text{row}_i = \text{sum}(B(i, 1 \text{ to } N)) - B(i, j) \tag{4-22}$$

Step 2. 计算 $B(i, j)$ 所在列的全部元素(不含 $B(i, j)$)的和,记为 col_i,即

$$\text{col}_i = \text{sum}(B(1 \text{ to } M, j)) - B(i, j) \tag{4-23}$$

Step 3. 按如下公式计算坐标 (m, n) 的值,即

$$m = \text{row}_i + R(i, j) \bmod M \tag{4-24}$$

$$n = \text{col}_i + W(i, j) \bmod N \tag{4-25}$$

Step 4. 如果 $m=i$ 或 $n=j$,则 $B(i, j)$ 与 $B(m, n)$ 的位置保持不变。否则, $B(i, j)$ 与 $B(m, n)$ 互换位置,同时根据 $B(i, j)$ 的低 3 位的值,将 $B(m, n)$ 进行循环移位,即

$$B(m, n) = B(m, n) >>> (B(i, j) \& 0x7) \tag{4-26}$$

这里,"$x>>>y$"表示 x 循环右移 y 位。

Step 5. 按第 1~4 步的方法,先置乱矩阵 B 的元素 $B(M, N)$,然后按着从右向左再从下而上的扫描顺序置乱矩阵 B 的元素 $B(M-1 \text{ to } 1, N-1 \text{ to } 1)$,接着,按从下向上的顺序

置乱矩阵 B 的第 N 列 $B(M-1\ \text{to}\ 1,\ N)$，最后，按从右向左的顺序置乱矩阵 B 的第 M 行 $B(M,\ N-1\ \text{to}\ 1)$。

按上述方法对图像 B 进行置乱后的图像，记为 A。

3. 扩散算法 I 模块的逆过程

通过扩散算法 I 模块的逆过程将矩阵 A 转化为明文 P，其运算步骤如下：

Step 1. 借助于式(4-27)和式(4-28)将 $A(1,j)$ 转化为 $P(1,j)$，$j=1,2,\cdots,N$，

$$P(1,1)=(256+A(1,1)-X(1,1))\ \text{mod}\ 256 \tag{4-27}$$

$$P(1,j)=(512+A(1,j)-X(1,j)-A(1,j-1))\ \text{mod}\ 256, \tag{4-28}$$
$$j=2,3,\cdots,N$$

Step 2. 借助于式(4-29)将 $A(i,1)$ 转化为 $P(i,1)$，$i=2,3,\cdots,M$，

$$P(i,1)=(512+A(i,1)-X(i,1)-A(i-1,1))\ \text{mod}\ 256, \tag{4-29}$$
$$i=2,3,\cdots,M$$

Step 3. 借助于式(4-30)将 $A(i,j)$ 转化为 $P(i,j)$，$i=2,3,\cdots,M$，$j=2,3,\cdots,N$，

$$P(i,j)=(768+A(i,j)-A(i-1,j)-A(i,j-1)-X(i,j))\ \text{mod}\ 256, \tag{4-30}$$
$$i=2,3,\cdots,M,$$
$$j=2,3,\cdots,N$$

经过上述操作后得到原始的明文图像 P。

4.2 图像密码系统实现程序

图像密码系统的实现程序包括三个函数，分别为混沌密码发生器函数 keygen、加密算法函数 encpro 和解密算法函数 decpro，如例 4.2 至例 4.4 所示。

例 4.2 混沌密码发生器函数 keygen 示例。

代码如下：

```
1    keygen[key_, m_, n_] := Module[
2      {key1, ul, ur, d, init1, init2, t, a1, a2, x1, x, y1, y, r1, r, w1, w },
3      key1 = Partition[key, 2];
4      ul = -1. 13135; ur = 1. 40583; d = (ur - ul)/256;
5      init1 = Table[ul + x[[1]] d + x[[2]] d/256, {x, key1}];
6      init2 = Table[{x, x}, {x, init1}];
7      henon[x_, y_] := {1 - 1. 4 x2 + y, 0. 3 x} /. {a_, b_} /; a < ul -> {2 ul - a, b};
8      t = {0, 0};
9      Table[t = Nest[henon[#[[1]], #[[2]]] &, 2 x/3 + (t /. {a_, b_} -> {b, b})/3,
10         64], {x, init2}];
11     a1 = NestList[henon[#[[1]], #[[2]]] &, t, 4 * m * n];
12     a2 = Flatten[a1][[3 ;; -1 ;; 2]];
13     x1 = Mod[IntegerPart[FractionalPart[a2[[1 ;; m * n]] 10^14], 256];
14     x = Partition[x1, m];
15     y1 = Mod[IntegerPart[FractionalPart[a2[[m * n + 1 ;; m * n * 2]] 10^13], 256];
16     y = Partition[y1, m];
```

```
17        r1 = Mod[IntegerPart[FractionalPart[a2[[m * n * 2 + 1 ;; m * n * 3]]] 10^12], m];
18        r = Partition[r1, m];
19        w1 = Mod[IntegerPart[FractionalPart[a2[[m * n * 3 + 1 ;; -1]]]] 10^11], n];
20        w = Partition[w1, m];
21        {x, y, r, w}
22      ]
```

上述函数 keygen 的工作原理可参考例 4.1，keygen 有三个参数，依次为密钥、图像的宽度和高度，其调用方法示例如下：

```
1     key = {176, 83, 246, 222, 173, 132, 78, 30, 125, 197, 147, 128, 38,
2           199, 67, 93, 173, 32, 69, 37, 244, 186, 53, 85, 217, 91, 182, 76, 0,
3           187, 30, 100, 47, 206, 103, 98, 209, 10, 110, 145, 36, 231, 120,
4           11, 177, 130, 41, 104, 108, 234, 202, 59, 9, 192, 183, 179, 175,
5           199, 15, 69, 220, 51, 11, 9}
6     m = 512; n = 512
7     {x, y, r, w} = keygen[key, m, n]
```

第 1～5 行设定密钥 key，key 由 64 个整数组成，每个整数位于 0 至 255 间，可表示为一个 8 位的二进制数，即密钥 key 的长度为 512 位。key 可由任意 64 个整数组成（每个整数位于 0 至 255 间）。第 6 行设定图像的宽度 m＝512 和高度 n＝512。第 7 行调用 keygen 函数得到四个伪随机数二维数组 x、y、r 和 w。

例 4.3　加密算法函数 encpro 示例。

代码如下：

```
1     encpro[p_, x_, y_, r_, w_, m_, n_] := Module[
2         {p1, a, row, col, m1, n1, t, t2, t3, t4, t5, b, c, c1},
3         p1 = ImageData[p, "Byte"];
```

第 3 行从图像 p 中获取图像的二维数组数据 p1。

```
4         a = Table[0, {i, m}, {j, n}];
5         a[[1, 1]] = Mod[p1[[1, 1]] + x[[1, 1]], 256];
6         Table[a[[1, j]] =
7             Mod[p1[[1, j]] + x[[1, j]] + a[[1, j − 1]], 256], {j, 2, n}];
8         Table[a[[i, 1]] =
9             Mod[p1[[i, 1]] + x[[i, 1]] + a[[i − 1, 1]], 256], {i, 2, m}];
10        Table[a[[i, j]] =
11            Mod[p1[[i, j]] + x[[i, j]] + a[[i − 1, j]] + a[[i, j − 1]],
12                256], {i, 2, m}, {j, 2, n}]
```

第 4～12 行为明文无关的扩散算法 I 实现过程，由明文图像 p1 和伪随机矩阵 x 得到扩散后的矩阵 a。

```
13        Table[row = Total[a[[m, 1 ;; n]]] − a[[m, j]];
14        col = Total[a[[1 ;; m, j]]] − a[[m, j]];
15        m1 = Mod[row + r[[m, j]], m] + 1; n1 = Mod[col + w[[m, j]], n] + 1;
16        If[(m1 == m) || (n1 == j), Nothing,
17            t2 = FromDigits[BitGet[a[[m1, n1]], {2, 1, 0}], 2];
18            t = a[[m1, n1]]; a[[m1, n1]] = a[[m, j]]; a[[m, j]] = t;
```

```
19          t3 = IntegerDigits[a[[m1, n1]], 2, 8];
20          t4 = RotateLeft[t3, t2]; t5 = FromDigits[t4, 2];
21          a[[m1, n1]] = t5, {j, n − 1}];
22      Table[row = Total[a[[i, 1 ;; n]]] − a[[i, n]];
23      col = Total[a[[1 ;; m, n]]] − a[[i, n]];
24      m1 = Mod[row + r[[i, n]], m] + 1; n1 = Mod[col + w[[i, n]], n] + 1;
25      If[(m1 == i ) || (n1 == n), Nothing,
26          t2 = FromDigits[BitGet[a[[m1, n1]], {2, 1, 0}], 2];
27          t = a[[m1, n1]]; a[[m1, n1]] = a[[i, n]]; a[[i, n]] = t;
28          t3 = IntegerDigits[a[[m1, n1]], 2, 8];
29          t4 = RotateLeft[t3, t2]; t5 = FromDigits[t4, 2];
30          a[[m1, n1]] = t5, {i, m − 1}];
31      Table[row = Total[a[[i, 1 ;; n]]] − a[[i, j]];
32      col = Total[a[[1 ;; m, j]]] − a[[i, j]];
33      m1 = Mod[row + r[[i, j]], m] + 1; n1 = Mod[col + w[[i, j]], n] + 1;
34      If[(m1 == i ) || (n1 == j), Nothing,
35          t2 = FromDigits[BitGet[a[[m1, n1]], {2, 1, 0}], 2];
36          t = a[[m1, n1]]; a[[m1, n1]] = a[[i, j]]; a[[i, j]] = t;
37          t3 = IntegerDigits[a[[m1, n1]], 2, 8];
38          t4 = RotateLeft[t3, t2]; t5 = FromDigits[t4, 2];
39          a[[m1, n1]] = t5, {i, m − 1}, {j, n − 1}];
40      row = Total[a[[m, 1 ;; n]]] − a[[m, n]];
41      col = Total[a[[1 ;; m, n]]] − a[[m, n]];
42      m1 = Mod[row + r[[m, n]], m] + 1; n1 = Mod[col + w[[m, n]], n] + 1;
43      If[(m1 == m ) || (n1 == n), Nothing,
44          t2 = FromDigits[BitGet[a[[m1, n1]], {2, 1, 0}], 2];
45          t = a[[m1, n1]]; a[[m1, n1]] = a[[m, n]]; a[[m, n]] = t;
46          t3 = IntegerDigits[a[[m1, n1]], 2, 8];
47          t4 = RotateLeft[t3, t2]; t5 = FromDigits[t4, 2];
48          a[[m1, n1]] = t5;
```

第 13~48 行为明文关联的置乱算法实现过程，根据矩阵 a 自身的信息和伪随机矩阵 r、w 置乱 a。

```
49      b = a; c = Table[0, {i, m}, {j, n}];
50      c[[m, n]] = Mod[b[[m, n]] + y[[m, n]], 256];
51      Table[c[[m, j]] =
52          Mod[b[[m, j]] + y[[m, j]] + c[[m, j + 1]], 256 ], {j, n − 1, 1, −1}];
53      Table[c[[i, n]] =
54          Mod[b[[i, n]] + y[[i, n]] + c[[i + 1, n]], 256], {i, m − 1, 1, −1}];
55      Table[c[[i, j]] =
56      Mod[b[[i, j]] + y[[i, j]] + c[[i + 1, j]] + c[[i, j + 1]], 256 ],
57          {i, m − 1, 1, −1}, {j, n − 1, 1, −1}];
58      c1 = Image[c, "Byte"]
59      ]
```

第 49～58 行为明文无关的扩散算法 Ⅱ 实现过程，由矩阵 b 和伪随机矩阵 y 扩散得到密文图像 c。

上述 encpro 函数为图像加密算法实现函数，输入为明文图像 p、伪随机矩阵 x、y、r 和 w 以及图像的宽 m 和高 n，输出为密文图像，保存在 c1 中。

例 4.4　解密算法函数 decpro 示例。

代码如下：

```
1    decpro[c_, x_, y_, r_, w_, m_, n_] := Module[
2      {c2, b2, a2, row, col, m1, n1, t, t2 t3, t4, t5, r1, r2},
3      c2 = ImageData[c, "Byte"];
```

第 3 行从密文图像 c 中获取图像的二维数组数据 c2。

```
4      b2 = Table[0, {i, m}, {j, n}];
5      b2[[m, n]] = Mod[256 + c2[[m, n]] − y[[m, n]], 256];
6      Table[b2[[m, j]] =
7        Mod[512 + c2[[m, j]] − y[[m, j]] − c2[[m, j + 1]], 256 ],
8          {j, n − 1, 1, −1}];
9      Table[b2[[i, n]] =
10       Mod[512 + c2[[i, n]] − y[[i, n]] − c2[[i + 1, n]], 256 ],
11         {i, m − 1, 1, −1}];
12     Table[b2[[i, j]] =
13       Mod[768 + c2[[i, j]] − y[[i, j]] − c2[[i + 1, j]] −
14         c2[[i, j + 1]], 256], {i, m − 1, 1, −1}, {j, n − 1, 1, −1}];
```

第 4～14 行为扩散算法 Ⅱ 的逆过程的实现过程，由密文图像矩阵 c2 和伪随机矩阵 y 得到矩阵 b2。

```
15     a2 = b2;
16     row = Total[a2[[m, 1 ;; n]]] − a2[[m, n]];
17     col = Total[a2[[1 ;; m, n]]] − a2[[m, n]];
18     m1 = Mod[row + r[[m, n]], m] + 1; n1 = Mod[col + w[[m, n]], n] + 1;
19     If[(m1 == m ) || (n1 == n), Nothing,
20       t2 = FromDigits[BitGet[a2[[m, n]], {2, 1, 0}], 2];
21       t = a2[[m1, n1]]; a2[[m1, n1]] = a2[[m, n]]; a2[[m, n]] = t;
22       t3 = IntegerDigits[a2[[m, n]], 2, 8];
23       t4 = RotateRight[t3, t2]; t5 = FromDigits[t4, 2];
24       a2[[m, n]] = t5];
25     Table[row = Total[a2[[i, 1 ;; n]]] − a2[[i, j]];
26       col = Total[a2[[1 ;; m, j]]] − a2[[i, j]];
27       m1 = Mod[row + r[[i, j]], m] + 1; n1 = Mod[col + w[[i, j]], n] + 1;
28       If[(m1 == i ) || (n1 == j), Nothing,
29         t2 = FromDigits[BitGet[a2[[i, j]], {2, 1, 0}], 2];
30         t = a2[[m1, n1]]; a2[[m1, n1]] = a2[[i, j]]; a2[[i, j]] = t;
31         t3 = IntegerDigits[a2[[i, j]], 2, 8];
32         t4 = RotateRight[t3, t2]; t5 = FromDigits[t4, 2];
33         a2[[i, j]] = t5], {i, m − 1, 1, −1}, {j, n − 1, 1, −1}];
```

```
34        Table[row = Total[a2[[i, 1 ;; n]]] − a2[[i, n]];
35          col = Total[a2[[1 ;; m, n]]] − a2[[i, n]];
36          m1 = Mod[row + r[[i, n]], m] + 1; n1 = Mod[col + w[[i, n]], n] + 1;
37          If[(m1 == i ) || (n1 == n), Nothing,
38             t2 = FromDigits[BitGet[a2[[i, n]], {2, 1, 0}], 2];
39             t = a2[[m1, n1]]; a2[[m1, n1]] = a2[[i, n]]; a2[[i, n]] = t;
40             t3 = IntegerDigits[a2[[i, n]], 2, 8];
41             t4 = RotateRight[t3, t2]; t5 = FromDigits[t4, 2];
42             a2[[i, n]] = t5], {i, m − 1, 1, −1}];
43        Table[row = Total[a2[[m, 1 ;; n]]] − a2[[m, j]];
44           col = Total[a2[[1 ;; m, j]]] − a2[[m, j]];
45        m1 = Mod[row + r[[m, j]], m] + 1; n1 = Mod[col + w[[m, j]], n] + 1;
46        If[(m1 == m ) || (n1 == j), Nothing,
47             t2 = FromDigits[BitGet[a2[[m, j]], {2, 1, 0}], 2];
48             t = a2[[m1, n1]]; a2[[m1, n1]] = a2[[m, j]]; a2[[m, j]] = t;
49             t3 = IntegerDigits[a2[[m, j]], 2, 8];
50             t4 = RotateRight[t3, t2]; t5 = FromDigits[t4, 2];
51             a2[[m, j]] = t5], {j, n − 1, 1, −1}];
```

第 15～51 行为置乱算法的逆过程的实现过程，根据矩阵 a2 自身的信息和伪随机矩阵 r、w 得到新的矩阵 a2。

```
52        r2 = Table[0, {i, m}, {j, n}];
53        r2[[1, 1]] = Mod[256 + a2[[1, 1]] − x[[1, 1]], 256];
54        Table[r2[[1, j]] =
55        Mod[512 + a2[[1, j]] − x[[1, j]] − a2[[1, j − 1]], 256], {j, 2, n}];
56        Table[r2[[i, 1]] =
57        Mod[512 + a2[[i, 1]] − x[[i, 1]] − a2[[i − 1, 1]], 256], {i, 2, m}];
58        Table[r2[[i, j]] =
59        Mod[768 + a2[[i, j]] − x[[i, j]] − a2[[i − 1, j]] − a2[[i, j − 1]], 256],
60             {i, 2, m}, {j, 2, n}];
61        r1 = Image[r2, "Byte"]
62        ]
```

第 52～60 行为扩散算法 Ⅰ 的逆过程的实现过程，由矩阵 a2 和伪随机矩阵 y 得到矩阵 r2，第 61 行将矩阵 r2 转化为灰度图像 r1。

上述 decpro 函数为图像解密算法实现函数，输入为密文图像 c、伪随机矩阵 x、y、r 和 w 以及图像的宽 m 和高 n，输出为解密后的明文图像，保存在 r1 中。

例 4.5 设计加密与解密测试程序。

代码如下：

```
1    encimage[key_, p_] := Module[
2       {p1, m, n, x, y, r, w, c},
3       p1 = ImageData[p, "Byte"]; {m, n} = Dimensions[p1];
4       {x, y, r, w} = keygen[key, m, n];
5       c = encpro[p, x, y, r, w, m, n]
```

```
6        ]
7
```

上述图像加密函数 encimage 调用了自定义函数 keygen 和 encpro，输入为密钥 key 和明文图像 p，输出为密文图像 c。

```
8        decimage[key_, c_] := Module[
9          {c1, m, n, x, y, r, w, p},
10         c1 = ImageData[c, "Byte"]; {m, n} = Dimensions[c1];
11         {x, y, r, w} = keygen[key, m, n];
12         p = decpro[c, x, y, r, w, m, n]
13        ]
14
```

上述图像解密函数 decimage 调用了自定义函数 keygen 和 decpro，输入为密钥 key 和密文图像 c，输出为解密后的明文图像 p。

```
15       key = {176, 83, 246, 222, 173, 132, 78, 30, 125, 197, 147, 128, 38,
16          199, 67, 93, 173, 32, 69, 37, 244, 186, 53, 85, 217, 91, 182, 76, 0,
17          187, 30, 100, 47, 206, 103, 98, 209, 10, 110, 145, 36, 231, 120,
18          11, 177, 130, 41, 104, 108, 234, 202, 59, 9, 192, 183, 179, 175,
19          199, 15, 69, 220, 51, 11, 9}
20       p1 = ExampleData[{"TestImage", "Mandrill"}];
21       p2 = ColorConvert[p1, "Grayscale"]
22       c = encimage[key, p2]
23
24       p = decimage[key, c]
```

第 15 行设定密钥 key 为包含 64 元素的列表（每个元素取值在 0 至 255 间，即 key 为 512 位长）；第 20 行读取 Mandrill 彩色图像 p1（计算机需要联网）；第 21 行将 p1 转化为灰度图像，如图 4 - 3(a)所示；第 22 行调用图像加密函数 encimage 使用密钥 key 加密灰度图像 p2，得到密文图像 c，如图 4 - 3(b)所示；第 24 行调用图像解密函数 decimage 使用密钥 key 解密密文图像 c，得到明文图像 p，如图 4 - 3(c)所示。

  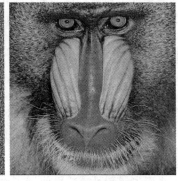

　（a）Mandrill　　　　　　（b）Mandrill 密文图像　　　　　（c）解密后的图像

图 4 - 3　明文关联图像密码系统加密与解密结果

由图 4 - 3(b)可知，密文图像呈现噪声样式，没有任何可视信息泄露。由图 4 - 3(a)和

图 4-3(c)可知，解密后的图像与原始明文图像 Mandrill 完全相同，说明明文关联图像密码系统加密与解密程序工作正常。

4.3 系统性能分析

图像密码系统的性能分析主要包括两大方面，即加密/解密速度和加密/解密强度。其中，图像加密/解密速度只能借助于 C♯ 语言（基于 Visual Studio 集成开发环境），本书将在第 9 章给出各个图像密码系统的加密/解密速度对比分析结果，而 AES 图像加密算法的执行速度作为图像加密/解密系统的基准速度。众所周知，构造一种加密/解密速度慢而加密/解密强度高的图像密码系统是件容易的工作，但是，加密/解密速度慢的图像密码系统没有实用价值。因此，图像密码系统的研究焦点在于设计加密/解密速度快且加密/解密强度高的图像密码系统。对于加密/解密速度的最低要求为高于 AES 图像密码算法的加密/解密速度（见第 9 章）。这里重点分析图像加密/解密强度。图像加密/解密强度用于衡量图像密码系统的安全性能，一般借助于密钥空间大小、密文统计特性（如相关性、信息熵、直方图和随机性等）和系统敏感性（如密钥敏感性、明文敏感性和密文敏感性等）来表征加密/解密强度。

4.3.1 密钥空间

密钥空间是指有效密钥的集合，密钥空间大小是指有效密钥的个数。第 4~8 章的图像密钥系统均使用第 1 章中的密钥扩展算法，采用了 512 位长的密钥，因此，密钥空间大小均为 $2^{512}\approx1.340\,78\times10^{154}$。结合图像加密与解密速度，可以计算穷举攻击所需的时间。穷举攻击至少考虑尝试密钥空间中一半的密钥。不妨假设加密与解密速度相同，均为 v，单位为 b/s，设密钥空间大小为 u，则穷举破译一幅大小为 s 的 8 比特灰度图像需要的时间为 $4su/v$ 秒。

使用 C♯ 语言程序，本章介绍的明文关联图像密码系统的加密和解密速度分别为 21.4517 Mb/s 和 21.5233 Mb/s[3]。考虑基于加密过程的穷举攻击，即以加密速度为代表计算穷举攻击所需要的时间，攻击 512×512 大小的 8 比特灰度图像需要 $4.156\,42\times10^{145}$ 年。可见，这里的明文关联图像密码系统可以有效地对抗穷举攻击。

4.3.2 密文统计特性

密文统计特性主要考察密文图像的直方图、信息熵、相关性和随机性等特性，其中随机性的考察方法为将密文图像展开为位序列，借助于 SP800-22 标准分析位序列的随机性，留作读者自行分析。这里重点介绍图像的直方图、信息熵和相关性分析的考察方法。

1. 直方图分析

不失一般性，这里使用了密钥 key＝{2, 229, 165, 151, 206, 89, 179, 12, 203, 142, 149, 162, 112, 4, 220, 10, 93, 11, 242, 2, 224, 252, 211, 41, 227, 29, 103, 254, 83, 255, 223, 31, 17, 211, 2, 200, 8, 118, 215, 192, 56, 233, 139, 127, 250, 37, 203, 178, 236, 2, 16, 108, 62, 155, 101, 27, 15, 25, 219, 239, 19, 85, 149, 4}，使用了灰度图像

Lena、Peppers 和 Mandrill，如图 4-4 所示。

（a）Lena　　　　　　　　　（b）Peppers　　　　　　　　（c）Mandrill

图 4-4　明文图像

图 4-4 所示的灰度图像的获取方法如下：

```
1    p4 = ExampleData[{"TestImage", "Lena"}]
2    p5 = ExampleData[{"TestImage", "Peppers"}]
3    p6 = ExampleData[{"TestImage", "Mandrill"}]
4
5    p1 = ColorConvert[p4, "Grayscale"]
6    p2 = ColorConvert[p5, "Grayscale"]
7    p3 = ColorConvert[p6, "Grayscale"]
```

上述代码中，第 1～3 行依次获取 Lena、Peppers 和 Mandrill 的彩色图像（计算机需要联网），而第 5～7 行将这些彩色图像转化为灰度图像，依次保存在 p1、p2 和 p3 中。

使用上述的密钥 key，加密 p1、p2 和 p3 得到其相应的密文图像，分别记为 c1、c2 和 c3，如图 4-5 所示。生成密文图像的加密程序代码如下所示：

```
1    c1 = encimage[key, p1]
2    c2 = encimage[key, p2]
3    c3 = encimage[key, p3]
```

（a）密文图像 c1　　　　　　（b）密文图像 c2　　　　　　（c）密文图像 c3

图 4-5　密文图像

根据图 4-4 和图 4-5 生成它们的直方图，绘制直方图的代码如下所示：

例 4.6 设计直方图绘制程序。

代码如下:

```
1    histogram[image_] := Module[
2      {u1, h1, h2},
3      u1 = ImageData[image, "Byte"];
4      h1 = HistogramDistribution[Flatten[u1], 255];
5      h2 = DiscretePlot[PDF[h1, x], {x, 0, 255},
6        AxesLabel -> {"Pixe's value", "Frequency"},
7        LabelStyle -> {FontFamily -> "Times New Roman", 16},
8        ImageSize -> Large]
9      ]
10
11   h11 = histogram[p1]
12   h12 = histogram[c1]
13   h21 = histogram[p2]
14   h22 = histogram[c2]
15   h31 = histogram[p3]
16   h32 = histogram[c3]
```

上述代码中,函数 histogram 为绘制直方图函数,输入图像 image,输出它的直方图,保存在 h2 中。第 3 行由图像 image 得到其二维数组数据 u1;第 4 行得到直方图分布 h1;第 5~8 行绘制直方图概率分布图,并将横轴设为"Pixel's value",纵轴设为"Frequency",并使用新罗马 16 号字体。

第 11 行绘制明文图像 p1 的直方图;第 12 行绘制密文图像 c1 的直方图;第 13 行绘制明文图像 p2 的直方图;第 14 行绘制密文图像 c2 的直方图;第 15 行绘制明文图像 p3 的直方图;第 16 行绘制密文图像 c3 的直方图。

使用上述代码,图 4-4 和图 4-5 所示图像的直方图如图 4-6 所示。

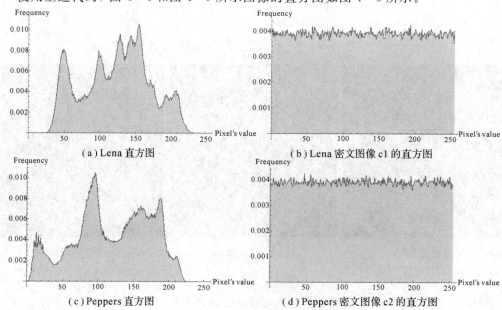

(a) Lena 直方图

(b) Lena 密文图像 c1 的直方图

(c) Peppers 直方图

(d) Peppers 密文图像 c2 的直方图

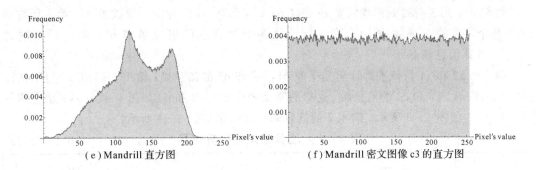

（e）Mandrill 直方图　　　　　　　　（f）Mandrill 密文图像 c3 的直方图

图 4-6　图像的直方图

由图 4-6 可知，明文图像的直方图（图 4-6(a)、图 4-6(c)和图 4-6(e)）具有明显的波动特性；而密文图像的直方图（图 4-6(b)、图 4-6(d)和图 4-6(f)）是近似平坦的，说明密文图像中各个像素点的灰度值近似均匀分布，是一种理想的噪声图像的直方图分布样式。常用单边假设检验方法说明密文图像的直方图近似均匀分布，这种方法可参考文献[2]第四章，这里不再赘述。

2. 信息熵分析

信息熵反映了图像信息的不确定性，一般认为，熵越大，不确定性越大（信息量越大），可视信息越小。设图像中像素值 i 出现的频率为 $p(i)$，则其信息熵的计算公式为

$$E = -\sum_{i=0}^{L-1} p(i)\log_2 p(i) \qquad (4-31)$$

其中，L 为图像的灰度等级数，对于 8 比特的灰度图像而言，$L=256$。对于 8 比特的理想随机图像而言，每个 $p(i)$ 都相等，且为 $1/256$，式(4-31)的计算结果为 8 比特。

计算图像信息熵的程序如下所示：

例 4.7　信息熵计算代码示例。

具体代码如下：

```
1     entropy[image_] := Module[{u1, u2, m, n, b1, b2, e},
2         u1 = ImageData[image, "Byte"];
3         {m, n} = Dimensions[u1];
4         u2 = Flatten[u1];
5         b1 = BinCounts[u2, {0, 256, 1}];
6         b2 = b1/(m * n) /. a_ /; a < 10^-8 -> Nothing // N;
7         e = -Total[b2 * Log2[b2]]
8         ]
9
10    e11 = entropy[p1]
11    e12 = entropy[c1]
12    e21 = entropy[p2]
13    e22 = entropy[c2]
14    e31 = entropy[p3]
15    e32 = entropy[c3]
```

上述代码中，函数 entropy 用于计算图像 image 的信息熵。第 2 行将图像 image 转化为

二维数组 u1；第 3 行得到图像的宽 m 和高 n；第 4 行将 u1 转化为一维数组 u2；第 5 行得到 u2 中各个数值的出现频次 b1；第 6 行计算各个像素点的出现频率 b2；第 7 行根据式 (4−31) 计算信息熵 e。

第 10、12 和 14 行依次计算明文图像 p1、p2 和 p3 的信息熵；第 11、13 和 15 行依次计算密文图像 c1、c2 和 c3 的信息熵。这里的明文图像 p1、p2 和 p3 如图 4−4 所示；密文图像 c1、c2 和 c3 如图 4−5 所示。例 4.7 的信息熵计算结果如表 4−1 所示。

表 4−1　图像信息熵计算结果　　　（单位：比特）

图像	Lena		Peppers		Mandrill	
	明文 p1	密文 c1	明文 p2	密文 c2	明文 p3	密文 c3
信息熵	7.445 06	7.999 31	7.593 59	7.999 40	7.358 32	7.999 37

由表 4−1 可知，各个明文图像的信息熵偏离 8 比特，而各个密文图像的信息熵非常接近于 8 比特，说明密文图像具有类似于理想噪声图像的信息熵。

3. 相关性分析

数字图像的特点在于数据量巨大，同时，由于相邻像素点相关性强，使得图像具有较大的信息冗余性。图像密码系统的加密处理必须破坏原始明文图像中相邻像素点间的相关性。以图像水平方向上的相关性为例，下述代码展示了图像中任选的 2000 对水平方向上相邻的像素点间的相关性。

例 4.8　设计图像水平方向上相邻像素点的相关性测试程序。

代码如下：

```
1    correlate[image_, num_] := Module[{p1, m, n, cor1, row, col},
2        p1 = ImageData[image, "Byte"];
3        {m, n} = Dimensions[p1];
4        cor1 = Table[{0, 0}, {i, num}];
5        Table[row = RandomInteger[{1, m}]; col = RandomInteger[{1, n}];
6         cor1[[i, 1]] = p1[[row, col]];
7         cor1[[i, 2]] = p1[[row, (col + 1) /. a_ /; a > 512 −> 1]], {i, num}];
8        ListPlot[cor1, PlotTheme −> "Scientific",
9          FrameLabel −> {{"Pixel's value at (" <>
10              ToString[Style["x", Italic], StandardForm] <> "," <>
11              ToString[Style["y", Italic], StandardForm] <> "+1)",
12            None}, {"Pixel's value at (" <>
13              ToString[Style["x", Italic], StandardForm] <> "," <>
14              ToString[Style["y", Italic], StandardForm] <> ")", None}},
15          ImageSize −> Large,
16          LabelStyle −> {FontFamily −> "Times New Roman", 16}]
17        ]
18
19    correlate[p1, 2000]
20    correlate[c1, 2000]
```

```
21      correlate[p2, 2000]
22      correlate[c2, 2000]
23      correlate[p3, 2000]
24      correlate[c3, 2000]
```

函数 correlate 用于绘制图像 image 中随机选出的 num 对水平方向上相邻的像素点的相关图。第 2 行由图像 image 得到其二维数组 p1；第 3 行获取图像的宽 m 和高 n；第 5～7 行从 p1 中随机提取水平方向上相邻的 num 对像素点，保存在 cor1 中；第 8～16 行绘制 cor1 的相图。

第 19、21 和 23 行绘制明文图像 p1、p2 和 p3 的水平方向相邻像素点相图，而第 20、22 和 24 行绘制密文图像 c1、c2 和 c3 的水平方向相邻像素点相图。这里的明文图像 p1、p2 和 p3 如图 4-4 所示；密文图像 c1、c2 和 c3 如图 4-5 所示。下面图 4-7 中展示了 p1 和 c1 中随机选取的 2000 对水平方向上相邻像素点的相关图。

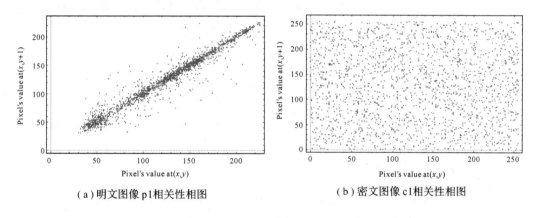

（a）明文图像 p1 相关性相图　　　　　　　　（b）密文图像 c1 相关性相图

图 4-7　水平方向上相邻像素点相关图

由图 4-7 可知，明文图像的相图中，相点分布在 $y=x$ 直线附近区域，说明水平方向上相邻的像素点具有很强的正相关；而密文图像的相图中，相点分散在相图中，几乎没有相关性。

除了上述的图像相关性定性分析外，还可以借助于相关系数定量评价图像相邻像素点的相关性，假设从图像随机选取了长度为 num 的相邻像素点序列 $\{u_i, v_i\}$，i=1, 2, …, num，按式(4-32)可计算其相关系数 r_{uv} 为

$$r_{uv} = \frac{\text{cov}(\boldsymbol{u}, \boldsymbol{v})}{\sqrt{D(\boldsymbol{u})}\ \sqrt{D(\boldsymbol{v})}} \tag{4-32}$$

$$\text{cov}(\boldsymbol{u}, \boldsymbol{v}) = \frac{1}{N-1}\sum_{i=1}^{N}(u_i - E(\boldsymbol{u}))(v_i - E(v)) \tag{4-33}$$

$$D(\boldsymbol{u}) = \frac{1}{N-1}\sum_{i=1}^{N}(u_i - E(\boldsymbol{u}))^2 \tag{4-34}$$

$$E(\boldsymbol{u}) = \frac{1}{N}\sum_{i=1}^{N}u_i \tag{4-32} \tag{4-35}$$

其中，$\text{cov}(\boldsymbol{u}, \boldsymbol{v})$ 表示两个序列间的协方差，$D(\boldsymbol{u})$ 表示序列的方差，$E(\boldsymbol{u})$ 为序列的均值。在 Mathematica 中，借助于函数 correlation 可直接计算相关系数。

下面例子计算了图 4-4 所示的明文图像 p1、p2 和 p3 以及图 4-5 所示的密文图像 c1、c2 和 c3 的相关系数，计算方法为每个图像中任取 2000 对水平方向、竖直方向、对角方向和斜对角方向上的相邻像素点，按式(4-32)计算相关系数，计算程序如例 4.9 所示。

例 4.9 设计相关系数计算程序。

```
1    corrcoef[image_, num_] := Module[
2        {p1, m, n, u1, u2, u3, u4, v1, v2, v3, v4, row, col, r1, r2, r3, r4},
3        p1 = ImageData[image, "Byte"];
4        {m, n} = Dimensions[p1];
5        u1 = Table[0, {i, num}];
6        v1 = u1;
7        Table[row = RandomInteger[{1, m}]; col = RandomInteger[{1, n}];
8            u1[[i]] = p1[[row, col]];
9            v1[[i]] = p1[[row, (col + 1) /. a_ /; a > 512 -> 1]], {i, num}];
10       r1 = Correlation[u1, v1] // N;
11       u2 = Table[0, {i, num}];
12       v2 = u2;
13       Table[row = RandomInteger[{1, m}]; col = RandomInteger[{1, n}];
14           u2[[i]] = p1[[row, col]];
15           v2[[i]] = p1[[(row + 1) /. a_ /; a > 512 -> 1, col]], {i, num}];
16       r2 = Correlation[u2, v2] // N;
17       u3 = Table[0, {i, num}];
18       v3 = u3;
19       Table[row = RandomInteger[{1, m}]; col = RandomInteger[{1, n}];
20           u3[[i]] = p1[[row, col]];
21           v3[[i]] = p1[[(row + 1) /. a_ /; a > 512 -> 1, (col + 1) /.
22               a_ /; a > 512 -> 1]], {i, num}];
23       r3 = Correlation[u3, v3] // N;
24       u4 = Table[0, {i, num}];
25       v4 = u4;
26       Table[row = RandomInteger[{1, m}]; col = RandomInteger[{1, n}];
27           u4[[i]] = p1[[row, col]];
28           v4[[i]] = p1[[(row + 1) /. a_ /; a > 512 -> 1, (col - 1) /.
29               a_ /; a < 1 -> n]], {i, num}];
30       r4 = Correlation[u4, v4] // N;
31       {r1, r2, r3, r4}
32       ]
33
34   corrcoef[p1, 2000]
35   corrcoef[c1, 2000]
36   corrcoef[p2, 2000]
37   corrcoef[c2, 2000]
38   corrcoef[p3, 2000]
```

```
39    corrcoef[c3, 2000]
```

上述的函数 corrcoef 计算图像 image 中随机选取的 num 对邻近点的相关系数。第 3 行将图像 image 转化为二维数组 p1；第 4 行获取图像的宽 m 和高 n；第 5～10 行计算水平方向上的相关系数，保存在 r1 中；第 11～16 行计算竖直方向上的相关系数，保存在 r2 中；第 17～23 行计算对角线方向上的相关系数，保存在 r3 中；第 24～30 行计算斜对角方向上的相关系数，保存在 r4 中。

第 34、36 和 38 行计算明文图像 p1、p2 和 p3 中选取的序列的相关系数；第 35、37 和 39 行计算密文图像 c1、c2 和 c3 中选取的序列的相关系数。这里的明文图像 p1、p2 和 p3 如图 4-4 所示；密文图像 c1、c2 和 c3 如图 4-5 所示。计算结果如表 4-2 所示。

表 4-2　图像相关系数计算结果

图像	Lena		Peppers		Mandrill	
	明文 p1	密文 c1	明文 p2	密文 c2	明文 p3	密文 c3
水平方向	0.965 03	0.035 75	0.979 16	0.005 37	0.865 37	0.031 41
竖直方向	0.983 56	−0.016 25	0.970 51	0.007 96	0.743 95	0.040 83
对角方向	0.950 91	0.006 25	0.951 53	0.001 99	0.707 20	−0.005 98
斜对角方向	0.970 52	0.004 05	0.959 78	−0.014 59	0.693 21	0.007 80

由表 4-2 可知，明文图像中选取的相邻序列的相关系数接近于 1，而密文图像中选取的相邻序列的相关系数趋于 0，说明明文图像相邻像素点具有很强的相关性，而密文图像的相邻像素点几乎不具有相关性。

4.3.3　NPCR、UACI 和 BACI 指标

衡量两幅相同大小的图像的差别有定性和定量两种方式。定性方面，求两幅图像的差图像，并将差图像显示出来，则可以定性观察两幅图像的差别，黑色或近黑色的区域代表着两幅图像在这个区域的像素点的值相等或比较接近，白色或近白色的区域代表着两幅图像在这个区域的像素点的值差别最大或相差较大。

定量方面，有以下三种方法。这里将两幅大小相同的图像记为 P_1 和 P_2，图像大小为 $M \times N$。

（1）比较两幅图像相应位置的像素点的值，记录不同的像素点个数占全部像素点的比例，这就是常用的 NPCR[19]，计算公式如式（4-36）所示。

$$\text{NPCR}(P_1, P_2) = \frac{1}{MN} \sum_{i=1}^{M} \sum_{j=1}^{N} |\text{Sign}(P_1(i, j) - P_2(i, j))| \times 100\% \quad (4-36)$$

其中，Sign(·) 为符号函数，如式（4-37）所示。

$$\text{Sign}(x) = \begin{cases} 1, & x > 0 \\ 0, & x = 0 \\ -1, & x < 0 \end{cases} \quad (4-37)$$

如果两幅图像均为随机图像，则对任一位置，两幅图像在该位置的像素点的值相同的

概率为 $p_0 = 1/256$，不相同的概率为 $p_1 = 1 - p_0 = 255/256$。由于位置的任意性，所以，两幅随机图像的 NPCR 理论期望值为 $255/256 \approx 99.6094\%$。

如果其中一幅图像为给定的图像，另一幅图像为随机图像，则对任一位置，两幅图像在该位置的像素点不同的概率仍为 $255/256$，即给定图像与随机图像的 NPCR 理论期望值为 $255/256 \approx 99.6094\%$。

（2）比较两幅图像相应位置的像素点的值，记录它们的差值，然后计算全部相应位置像素点的差值与最大差值（即 255）的比值的平均值，这就是常用的 UACI[19]。

如果两幅图像的所有相应位置的像素点的值均不同，即 NPCR 为 100%，但是，它们相应位置的像素点的值相差很小，那么这两幅图像的差别仍然很小，即 NPCR 作为衡量两幅图像的差别的指标具有片面性。UACI 则弥补了这一不足，它除了比较相应位置的像素点的值"不同"外，还计算了"不同"的程度，其计算公式如式（4-38）所示。

$$\mathrm{UACI}(\boldsymbol{P}_1, \boldsymbol{P}_2) = \frac{1}{MN} \sum_i^M \sum_j^N \frac{|\boldsymbol{P}_1(i, j) - \boldsymbol{P}_2(i, j)|}{255 - 0} \times 100\% \qquad (4-38)$$

如果两幅图像 $\boldsymbol{P}_1$ 和 $\boldsymbol{P}_2$ 均为随机图像，则对于任一位置 (i, j)，$\boldsymbol{P}_1(i, j) - \boldsymbol{P}_2(i, j)$ 的取值概率如表 4-3 所示。

表 4-3　两随机图像 $\boldsymbol{P}_1(i, j) - \boldsymbol{P}_2(i, j)$ 的取值概率分布（概率值/65 536）

取值	-255	-254	-253	⋯	-2	-1	0	1	2	⋯	253	254	255
概率	1	2	3	⋯	254	255	256	255	254	⋯	3	2	1

在表 4-3 中，各个概率取值为表中的值除以 65 536，因此，对于任一位置 (i, j)，$|\boldsymbol{P}_1(i, j) - \boldsymbol{P}_2(i, j)|$ 的期望值为 $2 \times \dfrac{255 \times 1 + 254 \times 2 + 253 \times 3 + \cdots + 2 \times 254 + 1 \times 255}{65\,536} = \dfrac{5\,592\,320}{65\,536} = \dfrac{21\,845}{256}$。由于位置具有任意性，所以两幅随机图像的 UACI 的期望值为 $(21\,845/256)/255 = 257/768 \approx 33.4635\%$。

如果其中一幅图像为给定的图像，另一幅图像为随机图像，则这两幅图像的 UACI 期望值需要按例 4.10 给出的算法计算。

例 4.10　计算任一给定图像与随机图像间的 UACI 值。

代码如下：

```
1    uaci[image_] := Module[
2      {p1, m, n, t1, u1},
3      p1 = ImageData[image, "Byte"];
4      {m, n} = Dimensions[p1];
5      t1 = Table[0, {i, 256}];
6      Table[If[k <= p1[[i, j]], t1[[k + 1]]++];
7          If[k <= 255 - p1[[i, j]], t1[[k + 1]]++],
8          {i, m}, {j, n}, {k, 0, 255}];
9      t1[[1]] = t1[[1]]/2;
10     u1 = t1. Table[i, {i, 0, 255}]/(255 Total[t1]) // N
11     ]
```

```
12
13    uaci[p1]
14    uaci[p2]
15    uaci[p3]
```

上述代码中，函数 uaci 计算图像 image 与随机图像间的 UACI 值。第 13～15 行计算了图 4-4 所示的明文图像 Lena、Peppers 和 Mandrill 与相同大小（512×512）的随机图像间的 UACI 期望值，计算结果如表 4-4 所示。

表 4-4　Lena、Peppers 和 Mandrill 明文图像与随机图像间的 UACI 期望值

	Lena	Peppers	Mandrill
UACI 期望值	28.6241%	29.6254%	27.8471%

（3）比较相同大小的两幅图像 P_1 和 P_2 的差别，先求得它们的差图像，即 $D=\mathrm{abs}(P_1-P_2)$，abs($\cdot$) 为求绝对值函数，然后，按如图 4-8 所示将差图像 D 分成 4 个相邻像素点一组的 2×2 的图像块，对于图像大小为 $M\times N$ 的图像而言，共可分出 $(M-1)\times(N-1)$ 个小图像块。接着计算每个小图像块中任两个元素的差值的绝对值的平均值，例如，第 i 个小图像块记为

$$D_i = \begin{bmatrix} d_{i1} & d_{i2} \\ d_{i3} & d_{i4} \end{bmatrix} \tag{4-39}$$

其任两个元素的差值的绝对值的平均值为

$$m_i = \frac{1}{6}(|d_{i1}-d_{i2}|+|d_{i1}-d_{i3}|+|d_{i1}-d_{i4}|+|d_{i2}-d_{i3}|+|d_{i2}-d_{i4}|+|d_{i3}-d_{i4}|) \tag{4-40}$$

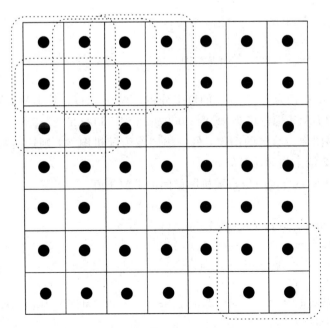

图 4-8　图形分块方式示意图

最后，计算全部小图像块的 m_i 的平均值与像素点最大差值（即 255）的比值，记为 BACI（Block Average Changing Intensity）[16]，如公式（4-41）所示。

$$\text{BACI}(\boldsymbol{P}_1, \boldsymbol{P}_2) = \frac{1}{(M-1)(N-1)} \sum_{i=1}^{(M-1)(N-1)} \frac{m_i}{255} \tag{4-41}$$

如果两幅图像 $\boldsymbol{P}_1$ 和 $\boldsymbol{P}_2$ 相应位置的像素点均不同，即 NPCR 为 100%，而相应位置的像素点的值的差值与 255 的比值在 257/768 附近波动，则 UACI 的值接近理论值，但是，$\boldsymbol{P}_1$ 和 $\boldsymbol{P}_2$ 的视觉效果相近。文献[2]中构造了这样的几组图像，这说明 NPCR 和 UACI 两者在描述两图像的差别时仍有不足之处，BACI 则弥补了这一不足。

下面分析两幅随机图像间的 BACI 期望值。

对于任一个 2×2 的小图像块 $\boldsymbol{D}_i$，$i=1, 2, \cdots, (M-1)(N-1)$，其各个元素的取值概率情况如表 4-5 所示。

表 4-5　$\boldsymbol{D}_i$ 的各个元素的取值概率值（概率/65 536）

取值	0	1	2	3	...	253	254	255
概率	256	255×2	254×2	253×2	...	3×2	2×2	1×2

在表 4-5 中，各个概率的值为表中的概率值除以 65 536，即概率值的总和为 1。借助于表 4-5 和例 4.11 可计算两幅随机图像间的 BACI 期望值。

例 4.11　计算两幅随机图像间的 BACI 期望值。

代码如下：

```
1    ba1 = 2 Flatten[{128, Range[255, 1, −1]}]
2    ba2 = Table[0, {i, 256}]
3    Table[ba2[[Abs[i − j] + 1]] =
4      ba2[[Abs[i − j] + 1]] + ba1[[i + 1]] * ba1[[j + 1]], {i, 0, 255},
5        {j, 0, 255}]
6    pr = Range[0, 255] . ba2/(256^4 * 255)
7    N[pr]
```

上述代码中，第 1 行为表 4-5 中的概率分布；第 2~6 行计算 BACI 的期望值，保存在 pr 中。计算得到的 BACI 理论值为 16 843 009/62 914 560≈26.7712%。

如果其中一幅图像为给定的图像，另一幅图像为随机图像，则这两幅图像的 BACI 期望值需要按例 4.12 给出的算法计算。

例 4.12　计算任一给定图像与随机图像间的 BACI 值。

代码如下：

```
1    baci[image_] := Module[{p1, m, n, m1, d, b},
2      p1 = ImageData[image, "Byte"];
3      {m, n} = Dimensions[p1];
4      m1 = 0;
5      Table[d = p1[[i ;; i + 1, j ;; j + 1]]; b = Table[0, {k, 6}];
6        Table[b[[1]] =
7          b[[1]] + Abs[Abs[d[[1, 1]] − s1] − Abs[d[[1, 2]] − s2]];
8          b[[2]] = b[[2]] + Abs[Abs[d[[1, 1]] − s1] − Abs[d[[2, 1]] − s2]];
```

```
9        b[[3]] = b[[3]] + Abs[Abs[d[[1, 1]] − s1] − Abs[d[[2, 2]] − s2]];
10       b[[4]] = b[[4]] + Abs[Abs[d[[1, 2]] − s1] − Abs[d[[2, 1]] − s2]];
11       b[[5]] = b[[5]] + Abs[Abs[d[[1, 2]] − s1] − Abs[d[[2, 2]] − s2]];
12       b[[6]] = b[[6]] + Abs[Abs[d[[2, 1]] − s1] − Abs[d[[2, 2]] − s2]];
13       , {s1, 0, 255}, {s2, 0, 255}];
14       b = b/(256^2); m1 = m1 + Total[b]/6. 0,
15       {i, 1, m − 1}, {j, 1, n − 1}];
16       m1 = m1/(255. 0 * (m − 1) (n − 1))
17       ]
18
19   baci[p1]
20   baci[p2]
21   baci[p3]
```

在上述代码中，函数 baci 用于计算 image 与随机图像间的 BACI 指标期望值。第 19、20 和 21 行分别计算 Lena、Peppers 和 Mandrill 明文图像与随机图像间的 BACI 期望值，计算结果如表 4-6 所示。Lena、Peppers 和 Mandrill 明文图像如图 4-4 所示，大小均为 512×512。

表 4-6　Lena、Peppers 和 Mandrill 明文图像与随机图像间的 BACI 期望值

	Lena	Peppers	Mandrill
BACI 期望值	21.3218%	22.1892%	20.6304%

下面例 4.13 用于计算任意两幅图像间的 NPCR、UACI 和 BACI 的值。

例 4.13　计算任意两幅图像间的 NPCR、UACI 和 BACI 的值。

代码如下：

```
1    npcruacibaci[image1_, image2_] := Module[
2        {p1, p2, m, n, nu, d, m1, d1},
3        p1 = ImageData[image1, "Byte"];
4        p2 = ImageData[image2, "Byte"];
5        {m, n} = Dimensions[p1];
6        nu = {0, 0, 0};
7        nu[[1]] = Total[Abs[Sign[p1 − p2]], 2]/(1. 0 * m * n);
8        nu[[2]] = Total[Abs[p1 − p2], 2]/(255. 0 * m * n);
9        d = Abs[p1 − p2];
10       m1 = 0;
11       Table[d1 = d[[i ;; i + 1, j ;; j + 1]];
12        m1 = m1 + (Abs[d1[[1, 1]] − d1[[1, 2]]] +
13            Abs[d1[[1, 1]] − d1[[2, 1]]] + Abs[d1[[1, 1]] − d1[[2, 2]]] +
14            Abs[d1[[1, 2]] − d1[[2, 1]]] + Abs[d1[[1, 2]] − d1[[2, 2]]] +
15            Abs[d1[[2, 1]] − d1[[2, 2]]])/(6. 0 * 255), {i, m − 1}, {j, n − 1}];
16       nu[[3]] = m1/(1. 0 * (m − 1) * (n − 1));
17       nu
18       ]
```

上述函数 npcruacibaci 用于计算图像 image1 和 image2 间的 NPCR、UACI 和 BACI 指标值。

4.3.4 系统敏感性分析

图像密码系统的敏感性分析包括四个方面，即密钥敏感性分析、等价密钥敏感性分析、明文敏感性分析和密文敏感性分析。由于被动攻击方法（例如，选择/已知明文攻击或选择/已知密文攻击等）主要是攻击等价密钥，因此，等价密钥敏感性分析的重要性比密钥敏感性分析更加重要。下面逐一进行各种敏感性分析。

1. 密钥敏感性分析

密钥敏感性分析包括加密系统的密钥敏感性分析和解密系统的密钥敏感性分析两种，其中，解密系统的密钥敏感性分析又包括解密系统的合法密钥敏感性分析和解密系统的非法密钥敏感性分析。这里仅分析加密系统的密钥敏感性，解密系统的密钥敏感性分析[2]留给读者思考。

加密系统的密钥敏感性分析方法为：随机产生 100 个密钥，对于每个密钥，微小改变其值（例如只改变某一位的值），使用改变前后的两个密钥，加密明文图像 Lena、Peppers 和 Mandrill，然后，计算加密同一明文所得的两个密文间的 NPCR、UACI 和 BACI 的值，最后，计算 100 次试验的平均指标值。下面例 4.14 为密钥敏感性分析程序。

例 4.14 设计密钥敏感性分析程序。

代码如下：

```
1    keysens[image_] := Module[
2        {key1, key2, id1, id2, p1, c1, c2, nub, rn},
3        nub = {0, 0, 0};
4        p1 = image;
5        rn = 100;
6        Table[
7          key1 = RandomInteger[255, 64];
8          key2 = key1;
9          id1 = RandomInteger[{1, 64}];
10         id2 = RandomInteger[7];
11         key2[[id1]] = BitXor[key2[[id1]], 2^id2];
12         c1 = encimage[key1, p1];
13         c2 = encimage[key2, p1];
14         nub = nub + npcruacibaci[c1, c2], {i, rn}];
15         nub = nub/(1.0 * rn)
16        ]
17
18    t1 = SessionTime;
19    nub1 = keysens[p1]; t2 = SessionTime[]; IntegerPart[t2 - t1]
20
21    nub2 = keysens[p2]
```

```
22      nub3 = keysens[p3]
```

上述代码中，函数 keysens 输入明文图像 image，然后基于 image 测试密钥敏感性。第 6～14 行进行 100 次实验，第 15 行计算 NPCR、UACI 和 BACI 的平均值。第 18～19 行测试程序的执行时间，IntegerPart[t2-t1]返回时间间隔，单位为秒。借助于图 4-4 的明文图像 Lena、Peppers 和 Mandrill 的密钥敏感性分析结果列于表 4-7 中。

表 4-7　加密系统的密钥敏感性分析结果(%)

指标	Lena	Peppers	Mandrill	理论值
NPCR	99.6093	99.6101	99.6096	99.6094
UACI	33.4686	33.4630	33.4669	33.4635
BACI	26.7711	26.7692	26.7770	26.7712

由表 4-7 可知，明文关联图像加密系统密钥敏感性测试的 NPCR、UACI 和 BACI 指标的计算结果趋于其理论值，说明明文关联图像加密系统具有强的密钥敏感性。

2. 等价密钥敏感性分析

等价密钥敏感性分析包括加密系统的等价密钥敏感性分析和解密系统的等价密钥敏感性分析两种，其中，解密系统的等价密钥敏感性分析又包括解密系统的合法等价密钥敏感性分析和解密系统的非法等价密钥敏感性分析。这里仅分析加密系统的等价密钥敏感性，解密系统的等价密钥敏感性分析[2]留给读者思考。

加密系统的等价密钥敏感性分析方法为：随机产生 1 个密钥，借助于密钥扩展算法(混沌伪随机序列发生器)生成对应的等价密钥；微小改变等价密钥(例如，只改变某一位的值)，使用改变前后的两个等价密钥，加密明文图像 Lena、Peppers 和 Mandrill；然后，计算加密同一明文所得的两个密文图像间的 NPCR、UACI 和 BACI 的值；最后，重复上述试验 100 次，计算 100 次试验的平均指标值。下面例 4.15 为等价密钥敏感性分析程序。

例 4.15　设计等价密钥敏感性分析程序。

代码如下：

```
1       eqkeysens[image_] := Module[
2         {key1, key2, id1, id2, id3, p1, p2, m, n, c1, c2, nub1,
3          nub2, nub3, nub4, rn, x, y, r, w, x2, y2, r2, w2},
4         nub1 = {0, 0, 0}; nub2 = nub1; nub3 = nub1; nub4 = nub1;
5         p1 = image;
6         p2 = ImageData[p1, "Byte"];  {m, n} = Dimensions[p2];
7         rn = 100;
```

第 6 行得到明文图像 p2 的高 m 和宽 n。

```
8         Table[
9           key1 = RandomInteger[255, 64];
10          {x, y, r, w} = keygen[key1, m, n];
11          x2 = x;
12          id1 = RandomInteger[{1, m}];
13          id2 = RandomInteger[{1, n}];
14          id3 = RandomInteger[7];
```

```
15        x2[[id1, id2]] = BitXor[x2[[id1, id2]], 2^id3];
16        c1 = encpro[p1, x, y, r, w, m, n];
17        c2 = encpro[p1, x2, y, r, w, m, n];
18        nub1 = nub1 + npcruacibaci[c1, c2], {i, rn}];
19      nub1 = nub1/(1. 0 * rn);
20
```

第 8~19 行计算等价密钥 x 的敏感性指标。

```
21        Table[
22         key1 = RandomInteger[255, 64];
23         {x, y, r, w} = keygen[key1, m, n];
24         y2 = y;
25         id1 = RandomInteger[{1, m}];
26         id2 = RandomInteger[{1, n}];
27         id3 = RandomInteger[7];
28         y2[[id1, id2]] = BitXor[y2[[id1, id2]], 2^id3];
29         c1 = encpro[p1, x, y, r, w, m, n];
30         c2 = encpro[p1, x, y2, r, w, m, n];
31         nub2 = nub2 + npcruacibaci[c1, c2], {i, rn}];
32      nub2 = nub2/(1. 0 * rn);
33
```

第 21~32 行计算等价密钥 y 的敏感性指标。

```
34        Table[
35         key1 = RandomInteger[255, 64];
36         {x, y, r, w} = keygen[key1, m, n];
37         r2 = r;
38         id1 = RandomInteger[{1, m}];
39         id2 = RandomInteger[{1, n}];
40         r2[[id1, id2]] = Mod[r2[[id1, id2]] + 1, m];
41         c1 = encpro[p1, x, y, r, w, m, n];
42         c2 = encpro[p1, x, y, r2, w, m, n];
43         nub3 = nub3 + npcruacibaci[c1, c2], {i, rn}];
44      nub3 = nub3/(1. 0 * rn);
45
```

第 34~44 行计算等价密钥 r 的敏感性指标。

```
46        Table[
47         key1 = RandomInteger[255, 64];
48         {x, y, r, w} = keygen[key1, m, n];
49         w2 = w;
50         id1 = RandomInteger[{1, m}];
51         id2 = RandomInteger[{1, n}];
52         w2[[id1, id2]] = Mod[w2[[id1, id2]] + 1, n];
53         c1 = encpro[p1, x, y, r, w, m, n];
54         c2 = encpro[p1, x, y, r, w2, m, n];
```

```
55        nub4 = nub4 + npcruacibaci[c1, c2], {i, rn}];
56        nub4 = nub4/(1. 0 * rn);
57
```

第 46~56 行计算等价密钥 w 的敏感性指标。

```
58        {nub1, nub2, nub3, nub4}
59        ]
60
61    nub1 = eqkeysens[p1]
62    nub2 = eqkeysens[p2]
63    nub3 = eqkeysens[p3]
```

上述函数 eqkeysens 计算基于明文图像 image 的等价密钥敏感性指标。第 61~63 行使用了图 4-4 所示的明文图像计算等价密钥敏感性指标,计算结果列于表 4-8 中。

表 4-8　图像加密系统的等价密钥敏感性分析结果(%)

指标		Lena	Peppers	Mandrill	理论值
x	NPCR	99.6104	99.6113	99.6104	99.6094
	UACI	33.4610	33.4670	33.4625	33.4635
	BACI	26.7738	26.7776	26.7732	26.7712
y	NPCR	15.3872	15.4783	14.6252	99.6094
	UACI	5.7581	5.9107	5.4935	33.4635
	BACI	4.9258	5.1745	4.7342	26.7712
r	NPCR	99.6093	99.6111	98.6123	99.6094
	UACI	33.4681	33.4678	33.1289	33.4635
	BACI	26.7711	26.7642	26.5006	26.7712
w	NPCR	99.6114	99.6108	99.6107	99.6094
	UACI	33.4629	33.4611	33.4630	33.4635
	BACI	26.7660	26.7654	26.7633	26.7712

根据表 4-8 对比 NPCR、UACI 和 BACI 指标的计算结果与其理论值可知,等价密钥 x、r 和 w 具有良好的敏感性,而等价密钥 y 的敏感性比较差,这说明研究的明文关联图像密码系统仍有改进的余地。事实上,可以用 x 或 x 的移位值替换 y,即同时将 x 用于前向扩散和后向扩散中,使得系统的全部等价密钥均具有良好的敏感性。这部分工作留给读者思考。

3. 明文敏感性分析

明文敏感性测试方法为:对于给定的明文图像 P_1,借助某一密钥 K 加密 P_1 得到相应的密文图像 C_1;然后,从 P_1 中随机选取一个像素点 (i, j),微小改变该像素点的值,得到新的图像记为 P_2,除了在随机选择的该像素点 (i, j) 处有 $P_2(i, j) = \text{mod}(P_1(i, j) + 1, 256)$ 外,$P_2 = P_1$;接着,仍借助同一密钥 K 加密 P_2 得到相应的密文图像,记为 C_2,计算 C_1 和 C_2 间的 NPCR、UACI 和 BACI 的值;最后,重复 100 次实验计算 NPCR、UACI 和 BACI 的平均值。这里,以明文图像 Lena、Peppers 和 Mandrill 为例,明文敏感性分析程序如例 4.16 所示。

例 4.16 设计明文敏感性分析程序。

代码如下：

```
1    plainsens[image_] := Module[
2      {key1, id1, id2, p1, p2, p3, p4, m, n, c1, c2, nub, rn},
3      nub = {0, 0, 0};
4      p1 = image;
5      p2 = ImageData[p1, "Byte"];
6      {m, n} = Dimensions[p2];
7      rn = 100;
8      Table[
9        key1 = RandomInteger[255, 64];
10       p3 = p2;
11       id1 = RandomInteger[{1, m}];
12       id2 = RandomInteger[{1, n}];
13       p3[[id1, id2]] = Mod[p3[[id1, id2]] + 1, 256];
14       p4 = Image[p3, "Byte"];
15       c1 = encimage[key1, p1];
16       c2 = encimage[key1, p4];
17       nub = nub + npcruacibaci[c1, c2], {i, rn}];
18       nub = nub/(1. 0 * rn)
19      ]
20
21    nub1 = plainsens[p1]
22    nub2 = plainsens[p2]
23    nub3 = plainsens[p3]
```

上述代码中，函数 plainsens 计算明文图像 image 的敏感性。第 6 行得到图像的高度 m 和宽度 n；第 8~17 行循环 100 次计算 NPCR、UACI 和 BACI 的平均值。第 21、22 和 23 行调用函数 plainsens 分别计算了明文图像 p1、p2 和 p3（如图 4-4 所示）的明文敏感性指标值。明文敏感性分析的计算结果列于表 4-9 中。

表 4-9　明文敏感性分析结果(%)

指标	Lena	Peppers	Mandrill	理论值
NPCR	99.6090	99.6090	99.6092	99.6094
UACI	33.4730	33.4599	33.4599	33.4635
BACI	26.7731	26.7681	26.7730	26.7712

由表 4-9 可知，NPCR、UACI 和 BACI 的计算结果极其接近于各自的理论值，说明明文关联图像密码系统具有强的明文敏感性。

4. 密文敏感性分析

密文敏感性分析方法为：对于给定的明文图像 P_1，借助某一密钥 K 加密 P_1 得到相应的密文图像 C_1；然后，从 C_1 中随机选取一个像素点(i, j)，微小改变该像素点的值，得到新的图像记为 C_2，即除了在随机选择的该像素点(i, j)处有 $C_2(i, j) = \mathrm{mod}(C_1(i, j) + 1, 256)$

外，$C_2 = C_1$；接着，仍借助同一密钥 K 解密 C_2 得到还原后的图像，记为 P_2，计算 P_1 和 P_2 间的 NPCR、UACI 和 BACI 的值；最后，重复 100 次实验计算 NPCR、UACI 和 BACI 的平均值。这里，以明文图像 Lena、Peppers 和 Mandrill 为例，明文关联图像密码系统的密文敏感性分析程序如例 4.17 所示。

例 4.17　设计密文敏感性分析程序。

代码如下：

```
1      ciphersens[image_] := Module[
2        {key1, id1, id2, p1, p2, p3, m, n, c1, c2, c3, nub, rn},
3        nub = {0, 0, 0};
4        p1 = image; p2 = ImageData[p1, "Byte"];
5        {m, n} = Dimensions[p2];
6        rn = 100;
7        Table[
8         key1 = RandomInteger[255, 64];
9         c1 = encimage[key1, p1];
10        id1 = RandomInteger[{1, m}];
11        id2 = RandomInteger[{1, n}];
12        c2 = ImageData[c1, "Byte"];
13        c2[[id1, id2]] = Mod[c2[[id1, id2]] + 1, 256];
14        c3 = Image[c2, "Byte"];
15        p3 = decimage[key1, c3];
16        nub = nub + npcruacibaci[p1, p3], {i, rn}];
17        nub = nub/(1. 0 * rn)
18       ]
19
20      nub1 = ciphersens[p1]
21      nub2 = ciphersens[p2]
22      nub3 = ciphersens[p3]
```

上述代码中，函数 ciphersens 基于图像 image 分析密文敏感性。第 5 行得到图像的高度 m 和宽度 n；第 7～16 行循环 100 次计算 NPCR、UACI 和 BACI 的平均值，其中，第 8 行随机生成密钥 key；第 9 行由密钥 key1 加密 p1 得到密文图像 c1；第 10～14 行微小改变 c1 得到新的图像 c3；第 15 行使用密钥 key1 解密 c3 得到图像 p3；第 16 行计算 p1 和 p3 间的 NPCR、UACI 和 BACI 的值。第 20、21 和 22 行调用函数 ciphersens 分别基于明文图像 p1、p2 和 p3(如图 4-4 所示)计算了图像密码系统的密文敏感性指标值。密文敏感性分析的计算结果列于表 4-10 中。

表 4-10　密文敏感性分析结果(％)

	Lena		Peppers		Mandrill	
	计算值	理论值	计算值	理论值	计算值	理论值
NPCR	99.6093	99.6094	99.6086	99.6094	99.6082	99.6094
UACI	28.6287	28.6241	29.6225	29.6254	27.8492	27.8471
BACI	21.3209	21.3218	22.1904	22.1892	20.6281	20.6304

由表 4-10 可知，NPCR、UACI 和 BACI 的计算结果非常接近各自的理论值，说明明文关联图像密码系统具有强的密文敏感性。

本章研究了一种明文关联图像密码系统及其 Wolfram 语言实现方法，详细分析了该明文关联图像密码系统的安全性能。经典的基于混沌系统的图像密码系统多采用多轮的"置乱—扩散—置乱"结构，而这里研究的明文关联图像密码系统则基于单轮的"扩散—置乱—扩散"结构，且采用明文关联的置乱操作（两个扩散操作均有明文无关）。对于明文关联图像密码系统而言，即使采用相同的密钥（或等价密钥），不同的明文图像将对应着不同的图像置乱算法，从而得到完全不同的密文图像。安全性能分析表明，所研究的图像密码系统的各项安全性能指标优秀，是一种具有实际应用价值的基于混沌系统的优秀图像加密系统。

习 题

1. 在例 4.8 所示 correlate 函数的基础上，编写绘制给定图像的竖直方向、对角方向和斜对角方向上相邻像素点间的相关图。

2. 在例 4.14 的基础上，编写解密系统的合法密钥敏感性分析程序，并分析解密系统的合法密钥敏感性。

3. 在例 4.14 的基础上，编写解密系统的非法密钥敏感性分析程序，并分析解密系统的非法密钥敏感性。

第 5 章　基本统一图像密码技术

典型的图像加密系统中，加密过程与解密过程是不同的，解密过程是加密过程的逆过程。尽管 DES 系统的加密环节与解密环节相同，但是加密过程与解密过程中密钥的生成顺序是不同的。本章将研究加密过程与解密过程完全相同的图像密码系统，称为基本统一图像密码系统（Unified Image Cryptosystem），这是图像密码系统研究的重大突破[12, 13, 16]。对于基本统一图像密码系统而言，加密过程与解密过程完全相同，如果输入明文图像和密钥，则该过程输出密文图像；如果输入密文图像和密钥，则该过程输出明文图像。

5. 1　基本统一图像密码系统

基本统一图像密码系统如图 5 - 1 所示。

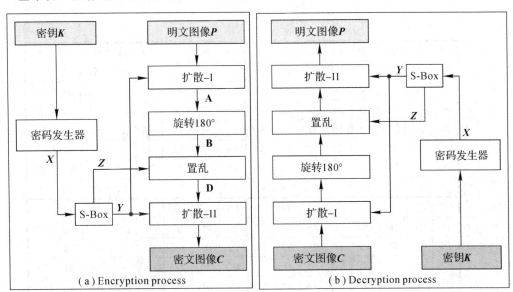

图 5 - 1　基本统一图像密码系统结构

如图 5 - 1 所示，基本统一图像密码系统中加密过程与解密过程完全相同，均包括密码发生器模块、一个扩散 - Ⅰ算法模块、一个明文关联的置乱模块、一个扩散 - Ⅱ算法模块和一个矩阵旋转 180°操作。矩阵旋转 180°操作是指矩阵顺时针或逆时针旋转 180°，例如，矩阵 A 如式（5 - 1）所示：

$$A = \begin{bmatrix} a & b & c & d \\ e & f & g & h \end{bmatrix} \tag{5-1}$$

则 A 旋转 $180°$ 得到的矩阵 B 如式 $(5-2)$ 所示：

$$B = \begin{bmatrix} h & g & f & e \\ d & c & b & a \end{bmatrix} \tag{5-2}$$

设明文图像记为 P，大小为 $M \times N$，这里 M 和 N 分别为图像的行数和列数。要求 N 必须为偶数，即 $N \bmod 2 = 0$。如果 N 不为偶数，则将图像 P 补上一个长度为 M 的零列向量，成为 $M \times (N+1)$ 的矩阵。密钥记为 K，长度取为 512 位，按第 1.2.2 小节的方法生成等价密钥。

基本统一图像密码系统的加密过程与解密过程完全相同，这里以加密过程为例（即输入为明文图像 P 和密钥 K，输出为密文图像 C），其处理过程如下所示。

1. 密码生成过程

Step 1. 按例 1.4 所示算法由密钥 K 生成长度为 $n = MN$ 的整数序列，令 $X = a$。

Step 2. 将图 5-2 所示的 AES 算法中的 S 盒分为四个区域，在 z 轴方向上叠加这四个区域形成如图 5-3 所示的立体 S 盒。对于任意 $X_u \in X$，$u = 1, 2, \cdots, n$，X_u 可表示为 $X_u = d_7 d_6 d_5 d_4 d_3 d_2 d_1 d_0$，其中，$d_i \in \{0, 1\}$，$i = 0, 1, \cdots, 7$。如果令 $x = d_7 d_6 d_5$，$y = d_4 d_3 d_2$，且 $z = d_1 d_0$，则查立体 S 盒得到的值记为 Y_u；如果令 $x = d_5 d_4 d_3$，$y = d_2 d_1 d_0$，且 $z = d_7 d_6$，则查立体 S 盒得到的值记为 Z_u。这样，可由 X 得到序列 Y 和 Z。最后，将 Y 和 Z 各自按行排列为 M 行 N 列的矩阵，仍然记为 Y 和 Z。

		0	1	2	3	4	5	6	7	8	9	A	B	C	D	E	F
							x										
	0	63	7C	77	7B	F2	6B	6F	C5	30	01	67	2B	FE	D7	AB	76
	1	CA	82	C9	7D	FA	59	47	F0	AD	D4	A2	AF	9C	A4	72	C0
	2	B7	FD	93	26	36	3F	F7	CC	34	A5	E5	F1	71	D8	31	15
	3	04	C7	23	C3	18	96	05	9A	07	12	80	E2	EB	27	B2	75
	4	09	83	2C	1A	1B	6E	5A	A0	52	3B	D6	B3	29	E3	2F	84
	5	53	D1	00	ED	20	FC	B1	5B	6A	CB	BE	39	4A	4C	58	CF
	6	D0	EF	AA	FB	43	4D	33	85	45	F9	02	7F	50	3C	9F	A8
y	7	51	A3	40	8F	92	9D	38	F5	BC	B6	DA	21	10	FF	F3	D2
	8	CD	0C	13	EC	5F	97	44	17	C4	A7	7E	3D	64	5D	19	73
	9	60	81	4F	DC	22	2A	90	88	46	EE	B8	14	DE	5E	0B	DB
	A	E0	32	3A	0A	49	06	24	5C	C2	D3	AC	62	91	95	E4	79
	B	E7	C8	37	6D	8D	D5	4E	A9	6C	56	F4	EA	65	7A	AE	08
	C	BA	78	25	2E	1C	A6	B4	C6	E8	DD	74	1F	4B	BD	8B	8A
	D	70	3E	B5	66	48	03	F6	0E	61	35	57	B9	86	C1	1D	9E
	E	E1	F8	98	11	69	D9	8E	94	9B	1E	87	E9	CE	55	28	DF
	F	8C	A1	89	0D	BF	E6	42	68	41	99	2D	0F	B0	54	BB	16

图 5-2 AES 算法的 S 盒

2. 扩散-Ⅰ算法

扩散-Ⅰ算法流程图如图 5-4 所示，其借助于密码矩阵 Y 将明文图像 P 转换为矩阵 A，

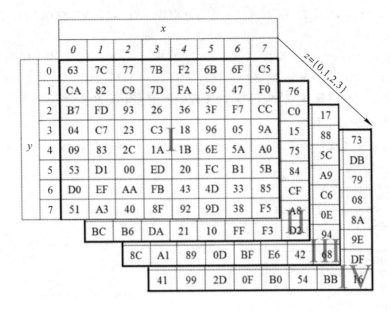

图 5-3　立体 S 盒

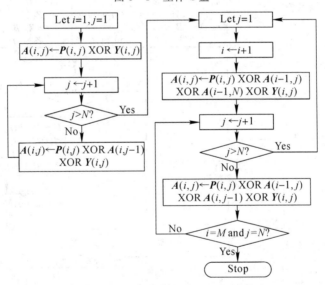

图 5-4　扩散-Ⅰ算法流程图

具体步骤如下：

Step 1. 借助式(5-3)由 $P(1,1)$ 得到 $A(1,1)$，即

$$A(1,1) = P(1,1) \text{ XOR } Y(1,1) \tag{5-3}$$

其中，"XOR"表示按位异或运算。

Step 2. 借助式(5-4)由 $P(1,j)$ 得到 $A(1,j)$，$j=2,3,\cdots,N$，即

$$\begin{aligned} &(A(1,j) = P(1,j) \text{ XOR } A(1,j-1) \text{ XOR } Y(1,j) \\ &j=2,3,\cdots,N \end{aligned} \tag{5-4}$$

Step 3. 对于 P 的第 i 行，$i=2,3,\cdots,M$，如果 $j=1$，则借助式(5-5)由 $P(i,1)$ 得到 $A(i,1)$；否则，借助式(5-6)由 $P(i,j)$ 得到 $A(i,j)$，$i=2,3,\cdots,M$。

$$A(i, 1) = P(i, 1) \text{ XOR } A(i-1, 1) \text{ XOR } A(i-1, N) \text{ XOR } Y(i, 1), \quad (5-5)$$
$$i = 2, 3, \cdots, M$$
$$A(i, j) = P(i, j) \text{ XOR } A(i-1, j) \text{ XOR } A(i, j-1) \text{ XOR } Y(i, j),$$
$$i = 2, 3, \cdots, M, j = 2, 3, \cdots, N \quad (5-6)$$

上述算法得到的矩阵 A 旋转 $180°$ 后的图像矩阵记为矩阵 B。

3. 明文关联的置乱算法

明文关联的置乱算法流程图如图 5-5 所示，其借助于密码矩阵 Z 将矩阵 B 转化为图像矩阵 D，具体实现步骤如下：

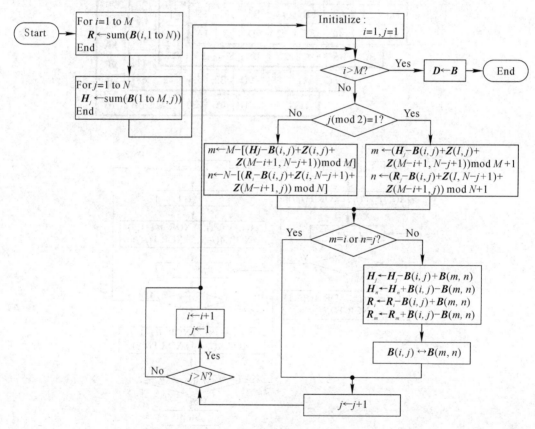

图 5-5 明文关联的置乱算法流程图

Step 1. 对于矩阵 B 中的任一坐标点 (i, j)，$i=1, 2, \cdots, M$；$j=1, 2, \cdots, N$。计算矩阵 B 的第 i 行的和（不计 $B(i, j)$），并计算矩阵 B 的第 j 列的和（不计 $B(i, j)$），分别记为 R_i 和 H_j。然后，计算一个新的坐标点 (m, n)，按下述的条件：

如果 $j \bmod 2=1$，那么 $m=[H_j+Z(i, j)+Z(M+1-i, N+1-j)] \bmod M +1$，
$$n=[R_i+Z(i, N+1-j)+Z(M+1-i, j)] \bmod N +1;$$

如果 $j \bmod 2=0$，那么 $m=M-[(H_j+Z(i, j)+Z(M+1-i, N+1-j)) \bmod M$，
$$n=N-[(R_i+Z(i, N+1-j)+Z(M+1-i, j)) \bmod N];$$

如果 $m=i$ 或 $n=j$，则 $B(i, j)$ 位置不变；否则，对换 $B(i, j)$ 和 $B(m, n)$。

Step 2. 按从左到右从上到下的扫描方式遍历矩阵 B，依次循环执行第 1 步，实现置乱操作。矩阵 B 置乱后的矩阵记为 D。

4. 扩散-Ⅱ算法

扩散-Ⅱ算法的流程图如图 5-6 所示，其借助于密码矩阵 Y 将矩阵 D 变换为密文图像 C；具体步骤如下：

Step 1. 借助于式(5-7)由 $D(1,1)$ 得到 $C(1,1)$，即

$$C(1,1) = D(1,1) \text{ XOR } Y(1,1) \tag{5-7}$$

Step 2. 借助于式(5-8)由 $D(1,j)$ 得到 $C(1,j)$，$j=2,3,\cdots,N$，即

$$C(1,j) = D(1,j) \text{ XOR } D(1,j-1) \text{ XOR } Y(1,j),\ j=2,3,\cdots,N \tag{5-8}$$

Step 3. 对于 D 的第 i 行，$i=2,3,\cdots,M$，如果 $j=1$，则借助式(5-9)由 $D(i,1)$ 得到 $C(i,1)$；否则，借助于式(5-10)由 $D(i,j)$ 得到 $C(i,j)$，$i=2,3,\cdots,M$。

$$C(i,1) = D(i,1) \text{ XOR } D(i-1,1) \text{ XOR } D(i-1,N) \text{ XOR } Y(i,1), \tag{5-9}$$
$$i=2,3,\cdots,M$$

$$C(i,j) = D(i,j) \text{ XOR } D(i-1,j) \text{ XOR } D(i,j-1) \text{ XOR } Y(i,j), \tag{5-10}$$
$$i=2,3,\cdots,M,\ j=2,3,\cdots,N$$

扩散-Ⅱ算法的输出 C 即为密文图像。

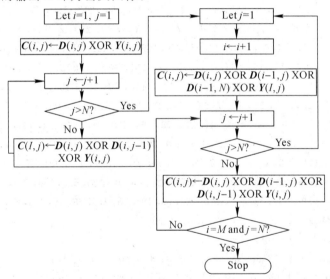

图 5-6　扩散-Ⅱ算法流程图

5.2　基本统一图像密码系统实现程序

基本统一图像密码系统的实现代码包括两部分，即密码发生器程序和加密/解密算法程序。密码发生器程序在第 1 章例 1.4 的基础上，增加了查立体 S 盒得到伪随机序列 Y 和 Z 的算法代码；加密算法与解密算法完全相同，由扩散-Ⅱ、矩阵旋转 180°、置乱和扩散-Ⅱ组成。设明文图像为 8 比特的灰度图像，其大小为 $M \times N$。

5.2.1　密码发生器程序

密钥 K 取 64 个整数(每个整数取值在 0 至 255 间)，即密钥 K 为 512 位长的位序列。按

例 1.4 的算法，由密钥 K 生成长度为 MN 的整数序列 a（a 即为图 5-1 中的 X），然后，由 a 查立体 S 盒得到扩散和置乱用的伪随机序列 Y 和 Z。

这里，不失一般性，取密钥 K 为 key＝{2, 229, 165, 151, 206, 89, 179, 12, 203, 142, 149, 162, 112, 4, 220, 10, 93, 11, 242, 2, 224, 252, 211, 41, 227, 29, 103, 254, 83, 255, 223, 31, 17, 211, 2, 200, 8, 118, 215, 192, 56, 233, 139, 127, 250, 37, 203, 178, 236, 2, 16, 108, 62, 155, 101, 27, 15, 25, 219, 239, 19, 85, 149, 4}。

例 5.1 密码发生器程序示例。

代码如下：

```
1    keygen[key_, m_, n_] := Module[
2      {key1, ul, ur, d, init1, init2, t, a1, a2, x, y1, y, z1, z,
3        sbox = {{99, 124, 119, 123, 242, 107, 111, 197, 48, 1, 103, 43, 254, 215, 171, 118},
4          {202, 130, 201, 125, 250, 89, 71, 240, 173, 212, 162, 175, 156, 164, 114, 192},
5          {183, 253, 147, 38, 54, 63, 247, 204, 52, 165, 229, 241, 113, 216, 49, 21},
6          {4, 199, 35, 195, 24, 150, 5, 154, 7, 18, 128, 226, 235, 39, 178, 117},
7          {9, 131, 44, 26, 27, 110, 90, 160, 82, 59, 214, 179, 41, 227, 47, 132},
8          {83, 209, 0, 237, 32, 252, 177, 91, 106, 203, 190, 57, 74, 76, 88, 207},
9          {208, 239, 170, 251, 67, 77, 51, 133, 69, 249, 2, 127, 80, 60, 159, 168},
10         {81, 163, 64, 143, 146, 157, 56, 245, 188, 182, 218, 33, 16, 255, 243, 210},
11         {205, 12, 19, 236, 95, 151, 68, 23, 196, 167, 126, 61, 100, 93, 25, 115},
12         {96, 129, 79, 220, 34, 42, 144, 136, 70, 238, 184, 20, 222, 94, 11, 219},
13         {224, 50, 58, 10, 73, 6, 36, 92, 194, 211, 172, 98, 145, 149, 228, 121},
14         {231, 200, 55, 109, 141, 213, 78, 169, 108, 86, 244, 234, 101, 122, 174, 8},
15         {186, 120, 37, 46, 28, 166, 180, 198, 232, 221, 116, 31, 75, 189, 139, 138},
16         {112, 62, 181, 102, 72, 3, 246, 14, 97, 53, 87, 185, 134, 193, 29, 158},
17         {225, 248, 152, 17, 105, 217, 142, 148, 155, 30, 135, 233, 206, 85, 40, 223},
18         {140, 161, 137, 13, 191, 230, 66, 104, 65, 153, 45, 15, 176, 84, 187, 22}},
19       sbox3, g, id1, id2, id3, id4, id5, id6},
20       key1 = Partition[key, 2];
21       ul = -1.13135; ur = 1.40583; d = (ur - ul)/256;
22       init1 = Table[ul + x[[1]] d + x[[2]] d/256, {x, key1}];
23       init2 = Table[{x, x}, {x, init1}];
24       henon[x_, y_] := {1 - 1.4 x^2 + y, 0.3 x} /. {a_, b_} /;
                 a < ul -> {2 ul - a, b};
25       t = {0, 0};
26       Table[t = Nest[henon[#[[1]], #[[2]]] &, 2 x/3 + (t /. {a_, b_} ->
               {b, b})/3, 64],
27                       {x, init2}];
28       a1 = NestList[henon[#[[1]], #[[2]]] &, t, m * n];
29       a2 = Flatten[a1][[3 ;; -1 ;; 2]];
30       x = Mod[IntegerPart[FractionalPart[a2] * 10^14], 256];
31       sbox3 = Table[0, {i, 4}, {j, 8}, {k, 8}];
32       sbox3[[1]] = sbox[[1 ;; 8, 1 ;; 8]]; sbox3[[2]] = sbox[[1 ;; 8, 9 ;; 16]];
```

```
33      sbox3[[3]] = sbox[[9 ;; 16, 1 ;; 8]]; sbox3[[4]] = sbox[[9 ;; 16, 9 ;; 16]];
34      y1 = Table[0, {i, m * n}]; z1 = y1;
35      Table[g = IntegerDigits[x[[i]], 2, 8];
36        id1 = FromDigits[g[[{1, 2, 3}]], 2]; id2 = FromDigits[g[[{4, 5, 6}]], 2];
37        id3 = FromDigits[g[[{7, 8}]], 2]; id4 = FromDigits[g[[{3, 4, 5}]], 2];
38        id5 = FromDigits[g[[{6, 7, 8}]], 2]; id6 = FromDigits[g[[{1, 2}]], 2];
39        y1[[i]] = sbox3[[id3 + 1, id1 + 1, id2 + 1]];
40        z1[[i]] = sbox3[[id6 + 1, id4 + 1, id5 + 1]]
41        , {i, m * n}];
42      y = Partition[y1, m];
43      z = Partition[z1, m];
44      {y, z}
45      ]
46
47    key = {2, 229, 165, 151, 206, 89, 179, 12, 203, 142, 149, 162, 112, 4, 220, 10,
48      93, 11, 242, 2, 224, 252, 211, 41, 227, 29, 103, 254, 83, 255, 223, 31, 17,
49      211, 2, 200, 8, 118, 215, 192, 56, 233, 139, 127, 250, 37, 203, 178, 236, 2,
50      16, 108, 62, 155, 101, 27, 15, 25, 219, 239, 19, 85, 149, 4}
51
52    {y, z} = keygen[key, m, n]
```

上述代码中，函数 keygen 用于生成等价密钥 y 和 z，输入参数为密钥 key 和图像的高 m 与宽 n，输出为 y 和 z。第 3～18 行为 S 盒 sbox；第 31～33 行由 sbox 生成立体 S 盒 sbox3；在第 35～41 行的 Table 循环体中由 x 生成 y 和 z。

第 47～50 行设定密钥 key；第 52 行调用函数 keygen 生成等价密钥 y 和 z。

5.2.2　加密/解密算法程序

在基本统一图像密码系统中，加密算法与解密算法相同，实现程序如例 5.2 所示。

例 5.2　基本统一图像密码系统加密/解密算法实现程序。

代码如下：

```
1     crypto[image_, y_, z_] := Module[
2       {p, m, n, a, b, d, m1, n1, c, c1, t},
3       p = ImageData[image, "Byte"];
4       {m, n} = Dimensions[p];
5       a = Table[0, {i, m}, {j, n}];
6       a[[1, 1]] = BitXor[p[[1, 1]], y[[1, 1]]];
7       Table[a[[1, j]] = BitXor[p[[1, j]], a[[1, j - 1]], y[[1, j]]], {j, 2, n}];
8       Table[If[j == 1,
9         a[[i, 1]] = BitXor[p[[i, 1]], a[[i - 1, 1]], a[[i - 1, n]], y[[i, 1]]],
10        a[[i, j]] = BitXor[p[[i, j]], a[[i - 1, j]], a[[i, j - 1]], y[[i, j]]]]
11        , {i, 2, m}, {j, n}];
12      b = Reverse[Reverse[a, 2]];
13      d = b;
```

```
14        Table[If[Mod[j, 2] == 1,
15          m1 = Mod[Total[d[[; , , j]]] − d[[i, j]] + z[[i, j]] +
16            z[[m + 1 − i, n + 1 − j]], m] + 1;
17          n1 = Mod[Total[d[[i, ; ,]]] − d[[i, j]] + z[[i, n + 1 − j]] +
18            z[[m + 1 − i, j]], n] + 1,
19          m1 = m − Mod[Total[d[[; , , j]]] − d[[i, j]] + z[[i, j]] +
20            z[[m + 1 − i, n + 1 − j]], m];
21          n1 = n − Mod[Total[d[[i, ; ,]]] − d[[i, j]] + z[[i, n + 1 − j]] +
22            z[[m + 1 − i, j]], n]];
23        If[(m1 == i) || (n1 == j), Nothing, t = d[[i, j]];
24          d[[i, j]] = d[[m1, n1]]; d[[m1, n1]] = t], {i, m}, {j, n}];
25        c = Table[0, {i, m}, {j, n}];
26        c[[1, 1]] = BitXor[d[[1, 1]], y[[1, 1]]];
27        Table[c[[1, j]] = BitXor[d[[1, j]], d[[1, j − 1]], y[[1, j]]], {j, 2, n}];
28        Table[c[[i, 1]] =
29          BitXor[d[[i, 1]], d[[i − 1, 1]], d[[i − 1, n]], y[[i, 1]]], {i, 2, m}];
30        Table[If[j == 1,
31          c[[i, 1]] = BitXor[d[[i, 1]], d[[i − 1, 1]], d[[i − 1, n]], y[[i, 1]]],
32          c[[i, j]] = BitXor[d[[i, j]], d[[i − 1, j]], d[[i, j − 1]], y[[i, j]]]]
33        , {i, 2, m}, {j, n}];
34
35        c1 = Image[c, "Byte"]
36      ]
```

上述函数 crypto 输入图像 image 和两个等价密钥 y 与 z，输出 c1。如果 image 为明文图像，则 c1 为密文图像；如果 image 为密文图像，则 c1 为解密后的明文图像。第 3 行获得图像 image 的字节数据 p；第 4 行读取图像的高 m 和宽 n。第 5～11 行为扩散-I 算法的实现代码，由 p 得到 a；第 12 行将 a 旋转 180° 得到 b；第 13～24 行为置乱算法的实现代码，将 d 置乱；第 25～33 行为扩散-II 算法的实现代码，由 d 得到 c。第 35 行将 c 转化为图像 c1。

基本统一图像密码系统的加密过程与解密过程相同，实现程序如例 5.3 所示。

例 5.3 基本统一图像密码系统加密/解密函数示例。

代码如下：

```
1    unifiedsys[key_, image_] := Module[
2      {p, m, n, y, z, c},
3      p = ImageData[image, "Byte"];
4      {m, n} = Dimensions[p];
5      {y, z} = keygen[key, m, n];
6      c = crypto[image, y, z]
7    ]
```

上述函数 unifiedsys 为基本统一图像密码系统的加密/解密函数，输入为密钥 key 和图像 image，输入为图像 c。如果 image 为明文图像，则输出 c 为密文图像；如果 image 为密文图像，则输出 c 为明文图像。第 3 行将 image 转化为二维数组 p；第 4 行读取图像的高 m 与宽 n；第 5 行调用自定义函数 keygen（见例 5.1），由密钥 key 和图像的高 m 与宽 n 生成等价密钥 y 与 z；第 6 行调用自定义函数 crypto（见例 5.2），由图像 image 和等价密钥 y 与 z 生成密文图像 c。

5.2.3　图像加密实例

不失一般性，这里使用密钥 key＝{2，229，165，151，206，89，179，12，203，142，149，162，112，4，220，10，93，11，242，2，224，252，211，41，227，29，103，254，83，255，223，31，17，211，2，200，8，118，215，192，56，233，139，127，250，37，203，178，236，2，16，108，62，155，101，27，15，25，219，239，19，85，149，4}，明文图像采用图 5－7(a)～图 5－7(c)所示的 Lena、Peppers 和 Mandrill，进行如下的加密与解密实验。

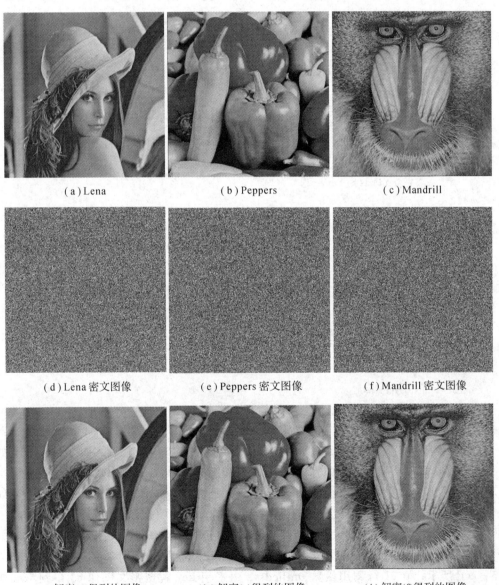

（a）Lena　　　　　　　（b）Peppers　　　　　　　（c）Mandrill

（d）Lena 密文图像　　　（e）Peppers 密文图像　　　（f）Mandrill 密文图像

（g）解密(d)得到的图像　　　（h）解密(e)得到的图像　　　（i）解密(f)得到的图像

图 5－7　基本统一图像密码系统加密与解密实例

例 5.4 基本统一图像密码系统加密/解密实验。

代码如下：

```
1    key = {2, 229, 165, 151, 206, 89, 179, 12, 203, 142, 149, 162, 112, 4,
2       220, 10, 93, 11, 242, 2, 224, 252, 211, 41, 227, 29, 103, 254, 83,
3       255, 223, 31, 17, 211, 2, 200, 8, 118, 215, 192, 56, 233, 139, 127,
4       250, 37, 203, 178, 236, 2, 16, 108, 62, 155, 101, 27, 15, 25, 219,
5       239, 19, 85, 149, 4}
6
7    p4 = ExampleData[{"TestImage", "Lena"}]
8    p1 = ColorConvert[p4, "Grayscale"]
9    p5 = ExampleData[{"TestImage", "Peppers"}]
10   p2 = ColorConvert[p5, "Grayscale"]
11   p6 = ExampleData[{"TestImage", "Mandrill"}]
12   p3 = ColorConvert[p6, "Grayscale"]
13
14   c1 = unifiedsys[key, p1]
15   r1 = unifiedsys[key, c1]
16
17   c2 = unifiedsys[key, p2]
18   r2 = unifiedsys[key, c2]
19
20   c3 = unifiedsys[key, p3]
21   r3 = unifiedsys[key, c3]
22
23   histogram[p1]
24   histogram[c1]
25
26   histogram[p2]
27   histogram[c2]
28
29   histogram[p3]
30   histogram[c3]
```

上述代码中，第 1～5 行为输入密钥 key；第 7～8 行读入明文图像 p1，如图 5-7(a)所示；第 9～10 行读入明文图像 p2，如图 5-7(b)所示；第 11～12 行读入明文图像 p3，如图 5-7(c)所示。第 14 行调用函数 unifiedsys，由密钥 key 和明文图像 p1 生成密文图像 c1，如图 5-7(d)所示；第 15 行调用函数 unifiedsys，由密钥 key 解密密文图像 c1 得到 r1，如图 5-7(g)所示。第 17 行调用函数 unifiedsys，由密钥 key 和明文图像 p2 生成密文图像 c2，如图 5-7(e)所示；第 18 行调用函数 unifiedsys，由密钥 key 解密密文图像 c2 得到 r2，如图 5-7(h)所示。第 20 行调用函数 unifiedsys 由密钥 key 和明文图像 p3 生成密文图像 c3，如图 5-7(f)所示；第 21 行调用函数 unifiedsys 由密钥 key 解密密文图像 c3 得到 r3，如图 5-7(i)所示。

第 23 行调用自定义函数 histogram，生成明文图像 p1 的直方图，如图 5-8(a)所示；

第 24 行调用自定义函数 histogram，生成密文图像 c1 的直方图，如图 5-8(b)所示；第 26 行调用自定义函数 histogram，生成明文图像 p2 的直方图，如图 5-8(c)所示；第 27 行调用自定义函数 histogram，生成密文图像 c2 的直方图，如图 5-8(d)所示；第 29 行调用自定义函数 histogram，生成明文图像 p3 的直方图，如图 5-8(e)所示；第 30 行调用自定义函数 histogram，生成密文图像 c3 的直方图，如图 5-8(f)所示。

由图 5-7(d)～图 5-7(f)可知，密文图像类似于噪声图像，没有任何可视信息；由图 5-7(g)～图 5-7(i)可知，解密后的图像与明文图像相同，说明基本统一图像密码系统的加密/解密程序工作正常。

明文图像与密文图像的直方图对比如图 5-8 所示。

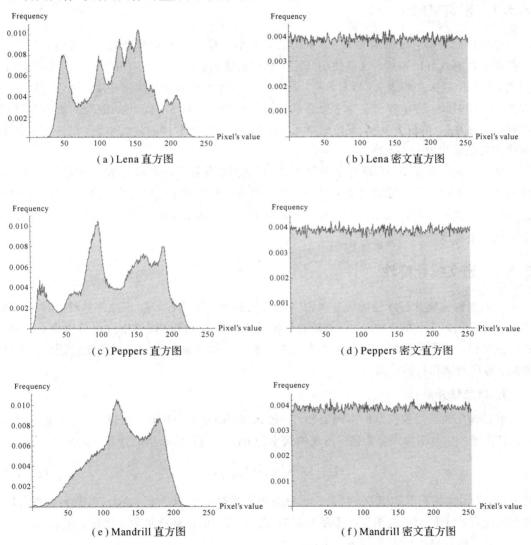

（a）Lena 直方图　　　　　　　　　（b）Lena 密文直方图

（c）Peppers 直方图　　　　　　　　（d）Peppers 密文直方图

（e）Mandrill 直方图　　　　　　　　（f）Mandrill 密文直方图

图 5-8　明文图像与密文图像的直方图对比

由图 5-8 可知，明文图像的直方图呈现明显的起伏特性，而密文图像的直方图呈现近似平坦的小波动，说明基本图像密码系统的加密过程可以有效地隐藏直方图中各像素点值的分布信息。

5.3 系统安全性能分析

与第 4 章的明文关联图像密码系统的安全性能分析类似，这里重点分析密钥空间、密文统计特性和系统敏感性等性能，其中，密文统计特性主要分析信息熵和相关性，直方图分析参考第 5.2.3 小节；系统敏感性分析将分析加密系统的密钥敏感性、加密系统的等价密钥敏感性、明文敏感性和密文敏感性等，而解密系统的（合法与非法）密钥敏感性、解密系统的（合法与非法）等价密钥敏感性分析留作读者思考。

5.3.1 密钥空间

密钥空间是指有效密钥的集合，密钥空间大小是指有效密钥的个数。所谓的有效密钥是指密钥敏感性好的密钥。这里使用了第 1 章中的密钥扩展算法，采用了 512 位长的密钥，因此，密钥空间大小均为 $2^{512} \approx 1.340\,78 \times 10^{154}$。结合图像加密与解密速度，可以计算穷举攻击所需的时间。穷举攻击至少考虑尝试密钥空间中一半的密钥。不妨假设加密与解密速度相同，均为 v，单位为 b/s，设密钥空间大小为 u，则穷举破译一幅大小为 s 的 8 比特灰度图像需要的时间为 $4su/v$ 秒。

使用 C♯ 语言程序，本章介绍的基本统一图像密码系统的加密与解密速度严格相同，约为 33.2244Mb/s[3]。考虑攻击一半密钥空间的穷举密钥攻击，攻击大小为 512×512 的 8 比特灰度图像将花费约 $2.683\,64 \times 10^{145}$ 年。可见，这里的基本统一图像密码系统可以有效地对抗穷举攻击。

5.3.2 密文统计特性

这里的密文统计特性分析将分析密文图的信息熵、相关性和随机性等特性，其中，随机性分析采用第 1 章的 FIPS140-2 随机性测试方法，即从密文图像中选出长度为 2500 的像素值序列，转化为长度为 20 000 的位序列，然后，基于该位序列进行单比特测试、扑克测试、游程测试和长游程测试。

1. 信息熵分析

信息熵反映了图像信息的不确定性，一般认为，熵越大，不确定性越大（信息量越大），可视信息越小。设图像中像素值 i 出现的频率为 $p(i)$，则其信息熵的计算公式为

$$E = -\sum_{i=0}^{L-1} p(i) \log_2 p(i) \tag{5-11}$$

其中，L 为图像的灰度等级数，对于 8 比特的灰度图像而言，$L=256$。对于 8 比特的理想随机图像而言，每个 $p(i)$ 都相等，且为 $1/256$，式（5-11）的计算结果为 8 比特。

计算图像信息熵的程序如下所示：

例 5.5 设计信息熵计算程序。

具体代码如下：

```
1    entropy[image_] := Module[{u1, u2, m, n, b1, b2, e},
2        u1 = ImageData[image, "Byte"];
```

```
3        {m, n} = Dimensions[u1];
4        u2 = Flatten[u1];
5        b1 = BinCounts[u2, {0, 256, 1}];
6        b2 = b1/(m * n) /. a_ /; a < 10^-8 -> Nothing // N;
7        e = -Total[b2 * Log2[b2]]
8        ]
9
10      e11 = entropy[p1]
11      e12 = entropy[c1]
12      e21 = entropy[p2]
13      e22 = entropy[c2]
14      e31 = entropy[p3]
15      e32 = entropy[c3]
```

上述代码中，函数 entropy 用于计算图像 image 的信息熵。第 2 行将图像 image 转化为二维数组 u1；第 3 行得到图像的宽 m 和高 n；第 4 行将 u1 转化为一维数组 u2；第 5 行得到 u2 中各个数值的出现频次 b1；第 6 行计算各个像素点的出现频率 b2；第 7 行根据式 (5-11) 计算信息熵 e。

第 10、12 和 14 行依次计算明文图像 p1、p2 和 p3 的信息熵；第 11、13 和 15 行依次计算密文图像 c1、c2 和 c3 的信息熵。这里的明文图像 p1、p2 和 p3 如图 5-7(a)～图 5-7(c) 所示；密文图像 c1、c2 和 c3 如图 5-7(d)～图 5-7(f) 所示。例 5.5 的信息熵计算结果如表 5-1 所示。

表 5-1　图像信息熵计算结果　　　　　　　　（单位：比特）

图像	Lena		Peppers		Mandrill	
	明文 p1	密文 c1	明文 p2	密文 c2	明文 p3	密文 c3
信息熵	7.445 06	7.999 24	7.593 59	7.999 23	7.358 32	7.999 34

由表 5-1 可知，各个明文图像的信息熵偏离 8 比特，而各个密文图像的信息熵非常接近于 8 比特，说明密文图像具有类似于理想噪声图像的信息熵。

2. 相关性分析

数字图像的特点在于数据量巨大，同时，相邻像素点相关性强，使得图像具有较大的信息冗余性。图像密码系统的加密处理必须破坏原始明文图像中相邻像素点间的相关性。以图像水平方向上的相关性为例，下述代码展示了图像中任选的 num 对水平方向上相邻的像素点间的相关性。

例 5.6　图像水平方向上相邻像素点的相关性测试程序示例。

代码如下：

```
1        correlate[image_, num_] := Module[{p1, m, n, cor1, row, col},
2          p1 = ImageData[image, "Byte"];
3          {m, n} = Dimensions[p1];
4          cor1 = Table[{0, 0}, {i, num}];
```

```
5        Table[row = RandomInteger[{1, m}]; col = RandomInteger[{1, n}];
6          cor1[[i, 1]] = p1[[row, col]];
7          cor1[[i, 2]] = p1[[row, (col + 1) /. a_ /; a > 512 -> 1]], {i, num}];
8        ListPlot[cor1, PlotTheme -> "Scientific",
9          FrameLabel -> {{"Pixel's value at (" <>
10             ToString[Style["x", Italic], StandardForm] <> ", " <>
11             ToString[Style["y", Italic], StandardForm] <> "+1)",
12             None}, {"Pixel's value at (" <>
13             ToString[Style["x", Italic], StandardForm] <> ", " <>
14             ToString[Style["y", Italic], StandardForm] <> ")", None}},
15          ImageSize -> Large,
16          LabelStyle -> {FontFamily -> "Times New Roman", 16}]
17        ]
18
19     correlate[p1, 2000]
20     correlate[c1, 2000]
21     correlate[p2, 2000]
22     correlate[c2, 2000]
23     correlate[p3, 2000]
24     correlate[c3, 2000]
```

函数 correlate 用于绘制图像 image 中随机选出的 num 对水平方向上相邻的像素点的相关图。第 2 行由图像 image 得到其二维数组 p1；第 3 行获取图像的高 m 和宽 n；第 5~7 行从 p1 中随机提取水平方向上相邻的 num 对像素点，保存在 cor1 中；第 8~16 行绘制 cor1 的相图。

第 19、21 和 23 行绘制明文图像 p1、p2 和 p3 的水平方向相邻像素点的相图，而第 20、22 和 24 行绘制密文图像 c1、c2 和 c3 的水平方向相邻像素点的相图。这里的明文图像 p1、p2 和 p3 如图 5-7(a)~图 5-7(c)所示；密文图像 c1、c2 和 c3 如图 5-7(d)~图 5-7(f)所示。图 5-9 中展示了例 5.6 中程序的执行结果。

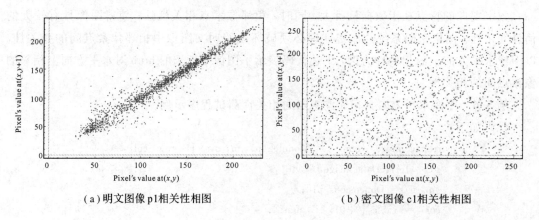

（a）明文图像 p1 相关性相图　　　　　　　（b）密文图像 c1 相关性相图

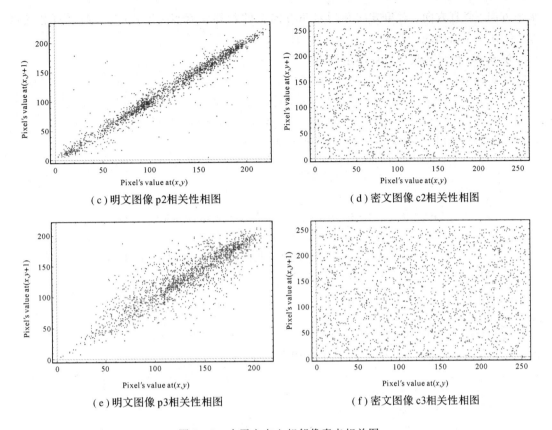

（c）明文图像 p2 相关性相图　　　　　　　（d）密文图像 c2 相关性相图

（e）明文图像 p3 相关性相图　　　　　　　（f）密文图像 c3 相关性相图

图 5 - 9　水平方向上相邻像素点相关图

由图 5 - 9 可知，明文图像的相图中，相点分布在 $y = x$ 直线附近区域，说明水平方向上相邻的像素点具有很强的正相关；而密文图像的相图中，相点分散在相图中，几乎没有相关性。

除了上述的图像相关性定性分析外，还可以借助于相关系数定量评价图像相邻像素点的相关性，假设从图像随机选取了长度为 num 的相邻像素点序列 $\{u_i, v_i\}$，$i = 1, 2, \cdots, \text{num}$，按式（5 - 12）可计算其相关系数 r_{uv} 为

$$r_{uv} = \frac{\text{cov}(\boldsymbol{u}, \boldsymbol{v})}{\sqrt{D(\boldsymbol{u})}\sqrt{D(\boldsymbol{v})}} \tag{5 - 12}$$

$$\text{cov}(\boldsymbol{u}, \boldsymbol{v}) = \frac{1}{N-1} \sum_{i=1}^{N} (u_i - E(\boldsymbol{u}))(v_i - E(\boldsymbol{v})) \tag{5 - 13}$$

$$D(\boldsymbol{u}) = \frac{1}{N-1} \sum_{i=1}^{N} (u_i - E(\boldsymbol{u}))^2 \tag{5 - 14}$$

$$E(\boldsymbol{u}) = \frac{1}{N} \sum_{i=1}^{N} u_i \tag{5 - 15}$$

其中，$\text{cov}(\boldsymbol{u}, \boldsymbol{v})$ 表示两个序列间的协方差，$D(\boldsymbol{u})$ 表示序列的方差，$E(\boldsymbol{u})$ 为序列的均值。在 Mathematica 中，借助于函数 correlation 可直接计算相关系数。

下面例子计算了图 5 - 7(a) 至图 5 - 7(c) 所示的明文图像 p1、p2 和 p3 以及图 5 - 7(d) 至图 5 - 7(f) 所示的密文图像 c1、c2 和 c3 的相关系数，计算方法为每个图像中任取 2000 对

水平方向、竖直方向、对角方向和斜对角方向上的相邻像素点，按式（5-12）计算相关系数，计算程序如例 5.7 所示。

例 5.7 相关系数计算程序示例。

代码如下：

```
1    corrcoef[image_, num_] := Module[
2      {p1, m, n, u1, u2, u3, u4, v1, v2, v3, v4, row, col, r1, r2, r3, r4},
3      p1 = ImageData[image, "Byte"];
4      {m, n} = Dimensions[p1];
5      u1 = Table[0, {i, num}];
6      v1 = u1;
7      Table[row = RandomInteger[{1, m}]; col = RandomInteger[{1, n}];
8          u1[[i]] = p1[[row, col]];
9          v1[[i]] = p1[[row, (col + 1) /. a_ /; a > 512 -> 1]], {i, num}];
10     r1 = Correlation[u1, v1] // N;
11     u2 = Table[0, {i, num}];
12     v2 = u2;
13     Table[row = RandomInteger[{1, m}]; col = RandomInteger[{1, n}];
14         u2[[i]] = p1[[row, col]];
15         v2[[i]] = p1[[(row + 1) /. a_ /; a > 512 -> 1, col]], {i, num}];
16     r2 = Correlation[u2, v2] // N;
17     u3 = Table[0, {i, num}];
18     v3 = u3;
19     Table[row = RandomInteger[{1, m}]; col = RandomInteger[{1, n}];
20         u3[[i]] = p1[[row, col]];
21         v3[[i]] = p1[[(row + 1) /. a_ /; a > 512 -> 1, (col + 1) /.
22             a_ /; a > 512 -> 1]], {i, num}];
23     r3 = Correlation[u3, v3] // N;
24     u4 = Table[0, {i, num}];
25     v4 = u4;
26     Table[row = RandomInteger[{1, m}]; col = RandomInteger[{1, n}];
27         u4[[i]] = p1[[row, col]];
28         v4[[i]] = p1[[(row + 1) /. a_ /; a > 512 -> 1, (col - 1) /.
29             a_ /; a < 1 -> n]], {i, num}];
30     r4 = Correlation[u4, v4] // N;
31     {r1, r2, r3, r4}
32     ]
33
34   corrcoef[p1, 2000]
35   corrcoef[c1, 2000]
36   corrcoef[p2, 2000]
37   corrcoef[c2, 2000]
38   corrcoef[p3, 2000]
```

```
39          corrcoef[c3, 2000]
```

上述的函数 corrcoef 计算图像 image 中随机选取的 num 对邻近点的相关系数。第 3 行将图像 image 转化为二维数组 p1；第 4 行获取图像的高 m 和宽 n；第 5～10 行计算水平方向上的相关系数，保存在 r1 中；第 11～16 行计算竖直方向上的相关系数，保存在 r2 中；第 17～23 行计算对角线方向上的相关系数，保存在 r3 中；第 24～30 行计算斜对角方向上的相关系数，保存在 r4 中。

第 34、36 和 38 行计算明文图像 p1、p2 和 p3 中选取的序列的相关系数；第 35、37 和 39 行计算密文图像 c1、c2 和 c3 中选取的序列的相关系数。这里的明文图像 p1、p2 和 p3 如图 5-7(a)～图 5-7(c)所示；密文图像 c1、c2 和 c3 如图 5-7(d)～图 5-7(f)所示。计算结果如表 5-2 所示。

表 5-2　图像相关系数计算结果

图像	Lena		Peppers		Mandrill	
	明文 p1	密文 c1	明文 p2	密文 c2	明文 p3	密文 c3
水平方向	0.971 61	−0.037 36	0.972 22	0.000 56	0.866 73	0.027 37
竖直方向	0.984 76	−0.008 53	0.975 97	0.005 21	0.763 49	−0.014 20
对角方向	0.956 06	−0.005 79	0.956 63	0.013 47	0.703 98	−0.014 41
斜对角方向	0.965 97	−0.003 42	0.961 88	−0.049 98	0.731 17	−0.004 35

由表 5-2 可知，明文图像中选取的相邻序列的相关系数接近于 1，而密文图像中选取的相邻序列的相关系数趋于 0，说明明文图像相邻像素点具有很强的相关性，而密文图像的相邻像素点几乎不具有相关性。

3. 随机性分析

这里从密文图像 c1（如图 5-7(d)所示）中依次选取了 2500 个像素点的值，并转化为长度为 20000 的位序列 s，然后借助于 FIPS140-2 测试序列 s 的随机特性，如例 5.8 所示。

例 5.8　设计密文图像随机性测试程序。

代码如下：

```
1      fips140[image_] := Module[
2      {p1, p2, s, monobit1, monobit0, pk1, pk2, bins, pk3, pk, s1, t11,
3       n11, run11, run12, run13,
4       run14, s2, run01, run02, run03},
5      p1 = ImageData[image, "Byte"];
6      p2 = Flatten[p1];
7      s = Flatten[IntegerDigits[#, 2, 8] & /@ p2[[1 ;; 2500]]];
8      monobit1 = Total[s];
9      monobit0 = 20000 − monobit1;
10     pk1 = Partition[s, 4];
11     pk2 = FromDigits[#, 2] & /@ pk1;
12     {bins, pk3} = HistogramList[pk2, 16];
13     pk = Total[pk3^2] * 16/5000 − 5000 // N;
14     s1 = Join[{0}, s, {0}];
```

```
15      t11 = Partition[s1, 3, 1];
16      n11 = Cases[t11, {0, 1, 0}];
17      run11 = Length[n11];
18      run12 = Table[Length[Cases[Partition[s1, n, 1],
19          Join[{0}, Table[1, {i, n − 2}], {0}]]], {n, 4, 7}];
20      run13 = Total[Table[Length[Cases[Partition[s1, n, 1],
21          Join[{0}, Table[1, {i, n − 2}], {0}]]], {n, 8, 28}]];
22      run14 = Length[Cases[Partition[s, 26, 1], Table[1, {i, 26}]]];
23      s2 = Join[{1}, s, {1}];
24      run01 = Table[Length[Cases[Partition[s2, n, 1],
25          Join[{1}, Table[0, {i, n − 2}], {1}]]], {n, 3, 7}];
26      run02 = Total[Table[Length[Cases[Partition[s2, n, 1],
27          Join[{1}, Table[0, {i, n − 2}], {1}]]], {n, 8, 28}]];
28      run03 = Length[Cases[Partition[s, 26, 1], Table[0, {i, 26}]]];
29      {monobit1, monobit0, pk, Flatten[{run11, run12, run13, run14}],
30       Flatten[{run01, run02, run03}]}]
31      ]
32
33  fips140[c1]
```

上述代码中，函数 fips140 输入密文图像 image，然后从中依次选取 2500 个像素点，并转化为长度为 20 000 的位序列 s（第 7 行），然后依次进行单比特测试（第 8～9 行）、扑克测试（第 10～13 行）、游程和长游程测试（第 14～28 行），最后的测试结果在第 29 行输出。第 33 行调用 fips140 函数对密文图像 c1 的前 2500 个像素点的随机性测试结果如表 5 - 3 所示。

表 5 - 3　序列 s 的 FIPS140 - 2 随机性测试结果

项目	单比特测试	扑克测试	游程测试						长游程测试
			游程长度						
			1	2	3	4	5	≥6	
比特 0	9943	28. 10	2550	1301	623	280	145	153	0
比特 1	10057		2550	1268	602	321	160	152	0
理论值	9725～10 725	2.6～46.17	2315～2685	1114～1386	527～723	240～384	103～209	103～209	0
结果	通过	通过	通过	通过	通过	通过	通过	通过	通过

由表 5 - 3 可知，从密文图像 c1 中选取的前 2500 个像素点的值通过了 FIPS140 - 2 随机性检验，可认为这些像素点的值具有随机性，从而可说明密文图像具有随机性。

5.3.3　系统敏感性分析

这里重点分析四个方面的图像密码系统敏感性，即进行密钥敏感性分析、等价密钥敏感性分析、明文敏感性分析和密文敏感性分析。由于被动攻击方法（例如选择/已知明文攻击或选择/已知密文攻击等）主要是攻击等价密钥，因此，等价密钥敏感性分析比密钥敏感性分析更加重要。下面逐一进行各种敏感性分析。

1. 密钥敏感性分析

密钥敏感性分析包括加密系统的密钥敏感性分析和解密系统的密钥敏感性分析两种，其中，解密系统的密钥敏感性分析又包括解密系统的合法密钥敏感性分析和解密系统的非法密钥敏感性分析。这里仅分析加密系统的密钥敏感性，解密系统的密钥敏感性分析[2]留给读者思考。

加密系统的密钥敏感性分析方法为：随机产生一个密钥，微小改变其值（例如，只改变其中某一位的值），使用改变前后的两个密钥，加密明文图像 Lena、Peppers 和 Mandrill，然后，计算加密同一明文所得的两个密文间的 NPCR、UACI 和 BACI 的值。最后，重复上述实验 100 次计算 NPCR、UACI 和 BACI 指标的平均值。下面的例 5.9 为密钥敏感性分析程序。

例 5.9　设计密钥敏感性分析程序。

代码如下：

```
1    keysens[image_] := Module[
2      {key1, key2, id1, id2, p1, c1, c2, nub, rn},
3      nub = {0, 0, 0};
4      p1 = image;
5      rn = 100;
6      Table[
7        key1 = RandomInteger[255, 64];
8        key2 = key1;
9        id1 = RandomInteger[{1, 64}];
10       id2 = RandomInteger[7];
11       key2[[id1]] = BitXor[key2[[id1]], 2^id2];
12       c1 = unifiedsys[key1, p1];
13       c2 = unifiedsys[key2, p1];
14       nub = nub + npcruacibaci[c1, c2], {i, rn}];
15       nub = nub/(1.0 * rn)
16      ]

18    nub1 = keysens[p1]
19    nub2 = keysens[p2]
20    nub3 = keysens[p3]
```

上述代码中，函数 keysens 输入明文图像 image，然后基于 image 测试密钥敏感性。第 6～14 行进行 100 次实验，第 15 行计算 NPCR、UACI 和 BACI 的平均值。第 18～20 行依次借助于图 5-7(a)～图 5-7(c) 所示的明文图像 Lena、Peppers 和 Mandrill 计算密钥敏感性分析指标，计算结果列于表 5-4 中。

表 5-4　加密系统的密钥敏感性分析结果　　　　　　　　（%）

指标	Lena	Peppers	Mandrill	理论值
NPCR	99.6100	99.6093	99.6102	99.6094
UACI	33.4626	33.4649	33.4638	33.4635
BACI	26.7743	26.7750	26.7750	26.7712

由表 5-4 可知，基本统一图像加密系统密钥敏感性测试指标 NPCR、UACI 和 BACI 的计算结果趋于其理论值，说明基本统一图像加密系统具有强的密钥敏感性。

2. 等价密钥敏感性分析

等价密钥敏感性分析包括加密系统的等价密钥敏感性分析和解密系统的等价密钥敏感性分析两种，其中，解密系统的等价密钥敏感性分析又包括解密系统的合法等价密钥敏感性分析和解密系统的非法等价密钥敏感性分析。这里仅分析加密系统的等价密钥敏感性，解密系统的等价密钥敏感性分析[2]留给读者思考。

加密系统的等价密钥敏感性分析方法为：随机产生一个密钥，借助于密钥扩展算法（混沌伪随机序列发生器）生成对应的等价密钥，这里为 y 和 z；微小改变等价密钥（例如，只改变某一位的值），使用改变前后的两个等价密钥，加密明文图像 Lena、Peppers 或 Mandrill；然后，计算加密同一明文图像所得的两个密文图像间的 NPCR、UACI 和 BACI 的值；最后，重复上述实验 100 次，计算 100 次试验的平均指标值。下面例 5.10 为等价密钥敏感性分析程序。

例 5.10　设计等价密钥敏感性分析程序。

代码如下：

```
1    eqkeysens[image_] := Module[
2      {nub1, nub2, p1, p2, m, n, rn, key1, y, z, y2, id1, id2, id3, c1,
3       c2, z2},
4      nub1 = {0, 0, 0};
5      nub2 = nub1;
6      p1 = image; p2 = ImageData[p1, "Byte"];
7      {m, n} = Dimensions[p2];
```

第 7 行得到明文图像 p2 的高 m 和宽 n。

```
8      rn = 100;
9      Table[
10      key1 = RandomInteger[255, 64];
11      {y, z} = keygen[key1, m, n];
12      y2 = y;
13      id1 = RandomInteger[{1, m}]; id2 = RandomInteger[{1, n}];
14      id3 = RandomInteger[7];
15      y2[[id1, id2]] = BitXor[y2[[id1, id2]], 2^id3];
16      c1 = crypto[p1, y, z]; c2 = crypto[p1, y2, z];
17      nub1 = nub1 + npcruacibaci[c1, c2]
18      , {i, rn}];
```

```
19        nub1 = nub1/(1. 0 * rn);
20
```

第 8～19 行计算等价密钥 y 的敏感性指标。

```
21        Table[
22        key1 = RandomInteger[255, 64];
23        {y, z} = keygen[key1, m, n];
24        z2 = z;
25        id1 = RandomInteger[{1, m}]; id2 = RandomInteger[{1, n}];
26        id3 = RandomInteger[7];
27        z2[[id1, id2]] = BitXor[z2[[id1, id2]], 2^id3];
28        c1 = crypto[p1, y, z]; c2 = crypto[p1, y, z2];
29        nub2 = nub2 + npcruacibaci[c1, c2]
30        , {i, rn}];
31        nub2 = nub2/(1. 0 * rn);
```

第 21～31 行计算等价密钥 y 的敏感性指标。

```
32        {nub1, nub2}
33        ]
34
35    nub1 = eqkeysens[p1]
36    nub2 = eqkeysens[p2]
37    nub3 = eqkeysens[p3]
```

上述函数 eqkeysens 计算基于明文图像 image 的等价密钥敏感性指标。第 35～37 行依次使用了图 5 - 7(a)～图 5 - 7(c)所示的明文图像 Lena、Peppers 和 Mandrill 计算等价密钥敏感性，计算结果列于表 5 - 5 中。

表 5 - 5　图像加密系统的等价密钥敏感性分析结果　　　　　　（％）

指标		Lena	Peppers	Mandrill	理论值
y	NPCR	99.6080	99.6102	99.6102	99.6094
	UACI	33.4608	33.4689	33.4599	33.4635
	BACI	26.7708	26.7756	26.7745	26.7712
z	NPCR	99.0672	98.9878	99.0119	99.6094
	UACI	33.2839	33.2622	33.2666	33.4635
	BACI	26.8136	26.8136	26.8191	26.7712

根据表 5 - 5，对比 NPCR、UACI 和 BACI 指标的计算结果与其理论值可知，等价密钥 y 和 z 均具有良好的敏感性，这说明基本统一图像密码系统具有强的等价密钥敏感性，可以对抗选择/已知明文攻击等被动攻击方法。

3. 明文敏感性分析

明文敏感性测试方法为：对于给定的明文图像 P_1，借助某一密钥 K 加密 P_1 得到相应的密文图像 C_1；然后，从 P_1 中随机选取一个像素点(i, j)，微小改变该像素点的值，得到新的图像并记为 P_2，除了在随机选择的该像素点(i, j)处有 $P_2(i, j) = \mathrm{mod}(P_1(i, j) + 1, 256)$

外，$P_2 = P_1$；接着，仍借助同一密钥 K 加密 P_2 得到相应的密文图像，记为 C_2，计算 C_1 和 C_2 间的 NPCR、UACI 和 BACI 的值；最后，重复 100 次实验计算 NPCR、UACI 和 BACI 的平均值。这里，以明文图像 Lena、Peppers 和 Mandrill 为例，明文敏感性分析程序如例 5.11 所示。

例 5.11 明文敏感性分析程序示例。

代码如下：

```
1     plainsens[image_] := Module[
2       {nub, p1, p2, m, n, rn, key1, p3, id1, id2, p4, c1, c2},
3       nub = {0, 0, 0};
4       p1 = image;
5       p2 = ImageData[p1, "Byte"];
6       {m, n} = Dimensions[p2];
7       rn = 100;
8       Table[
9         key1 = RandomInteger[255, 64];
10        p3 = p2;
11        id1 = RandomInteger[{1, m}]; id2 = RandomInteger[{1, n}];
12        p3[[id1, id2]] = Mod[p3[[id1, id2]] + 1, 256];
13        p4 = Image[p3, "Byte"];
14        c1 = unifiedsys[key1, p1];
15        c2 = unifiedsys[key1, p4];
16        nub = nub + npcruacibaci[c1, c2], {i, rn}];
17        nub = nub/(1. 0 * rn)
18      ]
19
20    nub1 = plainsens[p1]
21    nub2 = plainsens[p2]
22    nub3 = plainsens[p3]
```

上述代码中，函数 plainsens 计算明文图像 image 的敏感性。第 6 行得到图像的高度 m 和宽度 n；第 8～16 行循环 100 次计算 NPCR、UACI 和 BACI 的平均值。第 20、21 和 22 行调用函数 plainsens 分别计算了明文图像 p1、p2 和 p3（如图 5-7(a)～图 5-7(c)所示）的敏感性指标值。明文敏感性分析的计算结果列于表 5-6 中。

表 5-6 明文敏感性分析结果 （%）

指标	Lena	Peppers	Mandrill	理论值
NPCR	99.6090	99.6090	99.6075	99.6094
UACI	33.4711	33.4677	33.4625	33.4635
BACI	26.7730	26.7730	26.7697	26.7712

由表 5-6 可知，NPCR、UACI 和 BACI 的计算结果极其接近于各自的理论值，说明基本统一图像密码系统具有强的明文敏感性。

4. 密文敏感性分析

密文敏感性分析方法为：对于给定的明文图像 P_1，借助某一密钥 K 加密 P_1 得到相应的密文图像 C_1；然后，从 C_1 中随机选取一个像素点 (i, j)，微小改变该像素点的值，得到新的图像记为 C_2，即除了在随机选择的该像素点 (i, j) 处有 $C_2(i, j) = \mathrm{mod}(C_1(i, j) + 1, 256)$ 外，$C_2 = C_1$；接着，仍借助同一密钥 K 解密 C_2 得到还原后的图像，记为 P_2，计算 P_1 和 P_2 间的 NPCR、UACI 和 BACI 的值；最后，重复 100 次实验计算 NPCR、UACI 和 BACI 的平均值。这里，以明文图像 Lena、Peppers 和 Mandrill 为例，基本统一图像密码系统的密文敏感性分析程序如例 5.12 所示。

例 5.12 密文敏感性分析程序示例。

代码如下：

```
1    ciphersens[image_] := Module[
2      {key1, id1, id2, p1, p2, p3, m, n, c1, c2, c3, nub, rn},
3      nub = {0, 0, 0};
4      p1 = image;
5      p2 = ImageData[p1, "Byte"];
6      {m, n} = Dimensions[p2];
7      rn = 100;
8      Table[
9        key1 = RandomInteger[255, 64];
10       c1 = unifiedsys[key1, p1];
11       id1 = RandomInteger[{1, m}];
12       id2 = RandomInteger[{1, n}];
13       c2 = ImageData[c1, "Byte"];
14       c2[[id1, id2]] = Mod[c2[[id1, id2]] + 1, 256];
15       c3 = Image[c2, "Byte"];
16       p3 = unifiedsys[key1, c3];
17       nub = nub + npcruacibaci[p1, p3]
18       , {i, rn}];
19       nub = nub/(1. 0 * rn)
20       ]

22   nub1 = ciphersens[p1]
23   nub2 = ciphersens[p2]
24   nub3 = ciphersens[p3]
```

上述代码中，函数 ciphersens 基于图像 image 分析密文敏感性。第 6 行得到图像的高度 m 和宽度 n；第 8～18 行循环 100 次计算 NPCR、UACI 和 BACI 的平均值，其中，第 9 行随机生成密钥 key1；第 10 行由密钥 key1 加密 p1 得到密文图像 c1；第 11～15 行微小改变 c1 得到新的图像 c3；第 16 行使用密钥 key1 解密 c3 得到图像 p3；第 17 行计算 p1 和 p3 间的 NPCR、UACI 和 BACI 的值。第 22、23 和 24 行调用函数 ciphersens，分别基于明文图像 p1、p2 和 p3（如图 5 - 7(a)～图 5 - 7(c)所示）计算了基本统一图像密码系统的密文敏感性指标值。密文敏感性分析的计算结果列于表 5 - 7 中。

表 5 - 7　密文敏感性分析结果　　　　　　　（%）

图像 指标	Lena		Peppers		Mandrill	
	计算值	理论值	计算值	理论值	计算值	理论值
NPCR	99.6079	99.6094	99.6104	99.6094	99.6087	99.6094
UACI	28.6229	28.6241	29.6224	29.6254	27.8488	27.8471
BACI	21.3204	21.3218	22.1876	22.1892	20.6363	20.6304

由表 5 - 7 可知，NPCR、UACI 和 BACI 的计算结果非常接近各自的理论值，说明基本统一图像密码系统具有强的密文敏感性。

本 章 小 结

本章研究了一种加密算法与解密算法完全相同的新型图像密码系统，称为基本统一图像密码系统，基于 Wolfram 语言研究了基本统一图像密码系统的实现方法，并详细分析了基本统一图像密码系统的安全性能。经典的基于混沌系统的数字图像密码系统多采用多轮的"置乱—扩散—置乱"结构，而基本统一图像密码系统与第 4 章的明文关联图像密码系统相似，基于单轮的"扩散—置乱—扩散"结构，且采用明文关联的置乱操作（两个扩散操作均与明文无关），因此，基本统一图像密码系统也属于明文关联的图像密码系统。由于基本统一图像密码系统的加密过程与解密过程相同，故加密时间和解密时间是严格相等的。安全性能分析表明，基本统一图像密码系统的各项安全性能指标优秀，是一种基于混沌系统的具有实际应用价值的优秀图像密码系统。

习　题

1. 在例 5.2 中的基本统一图像加密/解密算法中，置乱处理没有使用如图 5 - 5 所示流程图的优化算法，在每次计算 m 和 n 的值时都进行了行和列的累加运算。请在例 5.2 的基础上，按图 5 - 5 所示的方法改进例 5.2 中的加密/解密函数 crypto，使用置换后的元素更新行和列的累加和。

第 6 章　类感知器统一图像密码技术

本章研究基于类感知器神经网络的统一图像密码技术。与基本统一图像密码系统相似，类感知器统一图像密码系统中加密过程与解密过程完全相同。这里的类感知器统一图像密码系统包括异或模块、第Ⅰ型类感知器模块、序列翻转模块和第Ⅱ型类感知器模块等，通过神经网络的前向学习算法对图像数据进行扩散加密，借助神经网络的后向反馈算法记忆和更新图像的历史数据信息。除了加密算法与解密算法共享特点外，类感知器统一图像密码系统还具有密文统计特性好、加密/解密速度快、系统敏感性强和伪随机数需求量小等优点，可作为网络图像信息安全的候选加密算法。

6.1　类感知器统一图像密码系统

基于类感知器神经网络的统一图像密码系统与传统的图像密码系统架构不同。传统的 Shannon 意义上的图像密码系统由置乱和扩散模块组成，而类感知器统一图像密码系统仅包含以类感知器神经网络为核心的扩散功能模块。下面首先介绍类感知器网络，然后，详细讨论基于类感知器网络的统一图像密码系统。

6.1.1　类感知器网络

从经典的感知器网络出发，这里设计了两种作用于整数域的类感知器网络，分别称为第Ⅰ型类感知器和第Ⅱ型类感知器，如图 6-1 和图 6-2 所示。在图 6-1 和图 6-2 中，

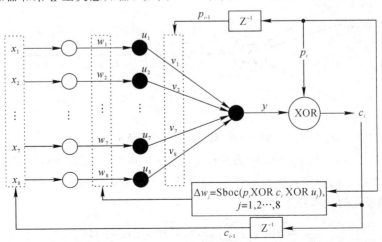

图 6-1　第Ⅰ型类感知器

$x_j(j=1, 2, \cdots, 8)$为输入，$w_j(j=1, 2, \cdots, 8)$为输入层至隐含层的权重，$u_j(j=1, 2, \cdots, 8)$为隐含层各个神经元的输出，$v_j(j=1, 2, \cdots, 8)$为隐含层至输出层的权重，y 为输出层神经元的输出。p_i为网络输出的期望值，c_i为输出值与期望值间的误差。在第Ⅰ型类感知器中，p_i的延时值用作隐含层至输出层的权重，误差 c_i 的延时值用作神经网络的输入，p_i 和 c_i共同更新输入层至隐含层的权重。在第Ⅱ型类感知器中，p_i的延时值用作神经网络的输入，误差 c_i 的延时值用作隐含层至输出层的权重，p_i 和 c_i 共同更新输入层至隐含层的权重。

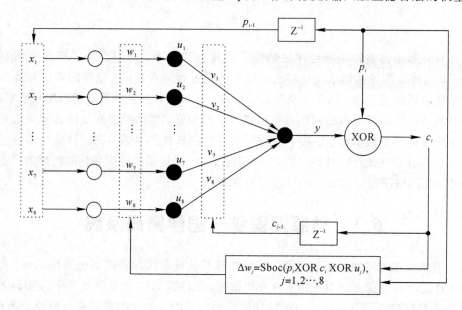

图 6-2　第Ⅱ型类感知器

图 6-1 和图 6-2 表明，第Ⅰ型类感知器和第Ⅱ型类感知器均为"8—8—1"结构的三层神经网络：输入层包括 8 个输入节点，在图 6-1 和图 6-2 中用空心圆表示；中间层包括 8个神经元；输出层只有一个神经元，神经元在图 6-1 和图 6-2 中用实心圆所示。这里使用的神经元的结构如图 6-3 所示。

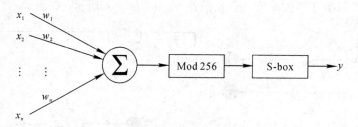

图 6-3　基于整数域的神经元

图 6-3 中，$x_j(j=1, 2, \cdots, n)$为神经元的输入，$w_j(j=1, 2, \cdots, n)$依次为各个输入的权重，y 为神经元的输出，"S-box"为 AES 算法的 S 盒，如图 6-4 所示。第Ⅰ型和第Ⅱ型隐含层的神经元的计算公式为

$$y = \mathrm{Sbox}\left(\left(\sum_{i=1}^{n} w_i <<< x_i\right) \bmod 256\right) \tag{6-1}$$

第Ⅰ型和第Ⅱ型输出层的神经元的计算公式为

$$y = \text{Sbox}\left(\left(\sum_{i=1}^{n} x_i <<< w_i\right) \bmod 256\right) \tag{6-2}$$

其中，"$<<<$"为循环左移位函数，mod 为取模运算，$\text{Sbox}(v)$ 为查表函数，令 $\text{col} = \text{floor}(v/16)$，$\text{row} = \text{mod}(v, 16)$，由图 6-4 得到 $\text{Sbox}(v) = \text{Sbox}(\text{row}, \text{col})$.

S-box		col															
		0	*1*	*2*	*3*	*4*	*5*	*6*	*7*	*8*	*9*	*10*	*11*	*12*	*13*	*14*	*15*
row	*0*	99	124	119	123	242	107	111	197	48	1	103	43	254	215	171	118
	1	202	130	201	125	250	89	71	240	173	212	162	175	156	164	114	192
	2	183	253	147	38	54	63	247	204	52	165	229	241	113	216	49	21
	3	4	199	35	195	24	150	5	154	7	18	128	226	235	39	178	117
	4	9	131	44	26	27	110	90	160	82	59	214	179	41	227	47	132
	5	83	209	0	237	32	252	177	91	106	203	190	57	74	76	88	207
	6	208	239	170	251	67	77	51	133	69	249	2	127	80	60	159	168
	7	81	163	64	143	146	157	56	245	188	182	218	33	16	255	243	210
	8	205	12	19	236	95	151	68	23	196	167	126	61	100	93	25	115
	9	96	129	79	220	34	42	144	136	70	238	184	20	222	94	11	219
	10	224	50	58	10	73	6	36	92	194	211	172	98	145	149	228	121
	11	231	200	55	109	141	213	78	169	108	86	244	234	101	122	174	8
	12	186	120	37	46	28	166	180	198	232	221	116	31	75	189	139	138
	13	112	62	181	102	72	3	246	14	97	53	87	185	134	193	29	158
	14	225	248	152	17	105	217	142	148	155	30	135	233	206	85	40	223
	15	140	161	137	13	191	230	66	104	65	153	45	15	176	84	187	22

图 6-4 AES 的 S 盒

第 I 型和第 II 型类感知器的工作原理类似，均包括前向学习过程和后向更新过程。其中，前向学习过程由 p_i 和网络输入 x_j，$j=1, 2, \cdots, 8$ 得到 c_i；后向更新过程由 p_i 和 c_i 得到网络新的输入和权值。

假设已知 p_{i-1}，c_{i-1} 和 w_j，$j=1, 2, \cdots, 8$，则第 I 型类感知器的处理过程如下：

（1）前向学习。

第 1 步：由 p_{i-1} 得到 v_j，$j=1, 2, \cdots, 8$。这里，v_j 为 p_{i-1} 的第 j 位，即

$$v_j = (p_{i-1} \gg (j-1)) \& 1, \quad j=1, 2, \cdots, 8 \tag{6-3}$$

第 2 步：由 c_{i-1} 得到 x_j，$j=1, 2, \cdots, 8$。这里，x_j 为 c_{i-1} 的第 j 位，即

$$x_j = (c_{i-1} \gg (j-1)) \& 1, \quad j=1, 2, \cdots, 8 \tag{6-4}$$

第 3 步：计算 y 的值。

$$u_j = \text{Sbox}(w_j <<< x_j), \quad j=1, 2, \cdots, 8 \tag{6-5}$$

$$y = \text{Sbox}\left(\left(\sum_{j=1}^{8} (u_j <<< v_j) \bmod 256\right)\right) \tag{6-6}$$

第 4 步：计算 c_i 的值。

$$c_i = p_i \text{ XOR } y \tag{6-7}$$

（2）后向更新。

第 1 步：由 p_i 更新 v_j，$j=1, 2, \cdots, 8$，即

$$v_j = (p_i \gg (j-1)) \& 1, \quad j=1, 2, \cdots, 8 \tag{6-8}$$

用于下一轮学习中实现由 p_{i+1} 计算 c_{i+1}.

第 2 步：由 c_i 更新 x_j，$j=1, 2, \cdots, 8$，即

$$x_j = (c_i \gg (j-1)) \ \& \ 1, \ j = 1, 2, \cdots, 8 \tag{6-9}$$

用于下一轮学习中实现由 p_{i+1} 计算 c_{i+1}。

第 3 步：由 p_i，c_i 和隐含层输出 u_j，$j=1, 2, \cdots, 8$，更新权重 w_j，$j=1, 2, \cdots, 8$，

$$\Delta w_j = \text{Sbox}(p_i \, \text{XOR} \, c_i \, \text{XOR} \, u_j), \ j = 1, 2, \cdots, 8 \tag{6-10}$$

$$w_j = (w_j + \Delta w_j) \bmod 256, \ j = 1, 2, \cdots, 8 \tag{6-11}$$

同理，假设已知 p_{i-1}，c_{i-1} 和 w_j，$j=1, 2, \cdots, 8$，第 Ⅱ 型类感知器的处理过程与第 Ⅰ 型类感知器的处理过程相似，但是有两点不同，即

(1) 在前向学习中，由 p_{i-1} 得到 x_j，$j=1, 2, \cdots, 8$。由 c_{i-1} 得到 v_j，$j=1, 2, \cdots, 8$。即

$$x_j = (p_{i-1} \gg (j-1)) \ \& \ 1, \ j = 1, 2, \cdots, 8 \tag{6-12}$$

$$v_j = (c_{i-1} \gg (j-1)) \ \& \ 1, \ j = 1, 2, \cdots, 8 \tag{6-13}$$

(2) 在后向更新中，由 p_i 更新 x_j，$j=1, 2, \cdots, 8$，由 c_i 更新 v_j，$j=1, 2, \cdots, 8$，用于下一轮学习中实现由 p_{i+1} 计算 c_{i+1}。

$$x_j = (p_i \gg (j-1)) \ \& \ 1, \ j = 1, 2, \cdots, 8 \tag{6-14}$$

$$v_j = (c_i \gg (j-1)) \ \& \ 1, \ j = 1, 2, \cdots, 8 \tag{6-15}$$

6.1.2 类感知器统一图像密码算法

类感知器统一图像密码系统如图 6-5 所示，包括伪随机序列发生器、异或模块、第 Ⅰ 型和第 Ⅱ 型类感知器以及序列左右翻转模块。

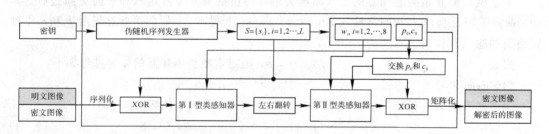

图 6-5 类感知器统一图像密码系统

对于图 6-5 所示的类感知器统一图像密码系统，如果输入明文图像和密钥，则输出密文图像；如果输入密文图像和密钥，则输出解密后的图像，即原始的明文图像。可知，类感知器统一图像密码系统的加密过程和解密过程完全相同。

下面以图像加密过程为例介绍类感知器统一图像密码系统的工作原理，此时输入为密钥和明文图像，输出为密文图像。首先由密钥借助伪随机序列发生器生成 $S = \{s_i\}$，$i=1, 2, \cdots, L$。设图像的大小为 $M \times N$，则 $L = \lceil MN/2 \rceil$。由 S 生成序列 w_i（$i=1, 2, \cdots, 8$）和 p_0、c_0。然后，将明文图像按列展开为一个向量，该向量的奇数下标的元素与 S 异或，得到的序列和 w_i（$i=1, 2, \cdots, 8$）、p_0、c_0 输送给第 Ⅰ 型感知器进行反馈学习。接着，将第 Ⅰ 型感知器的输出序列左右翻转，翻转后的序列和 w_i，$i=1, 2, \cdots, 8$ 以及对换值后的 p_0 和 c_0 输入给第 Ⅱ 型感知器进行反馈学习。最后，将第 Ⅱ 型感知器输出序列的奇数下标的元素与 S 异或，并将异或后的序列还原为 $M \times N$ 的矩阵，即为密文图像。

这里假设明文图像为 8 比特的灰度图像，记为 $\boldsymbol{P}$，大小为 $M \times N$。密钥记为 $\boldsymbol{K}$，其长度

为 512 位（即 64 字节），密文图像记为 C，其大小与明文图像相同。下面详细介绍图 6-5 中各个模块实现的算法。

1. 伪随机序列发生器

伪随机序列发生器使用密钥 K 产生长度为 L 的伪随机序列 $S=\{s_i\}$，$i=1, 2, \cdots, L$。

图 6-5 所示类感知器统一图像密码系统使用第 1 章例 1.4 所示的密钥扩展算法生成伪随机序列 $S=\{s_i\}$，$i=1, 2, \cdots, L$，然后，由 S 生成序列 $w_i(i=1, 2, \cdots, 8)$ 和 p_0、c_0。

如果 $L>20$，则

$$w_i = \mathrm{Sbox}(s_i \ \mathrm{XOR} \ s_{L+1-i}), \ i=1, 2, \cdots, 8 \tag{6-16}$$

$$p_0 = \mathrm{Sbox}(s_9 \ \mathrm{XOR} \ s_{L-8}) \tag{6-17}$$

$$c_0 = \mathrm{Sbox}(s_{10} \ \mathrm{XOR} \ s_{L-9}) \tag{6-18}$$

如果 $L \leqslant 20$，则

$$w_i = \mathrm{Sbox}(s_{(i-1) \bmod L+1}), \ i=1, 2, \cdots, 8 \tag{6-19}$$

$$p_0 = \mathrm{Sbox}(w_1 \ \mathrm{XOR} \ w_8), \ c_0 = \mathrm{Sbox}(w_2 \ \mathrm{XOR} \ w_7) \tag{6-20}$$

2. 图像加密/解密过程

在类感知器统一图像密码系统中，输入明文图像和密钥将得到密文图像，而输入密文图像和密钥将得到还原后的明文图像，即图像加密过程与图像解密过程完全相同。为了节省篇幅，这里以图像加密过程为例介绍将明文图像加密为密文图像的算法实现，共分为下面六步。

第 1 步：由密钥 K 借助于第 1 章例 1.4 的算法生成等价密钥 $S=\{s_i\}(i=1, 2, \cdots, L)$ 和 $w_i(i=1, 2, \cdots, 8)$、p_0、c_0。

第 2 步：将明文图像 P 按列展开为一个向量，记为 $\{p_i\}$，$i=1, 2, \cdots, MN$，此时，

$$p_i = P((i-1) \bmod M+1, \mathrm{floor}((i-1)/M)+1) \tag{6-21}$$

将序列 $\{p_i\}$ 中奇数下标的元素与序列 S 异或，得到的序列保存在 $\{p_i\}$ 中，即

$$p_{2k-1} = p_{2k-1} \ \mathrm{XOR} \ s_k, \ k=1, 2, \cdots, L \tag{6-22}$$

其中偶数下标的元素保持不变。

第 3 步：将序列 $\{p_i\}$ 输入第 Ⅰ 型类感知器，输出序列记为 $\{c_i\}$，$i=1, 2, \cdots, MN$。结合图 6-1，其具体实现算法如下。

（1）初始化网络。

将 w_j，$j=1, 2, \cdots, 8$ 作为第 Ⅰ 型类感知器的输入层到隐含层的权重，由 c_0 按式 (6-4) 生成输入 x_j，$j=1, 2, \cdots, 8$。由 p_0 按式 (6-3) 生成隐含层到输出层的权重 v_j，$j=1, 2, \cdots, 8$。

（2）循环执行学习与反馈。

设 i 为循环变量，使其从 1 累加至 MN 循环执行式 (6-3)～式 (6-7) 的前向学习算法和式 (6-8)～式 (6-11) 的后向更新算法，将序列 $\{p_i\}$，$i=1, 2, \cdots, MN$ 转换为序列 $\{c_i\}$，$i=1, 2, \cdots, MN$。

第 4 步：将第 3 步得到的序列 $\{c_i\}$，$i=1, 2, \cdots, MN$ 左右翻转后仍然赋值给序列 $\{p_i\}$，$i=1, 2, \cdots, MN$，即 $p_i=c_{MN+1-i}$，$i=1, 2, \cdots, MN$。同时，互换 p_0 和 c_0 的值。

第 5 步：将第 4 步得到的序列 $\{p_i\}$ 输入第 Ⅱ 型类感知器，输出序列仍记为 $\{c_i\}$，$i=1$，

$2，\cdots，MN$。结合图 6-2，其具体实现算法如下。

（1）初始化网络。

将 $w_j，j=1，2，\cdots，8$ 作为第 Ⅱ 型类感知器的输入层到隐含层的权重，由 p_0 按式（6-4）生成输入 $x_j，j=1，2，\cdots，8$。由 c_0 按式（6-3）生成隐含层到输出层的权重 $v_j，j=1，2，\cdots，8$。

（2）循环执行学习与反馈。

设 i 为循环变量，使其从 1 累加至 MN 循环执行式（6-12）、式（6-13）和式（6-5）～式（6-7）的前向学习算法以及式（6-14）、式（6-15）和式（6-10）、式（6-11）的后向更新算法，将序列 $\{p_i\}，i=1，2，\cdots，MN$ 转换为序列 $\{c_i\}，i=1，2，\cdots，MN$。

第 6 步：将第 5 步生成的序列 $\{c_i\}$ 中的奇数下标的元素与序列 $\boldsymbol{S}$ 异或，得到的序列保存在 $\{c_i\}$ 中，即

$$c_{2k-1} = c_{2k-1} \text{ XOR } s_k，k=1，2，\cdots，L \tag{6-23}$$

此时，偶数下标的元素不变。

将序列 $\{c_i\}$ 转化为 $M \times N$ 的矩阵，记为 $\boldsymbol{C}$，满足

$$\boldsymbol{C}(i，j) = c_{i+(j-1)M} \tag{6-24}$$

矩阵 $\boldsymbol{C}$ 即为密文图像。

6.1.3 图像密码系统的统一性证明

类感知器统一图像密码系统中，加密过程与解密过程完全相同。而对于任何图像密码系统，解密过程必然是加密过程的逆过程。不妨将图 6-5 视为图像加密过程，则其图像解密过程是其逆过程，如图 6-6 所示。

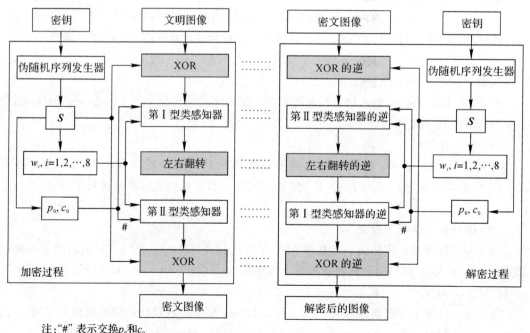

注："#" 表示交换 p_0 和 c_0

图 6-6　加密过程与解密过程的对等关系

在图 6-6 中，解密过程按照加密过程的相反方向进行，并由原加密过程中各个模块的逆操作组成。在图 6-6 所示的对应关系中，易知，加密过程的各个模块与其对应的解密过程的相应位置模块的运算完全相同，例如，"异或"（XOR）与"异或的逆"（XOR 的逆）是同一运算，即异或；"左右翻转"和"左右翻转的逆"是同一运算，即左右翻转；"第 Ⅰ 型类感知器"和"第 Ⅱ 型类感知器的逆"是同一运算，即第 Ⅰ 型类感知器网络；同理，"第 Ⅱ 型类感知器"和"第 Ⅰ 型类感知器的逆"是同一运算，即第 Ⅱ 型类感知器网络。因此，加密过程与解密过程是相同的。

上述的"第 Ⅰ 型类感知器"和"第 Ⅱ 型类感知器"互逆可以从图 6-1 和图 6-2 中得到证实。在图 6-1 所示的第 Ⅰ 型类感知器网络中，输入 p_i 得到 c_i；而若将 c_i 作为图 6-2 所示的第 Ⅱ 型类感知器网络的输入，则输出为 p_i。因此，这两者是互逆的网络。

6.2　图像密码系统实现程序

类感知器统一图像密码系统的实现程序包括两部分，即密码发生器程序和加密/解密算法程序。密码发生器程序在第 1 章例 1.4 的算法基础上，生成等价密钥 $S=\{s_i\}(i=1, 2, \cdots, L)$ 和 $w_i(i=1, 2, \cdots, 8)$、p_0、c_0；此外，加密算法与解密算法程序完全相同。设明文图像为 8 比特的灰度图像，其大小为 $M \times N$，不防设 MN 是偶数，$L=MN/2$（若 MN 是奇数，则 $L=(MN+1)/2$）。

6.2.1　密码发生器程序

密钥 K 取 64 个整数（每个整数取值在 0 至 255 间），即密钥 K 为 512 位长的位序列。按例 1.4 的算法，由密钥 K 生成长度为 L 的整数序列 a（a 即为图 6-5 中的 S），然后，由 S 生成 $w_i(i=1, 2, \cdots, 8)$、p_0、c_0。

这里，不失一般性，取密钥 K 为 key=\{5, 218, 64, 83, 38, 24, 6, 157, 112, 216, 43, 203, 29, 39, 20, 212, 48, 206, 204, 244, 218, 100, 109, 32, 224, 215, 94, 164, 57, 78, 155, 96, 141, 2, 66, 167, 56, 105, 122, 23, 5, 196, 232, 234, 174, 241, 93, 154, 26, 25, 6, 28, 234, 108, 138, 143, 135, 132, 223, 215, 142, 227, 205, 159\}（十进制数表示）。

例 6.1　密码发生器程序示例。

代码如下：

```
1    keygen[key_, m_, n_] := Module[
2    {sbox = {99, 124, 119, 123, 242, 107, 111, 197, 48, 1, 103, 43, 254, 215, 171,
3    118, 202, 130, 201, 125, 250, 89, 71, 240, 173, 212, 162, 175, 156, 164,
4    114, 192, 183, 253, 147, 38, 54, 63, 247, 204, 52, 165, 229, 241, 113, 216,
5    49, 21, 4, 199, 35, 195, 24, 150, 5, 154, 7, 18, 128, 226, 235, 39, 178,
6    117, 9, 131, 44, 26, 27, 110, 90, 160, 82, 59, 214, 179, 41, 227, 47, 132,
7    83, 209, 0, 237, 32, 252, 177, 91, 106, 203, 190, 57, 74, 76, 88, 207, 208,
8    239, 170, 251, 67, 77, 51, 133, 69, 249, 2, 127, 80, 60, 159, 168, 81, 163,
9    64, 143, 146, 157, 56, 245, 188, 182, 218, 33, 16, 255, 243, 210, 205, 12,
```

```
10        19, 236, 95, 151, 68, 23, 196, 167, 126, 61, 100, 93, 25, 115, 96, 129, 79,
11        220, 34, 42, 144, 136, 70, 238, 184, 20, 222, 94, 11, 219, 224, 50, 58, 10,
12        73, 6, 36, 92, 194, 211, 172, 98, 145, 149, 228, 121, 231, 200, 55,   109,
13        141, 213, 78, 169, 108, 86, 244, 234, 101, 122, 174, 8, 186, 120, 37, 46,
14        28, 166, 180, 198, 232, 221, 116, 31, 75, 189, 139, 138, 112, 62, 181, 102,
15        72, 3, 246, 14, 97, 53, 87, 185, 134, 193, 29, 158, 225, 248, 152, 17, 105,
16        217, 142, 148, 155, 30, 135, 233, 206, 85, 40, 223, 140, 161, 137, 13, 191,
17        230, 66, 104, 65, 153, 45, 15, 176, 84, 187, 22},
18        key1, ul, ur, d, ul, init1, init2, t, len, a1, a2, s, w, p0, c0},
19    key1 = Partition[key, 2];
20    ul = -1.13135; ur = 1.40583; d = (ur - ul)/256;
21    init1 = Table[ul + x[[1]] d + x[[2]] d/256, {x, key1}];
22    init2 = Table[{x, x}, {x, init1}];
23    henon[x_, y_] := {1 - 1.4 x^2 + y, 0.3 x} /. {a_, b_} /;
          a < ul -> {2 ul - a, b};
24    t = {0, 0};
25    Table[t = Nest[henon[#[[1]], #[[2]]] &, 2 x/3 + (t /. {a_, b_} -> {b, b})/3,
26        64], {x, init2}];
27    len = Floor[(m * n+1)/2];
28    a1 = NestList[henon[#[[1]], #[[2]]] &, t, len];
29    a2 = Flatten[a1][[3 ;; -1 ;; 2]];
30    s = Mod[IntegerPart[FractionalPart[a2] * 10^14], 256];
31    If[len > 20, w = Table[sbox[[BitXor[s[[i]], s[[len + 1 - i]]] + 1]], {i,
        8}];
32    p0 = sbox[[BitXor[s[[9]], s[[len - 8]]]+1]];
33    c0 = sbox[[BitXor[s[[10]], s[[len - 9]]]+1]],
34    w = Table[sbox[[s[[Mod[i - 1, len] + 1]]+1]], {i, 8}];
35    p0 = sbox[[BitXor[w[[1]], w[[8]]]+1]];
36    c0 = sbox[[BitXor[w[[2]], w[[7]]]+1]]];
37    {s, w, p0, c0}
38    ]
39
40  key = {5, 218, 64, 83, 38, 24, 6, 157, 112, 216, 43, 203, 29, 39, 20, 212, 48,
41        206, 204, 244, 218, 100, 109, 32, 224, 215, 94, 164, 57, 78, 155, 96,
42        141, 2, 66, 167, 56, 105, 122, 23, 5, 196, 232, 234, 174, 241, 93, 154,
43        26, 25, 6, 28, 234, 108, 138, 143, 135, 132, 223, 215, 142, 227, 205, 159}
44  {m, n} = {512, 512}
45
46  {s, w, p0, c0} = keygen[key, m, n]
```

上述函数 keygen 用于生成等价密钥，输入为密钥 key 和图像的高度 m 与宽度 n，输出为 s、w、p0 和 c0。在第 1 章例 1.4 的基础上，第 27 行设定 len 为图像大小的一半，第 30 行产生等价密钥 s，第 31～36 行生成等价密钥 w、p0 和 c0。第 40 行设定密钥 key，第 44 行设定 m 和 n 的值，第 46 行调用 keygen 生成等价密钥 s、w、p0 和 c0。第 40～46 行演示了函数 keygen 的调用方法。

6.2.2 加密/解密算法程序

类感知器统一图像密码系统中，加密算法与解密算法完全相同，实现程序如例 6.2 所示。

例 6.2 类感知器统一图像密码系统加密/解密算法实现程序示例。

代码如下：

```
1    crypt[image_, s_, w_, p0_, c0_] := Module[{p2, p, pp0, cc0, x, v, c, w1, w2, w3,
2        u, u1, u2, u3, u4, y, dw, w0, c1, c2, c3, m, n,
3        sbox = {99, 124, 119, 123, 242, 107, 111, 197, 48, 1, 103, 43, 254, 215, 171,
4            118, 202, 130, 201, 125, 250, 89, 71, 240, 173, 212, 162, 175, 156,    164,
5            114, 192, 183, 253, 147, 38, 54, 63, 247, 204, 52, 165, 229, 241, 113, 216,
6            49, 21, 4, 199, 35, 195, 24, 150, 5, 154, 7, 18, 128, 226, 235, 39,    178,
7            117, 9, 131, 44, 26, 27, 110, 90, 160,    82, 59, 214, 179, 41, 227, 47, 132,
8            83, 209, 0, 237, 32, 252, 177, 91, 106, 203, 190, 57, 74, 76, 88, 207, 208,
9            239, 170, 251, 67, 77, 51, 133, 69, 249, 2, 127, 80, 60, 159, 168, 81, 163,
10           64, 143, 146, 157, 56, 245, 188, 182, 218, 33, 16, 255, 243, 210,    205, 12,
11           19, 236, 95, 151, 68, 23, 196, 167, 126, 61, 100, 93, 25, 115, 96, 129, 79,
12           220, 34, 42, 144, 136, 70, 238, 184, 20, 222, 94, 11, 219, 224, 50, 58, 10,
13           73, 6, 36, 92, 194, 211, 172, 98, 145, 149, 228, 121, 231, 200, 55,    109,
14           141, 213, 78, 169, 108, 86, 244, 234, 101, 122, 174, 8, 186, 120, 37,    46,
15           28, 166, 180, 198, 232, 221, 116, 31, 75, 189, 139, 138, 112, 62, 181, 102,
16           72, 3, 246, 14, 97, 53, 87, 185, 134, 193, 29, 158, 225, 248, 152, 17, 105,
17           217, 142, 148, 155, 30, 135, 233, 206, 85, 40, 223, 140, 161, 137, 13, 191,
18           230, 66, 104, 65, 153, 45, 15, 176, 84, 187, 22}},
19       w0 = w;
20       pp0 = p0; cc0 = c0;
21       p2 = ImageData[image, "Byte"];
22       {m, n} = Dimensions[p2];
23       p = Flatten[Transpose[p2]];
24       p[[1 ;; -1 ;; 2]] = BitXor[p[[1 ;; -1 ;; 2]], s];
25       x = Table[IntegerDigits[cc0, 2, 8][[i]], {i, 8, 1, -1}];
26       v = Table[IntegerDigits[pp0, 2, 8][[i]], {i, 8, 1, -1}];
27       c = Table[0, {i, m * n}];
28       Table[
29           w1 = IntegerDigits[w0, 2, 8];
30           w2 = Table[RotateLeft[w1[[j]], x[[j]]], {j, 8}];
31           w3 = FromDigits[#, 2] & /@ w2;
32           u = Table[sbox[[w3[[j]] + 1]], {j, 8}];
33           u1 = IntegerDigits[u, 2, 8];
34           u2 = Table[RotateLeft[u1[[j]], v[[j]]], {j, 8}];
```

```
35    u3 = FromDigits[♯, 2] & /@ u2;
36    u4 = Mod[Total[u3], 256];
37    y = sbox[[u4 + 1]];
38    c[[i]] = BitXor[p[[i]], y];
39    v = Table[IntegerDigits[p[[i]], 2, 8][[j]], {j, 8, 1, -1}];
40    x = Table[IntegerDigits[c[[i]], 2, 8][[j]], {j, 8, 1, -1}];
41    dw = Table[sbox[[BitXor[p[[i]], c[[i]], u[[j]]] + 1]], {j, 8}];
42    w0 = Mod[w0 + dw, 256]
43    , {i, m * n}];
44
45    p = Reverse[c];
46    {pp0, cc0} = {cc0, pp0};
47    c = Table[0, {i, m * n}];
48    x = Table[IntegerDigits[pp0, 2, 8][[i]], {i, 8, 1, -1}];
49    v = Table[IntegerDigits[cc0, 2, 8][[i]], {i, 8, 1, -1}];
50    w0 = w;
51    Table[
52    w1 = IntegerDigits[w0, 2, 8];
53    w2 = Table[RotateLeft[w1[[j]], x[[j]]], {j, 8}];
54    w3 = FromDigits[♯, 2] & /@ w2;
55    u = Table[sbox[[w3[[j]] + 1]], {j, 8}];
56    u1 = IntegerDigits[u, 2, 8];
57    u2 = Table[RotateLeft[u1[[j]], v[[j]]], {j, 8}];
58    u3 = FromDigits[♯, 2] & /@ u2;
59    u4 = Mod[Total[u3], 256];
60    y = sbox[[u4 + 1]];
61    c[[i]] = BitXor[p[[i]], y];
62    v = Table[IntegerDigits[c[[i]], 2, 8][[j]], {j, 8, 1, -1}];
63    x = Table[IntegerDigits[p[[i]], 2, 8][[j]], {j, 8, 1, -1}];
64    dw = Table[sbox[[BitXor[p[[i]], c[[i]], u[[j]]] + 1]], {j, 8}];
65    w0 = Mod[w0 + dw, 256]
66    , {i, m * n}];
67
68    c[[1 ;; -1 ;; 2]] = BitXor[c[[1 ;; -1 ;; 2]], s];
69    c1 = Partition[c, m];
70    c2 = Transpose[c1];
71    c3 = Image[c2, "Byte"]
72    ]
```

上述函数 crypt 实现了类感知器统一图像密码系统的加密或解密算法，输入为图像 image 和等价密钥 s、w、p0 与 c0，输出为图像 c3。如果输入的 image 为明文图像，则输出的 c3 为密文图像；如果输入的 image 为密文图像，则输出的 c3 为明文图像。第 23 行将图像

p2 按列展开，得到一维向量 p；第 24 行 p 的奇数下标的元素与序列 s 异或；第 25～26 行用 cc0 和 pp0 分别初始化 x 和 v；第 28～43 行将 p 送入第 Ⅰ 型类感知器进行图像信息扩散，得到序列 c；第 45 行将 c 翻转后保存在 p 中；第 46 行互换 pp0 和 cc0 的值；第 48～49 行用 pp0 和 cc0 分别初始化 x 和 v；第 51～66 行将 p 送入第 Ⅱ 型类感知器进行图像信息扩散，得到序列 c；第 68 行将 c 的奇数下标的元素与 s 异或；第 69～71 行将 c 转化为图像 c3。

6.2.3　图像加密实例

类感知器统一图像密码系统的加密过程与解密过程相同，实现程序如例 6.3 所示。

例 6.3　类感知器统一图像密码系统加密/解密函数示例。

实现代码如下：

```
1    unifiedper[key_, image_] := Module[
2      {p1, c1, m, n, s, w, p0, c0},
3      p1 = ImageData[image, "Byte"];
4      {m, n} = Dimensions[p1];
5      {s, w, p0, c0} = keygen[key, m, n];
6      c1 = crypt[image, s, w, p0, c0]
7      ]
8
9    key = {5, 218, 64, 83, 38, 24, 6, 157, 112, 216, 43, 203, 29, 39, 20,
10        212, 48, 206, 204, 244, 218, 100, 109, 32, 224, 215, 94, 164, 57,
11        78, 155, 96, 141, 2, 66, 167, 56, 105, 122, 23, 5, 196, 232, 234,
12        174, 241, 93, 154, 26, 25, 6, 28, 234, 108, 138, 143, 135, 132, 223,
13        215, 142, 227, 205, 159}
14      p4 = ExampleData[{"TestImage", "Lena"}]
15      p1 = ColorConvert[p4, "Grayscale"]
16      p5 = ExampleData[{"TestImage", "Peppers"}]
17      p2 = ColorConvert[p5, "Grayscale"]
18      p6 = ExampleData[{"TestImage", "Mandrill"}]
19      p3 = ColorConvert[p6, "Grayscale"]
20
21      c1 = unifiedper[key, p1]
22      r1 = unifiedper[key, c1]
23
24      c2 = unifiedper[key, p2]
25      r2 = unifiedper[key, c2]
26
27      c3 = unifiedper[key, p3]
28      r3 = unifiedper[key, c3]
```

上述代码中，函数 unifiedper 为图像加密/解密函数，输入为密钥 key 和图像 image。如果图像 image 为明文图像，则输出 c1 为密文图像；如果输入图像 image 为密文图像，则输出 c1 为明文图像。第 4 行读取图像 p1 的高 m 和宽 n；第 5 行调用密码发生器函数 keygen 由密钥 key、m 和 n 获取等价密钥 s、w、p0 和 c0；第 6 行调用基于等价密钥的加密/解密函数 crypt 将 image 变换为 c1。

第 9～28 行演示了加密/解密函数 unifiedper 的使用方法。第 9 行读入密钥 key；第 14、16、18 行依次读入彩色图像 Lena、Peppers 和 Mandrill；第 15、17、19 行依次得到灰度图像 Lena、Peppers 和 Mandrill；第 21 行调用 unifiedper 函数使用密钥 key 加密明文图像 p1 得到密文图像 c1；第 22 行调用 unifiedper 函数使用密钥 key 解密密文图像 c1 得到原始明文图像，保存在 r1 中；同理，第 24 行调用 unifiedper 函数使用密钥 key 加密明文图像 p2 得到密文图像 c2；第 25 行调用 unifiedper 函数使用密钥 key 解密密文图像 c2 得到原始明文图像，保存在 r2 中；第 27 行调用 unifiedper 函数使用密钥 key 加密明文图像 p3 得到密文图像 c3；第 28 行调用 unifiedper 函数使用密钥 key 解密密文图像 c3 得到原始明文图像，保存在 r3 中。

下面通过两个实例介绍统一图像密码系统的图像加密与解密处理。

例 6.4 加密如图 6-7 所示的矩阵并作解密处理。

加密过程如下：

明文图像如图 6-7 所示，大小为 $M\times N=3\times 5$，即 $M=3$，$N=5$，则 $L=\mathrm{floor}((MN+1)/2)=8$.

1	4	7	10	13
2	5	8	11	14
3	6	9	12	15

P

图 6-7 明文图像 P（3×5 的矩阵）

不失一般性，设密钥为 $K=\{5, 218, 64, 83, 38, 24, 6, 157, 112, 216, 43, 203, 29, 39, 20, 212, 48, 206, 204, 244, 218, 100, 109, 32, 224, 215, 94, 164, 57, 78, 155, 96, 141, 2, 66, 167, 56, 105, 122, 23, 5, 196, 232, 234, 174, 241, 93, 154, 26, 25, 6, 28, 234, 108, 138, 143, 135, 132, 223, 215, 142, 227, 205, 159\}$（十进制数表示）。由密钥 K 借助于第 6.2.1 节的算法生成的等价密钥 $S=\{s_i\}(i=1, 2, \cdots, L)$、$w_i(i=1, 2, \cdots, 8)$ 和 p_0、c_0 如图 6-8 所示。

241	31	170	195	96	21	70	183		120

S $\qquad\qquad\qquad\qquad\qquad\qquad p_0$

140	114	211	37	207	250	110	78		175

$\{w_i\}, i=1,2,\cdots,8$ $\qquad\qquad\qquad c_0$

图 6-8 等价密钥 $S=\{s_i\}(i=1, 2, \cdots, L)$、$w_i(i=1, 2, \cdots, 8)$ 和 p_0、c_0

按第 6.1.2 节介绍的图像加密过程，每步骤得到的序列如图 6-9 所示，C 为密文图像。图 6-9 中的各步对应于第 6.1.2 节中"2.图像加密/解密过程"中的各步。

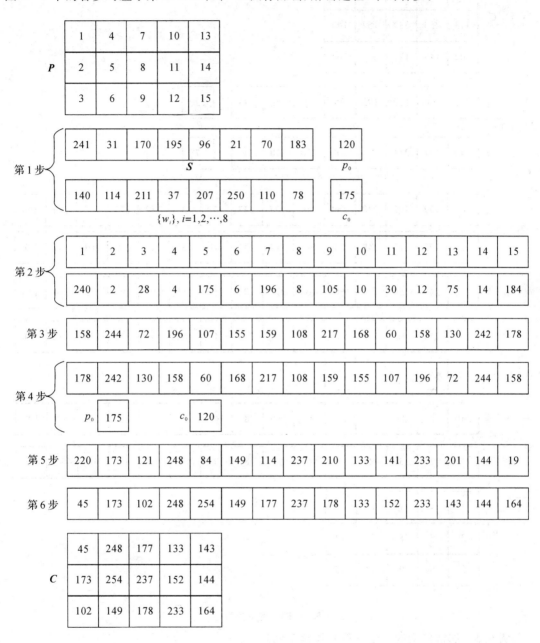

图 6-9　加密过程

解密过程如下：

密文图像如图 6-9 中的 C 所示，使用上文的密钥 K，按第 6.1.2 节介绍的图像解密过程，每步骤得到的序列如图 6-10 所示，P 为解密后的图像。对比图 6-10 和图 6-9 中的 P，可知，解密得到的图像正是原始的明文图像。图 6-10 中的各步对应于第 6.1.2 节中"2.加密/解密过程"中的各步。

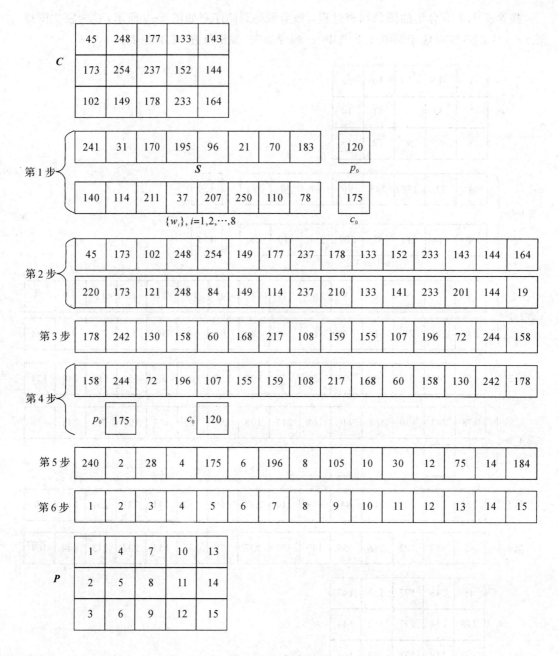

图 6-10　解密过程

例 6.5　加密典型的灰度图像并作解密处理。

不失一般性，设定密钥 **K**＝{27，100，174，222，193，25，145，140，109，184，75，102，147，131，241，203，68，25，147，116，140，33，96，74，31，187，41，129，243，57，162，198，240，206，165，209，156，103，246，44，20，145，133，168，160，252，112，244，235，77，102，117，52，79，33，18，66，104，14，88，53，201，183，49}（十进制数表示）。选取了 Lena、Peppers 和 Mandrill 作为明文图像，如图 6-11(a)～图 6-11(c)所示，图像大小均为 512×512。借助于类感知器统一图像密码系统使用密钥 **K** 加密这些明文图

像,得到的密文图像分别如图6-11(d)～图6-11(f)所示。然后,将这些密文图像作为类感知器统一图像密码系统的输入,使用密钥 **K** 解密后还原的图像如图6-11(g)～图6-11(i)所示。由图6-11可知,密文图像呈噪声样式,解密后的图像与原始明文图像完全相同,说明类感知器统一图像密码系统的加密/解密程序工作正常。

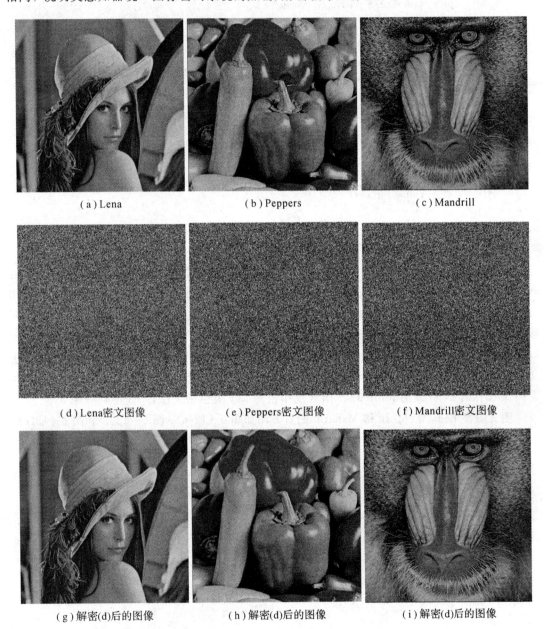

（a）Lena （b）Peppers （c）Mandrill

（d）Lena密文图像 （e）Peppers密文图像 （f）Mandrill密文图像

（g）解密(d)后的图像 （h）解密(d)后的图像 （i）解密(d)后的图像

图6-11 典型图像的加密与解密仿真实验结果

加密/解密程序如下所示:

```
1     key = {27, 100, 174, 222, 193, 25, 145, 140, 109, 184, 75, 102, 147,
2            131, 241, 203, 68, 25, 147, 116, 140, 33, 96, 74, 31, 187, 41, 129,
3            243, 57, 162, 198, 240, 206, 165, 209, 156, 103, 246, 44, 20, 145,
```

```
4        133, 168, 160, 252, 112, 244, 235, 77, 102, 117, 52, 79, 33, 18, 66,
5        104, 14, 88, 53, 201, 183, 49}
6
7    p4 = ExampleData[{"TestImage", "Lena"}]
8    p1 = ColorConvert[p4, "Grayscale"]
9    p5 = ExampleData[{"TestImage", "Peppers"}]
10   p2 = ColorConvert[p5, "Grayscale"]
11   p6 = ExampleData[{"TestImage", "Mandrill"}]
12   p3 = ColorConvert[p6, "Grayscale"]
13
14   c1 = unifiedper[key, p1]
15   r1 = unifiedper[key, c1]
16
17   c2 = unifiedper[key, p2]
18   r2 = unifiedper[key, c2]
19
20   c3 = unifiedper[key, p3]
21   r3 = unifiedper[key, c3]
```

上述代码中,第 1~5 行设定密钥 key;第 7、9、11 行依次读入彩色图像 Lena、Peppers 和 Mandrill;第 8、10、12 行依次得到灰度图像 Lena、Peppers 和 Mandrill;第 14 行调用 unifiedper 函数使用密钥 key 加密明文图像 p1 得到密文图像 c1;第 15 行调用 unifiedper 函数使用密钥 key 解密密文图像 c1 得到图像 r1;同理,第 17 行调用 unifiedper 函数使用密钥 key 加密明文图像 p2 得到密文图像 c2;第 18 行调用 unifiedper 函数使用密钥 key 解密密文图像 c2 得到图像 r2;第 20 行调用 unifiedper 函数使用密钥 key 加密明文图像 p3 得到密文图像 c3;第 21 行调用 unifiedper 函数使用密钥 key 解密密文图像 c3 得到图像 r3。

明文图像 Lena、Peppers 和 Mandrill 的直方图如图 6 - 12(a)、图 6 - 12(c)和图 6 - 12(e)

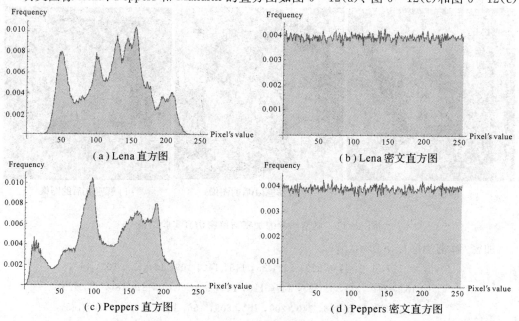

(a) Lena 直方图　　　　　　　　(b) Lena 密文直方图

(c) Peppers 直方图　　　　　　　(d) Peppers 密文直方图

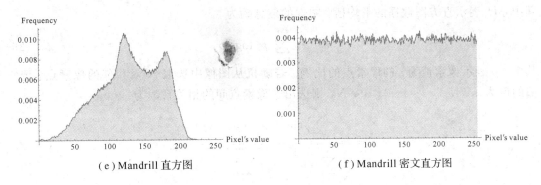

（e）Mandrill 直方图　　　　　　　　（f）Mandrill 密文直方图

图 6 - 12　明文图像与密文图像的直方图对比

所示，它们对应的密文图像的直方图如图 6 - 12(b)、图 6 - 12(d)和图 6 - 12(f)所示。从图 6 - 12 可知，明文图像的直方图具有明显的起伏特征，而密文图像的直方图近似均匀分布，密文图像可有效地对抗基于直方图的统计分析。

6.3　系统安全性能分析

本节重点分析密钥空间、密文统计特性和系统敏感性等性能，其中，密文统计特性主要分析直方图、信息熵和相关性；系统敏感性分析将分析加密系统的密钥敏感性、加密系统的等价密钥敏感性、明文敏感性和密文敏感性等，而解密系统的（合法与非法）密钥敏感性、解密系统的（合法与非法）等价密钥敏感性分析留作读者思考。

6.3.1　密钥空间

类感知器统一图像密码系统使用了 512 位长的密钥，因此，密钥空间大小均为 $2^{512} \approx$ $1.34\,078 \times 10^{154}$。结合图像加密与解密速度，可以计算穷举攻击所需的时间。穷举攻击至少考虑尝试密钥空间中一半的密钥。不妨假设加密与解密速度相同，均为 v，单位为 b/s，设密钥空间大小为 u，则穷举破译一幅大小为 s 的 8 比特灰度图像需要的时间为 $4su/v$ 秒。

基于 C♯ 语言程序，本章介绍的类感知器统一图像密码系统的加密与解密速度严格相同，约为 13.8311 Mb/s[3]。考虑攻击一半密钥空间的穷举密钥攻击，攻击大小为 512×512 的 8 比特灰度图像，将花费约 $6.446\,51 \times 10^{145}$ 年。可见，这里的类感知器统一图像密码系统可以有效地对抗穷举攻击。

6.3.2　密文统计特性

密文统计特性是衡量图像密码系统优劣的重要判定依据。优秀的图像密码系统将明文转化为类似于噪声的密文图像。表征密文统计特性的指标主要有图像直方图偏差、信息熵和相关系数。不失一般性，这里使用了图 6 - 11 中的明文图像和其相应的密文图像，计算了它们的直方图偏差、信息熵和相关系数，列于表 6 - 1 中。设图像的直方图为 $H = \{H_i\}$，$i = 0, 1, \cdots, 255$，则其直方图偏差为

$$d = \sqrt{\frac{1}{256} \sum_{i=0}^{255} (H_i - H_a)^2} \qquad (6 - 25)$$

其中，H_a表示直方图数据的平均值。图像的信息熵为

$$e = -\sum_{i=0}^{255} p_i \log_2 p_i \qquad (6-26)$$

其中，p_i表示像素值为i的像素点的比例。若随机从图像中选取N对相邻的像素点，记它们的值为(u_i, v_i)，$i=1, 2, \cdots, N$，则选出的像素点间的相关系数为

$$r = \frac{\sum_{i=1}^{N}(u_i - u_a)(v_i - v_a)}{\sqrt{\sum_{i=1}^{N}(u_i - u_a)^2 \sum_{i=1}^{N}(v_i - v_a)^2}} \qquad (6-27)$$

其中，u_a和v_a分别为序列$\{u_i\}$和$\{v_i\}$的平均值。一般用r代表整个图像的相关系数。根据选取相邻像素点的方式不同，可计算水平方向、竖直方向、正对角方向和反对角方向上的相关系数。下面例6.6所示程序计算了直方图偏差、信息熵和相关系数。

例 6.6 设计直方图偏差、信息熵和相关系数计算程序。

代码如下：

```
1    histogramdev[image_] := Module[
2      {u1, u2, b1, b2, d},
3      u1 = ImageData[image, "Byte"];
4      u2 = Flatten[u1];
5      b1 = BinCounts[u2, {0, 256, 1}];
6      b2 = Total[b1]/256;
7      d = Sqrt[Total[(b1 - b2)^2]/256] // N
8      ]
9
10   histogramdev[p1]
11   histogramdev[c1]
12   histogramdev[p2]
13   histogramdev[c2]
14   histogramdev[p3]
15   histogramdev[c3]
16
17   entropy[p1]
18   entropy[c1]
19   entropy[p2]
20   entropy[c2]
21   entropy[p3]
22   entropy[c3]
23
24   corrcoef[p1, 2000]
25   corrcoef[c1, 2000]
26   corrcoef[p2, 2000]
27   corrcoef[c2, 2000]
28   corrcoef[p3, 2000]
```

```
29      corrcoef[c3, 2000]
```

上述代码中，函数 histogramdev 用于计算输入图像 image 的直方图偏差。第 10～15 行调用 histogramdev 函数依次计算了图像 p1、c1、p2、c2、p3 和 c3 的直方图偏差，这里的 p1、p2 和 p3 分别如图 6-11(a)～图 6-11(c)所示，图 c1、c2 和 c3 分别如图 6-11(d)～图 6-11(f)所示。第 17～22 行调用 entropy 函数依次计算图像 p1、c1、p2、c2、p3 和 c3 的信息熵，函数 entropy 如例 4.7 所示。第 24～29 行调用函数 corrcoef 依次计算图像 p1、c1、p2、c2、p3 和 c3 的相关系数，从各个图像中选择 2000 对相邻像素点进行计算，其中，函数 corrcoef 如例 4.9 所示。例 6.6 的计算结果列于表 6-1 中。

表 6-1　统计特性指标计算结果

图　　像		直方图偏差	信息熵 /bit	相关系数			
				水平	竖直	对角	斜对角
明文图像	Lena	795.851	7.445 06	0.965 86	0.980 57	0.948 68	0.962 82
	Peppers	693.348	7.593 59	0.977 01	0.978 19	0.954 48	0.965 11
	Mandrill	865.713	7.358 32	0.864 49	0.766 01	0.711 90	0.704 63
密文图像	Lena	31.785	7.999 31	0.013 10	−0.018 04	0.008 06	−0.023 59
	Peppers	31.846	7.999 30	−0.003 16	0.011 24	−0.008 55	−0.023 86
	Mandrill	31.903	7.999 30	0.023 18	0.013 61	−0.003 66	−0.007 98
理想白噪声图像		0	8	0	0	0	0

在表 6-1 中，同一指标的密文图像的计算结果明显地比明文图像的计算结果更接近于噪声图像的理论值，即各个密文图像的统计指标非常接近于噪声图像的理论值，而它们对应的明文图像的统计指标远远偏离噪声图像的理论值。这表明类感知器统一图像密码系统生成的密文图像具有优秀的统计特性。

6.3.3　系统敏感性分析

本节重点分析四个方面的图像密码系统敏感性，即加密系统的密钥敏感性、加密系统的等价密钥敏感性、明文敏感性和密文敏感性。由于被动攻击方法（例如，选择/已知明文攻击或选择/已知密文攻击等）主要是攻击等价密钥，因此，等价密钥敏感性分析比密钥敏感性分析更加重要。下面逐一进行各种敏感性分析。

1. 加密系统的密钥敏感性分析

加密系统的密钥敏感性分析方法为：随机产生一个密钥，微小改变其值（例如，只改变其某一位的值），使用改变前后的两个密钥加密同一明文图像得到两个密文图像，然后，计算这两个密文图像间的 NPCR、UACI 和 BACI 指标值，最后，重复上述实验 100 次计算 NPCR、UACI 和 BACI 指标的平均值。这里以图 6-11 中的明文图像 Lena、Peppers 和 Mandrill 为例，讨论类感知器统一图像加密系统的密钥敏感性，如例 6.7 所示。

例 6.7　加密系统的密钥敏感性分析程序示例。

代码如下：

```
1      keysens[image_] := Module[
```

```
2      {key1, key2, id1, id2, p1, c1, c2, nub, rn},
3      nub = {0, 0, 0};
4      p1 = image;
5      rn = 100;
6      Table[
7       key1 = RandomInteger[255, 64];
8       key2 = key1;
9       id1 = RandomInteger[{1, 64}];
10      id2 = RandomInteger[7];
11      key2[[id1]] = BitXor[key2[[id1]], 2^id2];
12      c1 = unifiedper[key1, p1];
13      c2 = unifiedper[key2, p1];
14      nub = nub + npcruacibaci[c1, c2], {i, rn}];
15      nub = nub/(1. 0 * rn)
16      ]
17
18     nub1 = keysens[p1]
19     nub2 = keysens[p2]
20     nub3 = keysens[p3]
```

上述代码中，函数 keysens 输入明文图像 image，然后基于 image 测试密钥敏感性。第
6～14 行进行 100 次实验，第 15 行计算 NPCR、UACI 和 BACI 的平均值。第 18～20 行依
次借助于图 6-11(a)～图 6-11(c)所示的明文图像 Lena、Peppers 和 Mandrill 计算密钥敏感
性分析指标，计算结果列于表 6-2 中。

表 6-2　加密系统的密钥敏感性分析结果　　　　　　　　（%）

指标	Lena	Peppers	Mandrill	理论值
NPCR	99.6081	99.6073	99.6085	99.6094
UACI	33.4682	33.4610	33.4599	33.4635
BACI	26.7676	26.7747	26.7740	26.7712

由表 6-2 可知，类感知器统一图像加密系统密钥敏感性测试指标 NPCR、UACI 和
BACI 的计算结果趋于其理论值，说明类感知器统一图像加密系统具有强的密钥敏感性。

2. 加密系统的等价密钥敏感性分析

由第 6.1.2 节可知，类感知器统一图像密码系统具有 4 个等价密钥，即长度为 L 的序
列 S、长度为 8 的 w 和字节数据 p_0 与 c_0。

加密系统的等价密钥敏感性分析方法为：随机产生一个密钥，借助于密钥扩展算法（混
沌 Ⅱ 随机序列发生器）生成对应的等价密钥，这里为 S、w、p_0 和 c_0；微小改变等价密钥（例
如，只改变其中某个字节一位的值），使用改变前后的两个等价密钥，加密明文图像 Lena、
Peppers 或 Mandrill；然后，计算加密同一明文图像所得的两个密文图像间的 NPCR、
UACI 和 BACI 的值；最后，多次重复上述实验，计算多次试验的平均指标值。这里，当考
察 S 的敏感性时，重复实验的次数为 100 次；当考察 w、p_0 和 c_0 的敏感性时，重复实验的次

数为 3 次。下面例 6.8 为等价密钥敏感性分析程序。

例 6.8　等价密钥敏感性分析程序示例。

代码如下：

```
1    eqkeysens[image_] := Module[ {nub1, nub2, nub3, nub4, p1, p2, m, n, len, rn1,
2       rn2, rn3, rn4, key1, s, w, p0, c0, s2, id1, id2, c1, c2, w2, pp0, cc0},
3       nub1 = {0, 0, 0};
4       nub2 = nub1; nub3 = nub1; nub4 = nub1;
5       p1 = image;
6       p2 = ImageData[p1, "Byte"];
7       {m, n} = Dimensions[p2];
```

第 7 行得到明文图像 p2 的高 m 和宽 n。

```
8       len = Floor[(m * n + 1)/2];
9       rn1 = 100; rn2 = 3; rn3 = 3; rn4 = 3;
10      Table[
11       key1 = RandomInteger[255, 64];
12       {s, w, p0, c0} = keygen[key1, m, n];
13       s2 = s;
14       id1 = RandomInteger[{1, len}];
15       id2 = RandomInteger[7];
16       s2[[id1]] = BitXor[s2[[id1]], 2^id2];
17       c1 = crypt[p1, s, w, p0, c0];
18       c2 = crypt[p1, s2, w, p0, c0];
19       nub1 = nub1 + npcruacibaci[c1, c2], {i, rn1}];
20       nub1 = nub1/(1.0 * rn1);
21
```

第 10～20 行计算等价密钥 s 的敏感性指标。

```
22      Table[
23       key1 = RandomInteger[255, 64];
24       {s, w, p0, c0} = keygen[key1, m, n];
25       w2 = w;
26       id1 = RandomInteger[{1, 8}];
27       id2 = RandomInteger[7];
28       w2[[id1]] = BitXor[w2[[id1]], 2^id2];
29       c1 = crypt[p1, s, w, p0, c0];
30       c2 = crypt[p1, s, w2, p0, c0];
31       nub2 = nub2 + npcruacibaci[c1, c2], {i, rn2}];
32       nub2 = nub2/(1.0 * rn2);
33
```

第 22～32 行计算等价密钥 w 的敏感性指标。

```
34      Table[
35       key1 = RandomInteger[255, 64];
36       {s, w, p0, c0} = keygen[key1, m, n];
```

```
37        pp0 = p0;
38        id1 = RandomInteger[7];
39        pp0 = BitXor[pp0, 2^id1];;
40        c1 = crypt[p1, s, w, p0, c0];
41        c2 = crypt[p1, s, w, pp0, c0];
42        nub3 = nub3 + npcruacibaci[c1, c2], {i, rn3}];
43      nub3 = nub3/(1.0 * rn3);
44
```

第 34~43 行计算等价密钥 p0 的敏感性指标。

```
45        Table[
46        key1 = RandomInteger[255, 64];
47        {s, w, p0, c0} = keygen[key1, m, n];
48        cc0 = c0;
49        id1 = RandomInteger[7];
50        cc0 = BitXor[cc0, 2^id1];
51        c1 = crypt[p1, s, w, p0, c0];
52        c2 = crypt[p1, s, w, p0, cc0];
53        nub4 = nub4 + npcruacibaci[c1, c2], {i, rn4}];
54      nub4 = nub4/(1.0 * rn4);
55
```

第 45~54 行计算等价密钥 c0 的敏感性指标。

```
56        {nub1, nub2, nub3, nub4}
57        ]
58
59      nub1 = eqkeysens[p1]
60      nub2 = eqkeysens[p2]
61      nub3 = eqkeysens[p3]
```

上述函数 eqkeysens 计算基于明文图像 image 的等价密钥敏感性指标。第 59~61 行依次使用了图 6-11(a)~图 6-11(c)所示的明文图像 Lena、Peppers 和 Mandrill 计算等价密钥敏感性，计算结果列于表 6-3 中。

表 6-3　图像加密系统的等价密钥敏感性分析结果　　　　　（％）

指标		Lena	Peppers	Mandrill	理论值
s	NPCR	99.6101	99.6101	99.6112	99.6094
	UACI	33.4570	33.4690	33.4590	33.4635
	BACI	26.7694	26.7720	26.7693	26.7712
w	NPCR	99.6169	99.6040	99.6187	99.6094
	UACI	33.4411	33.4701	33.4608	33.4635
	BACI	26.7632	26.7657	26.7733	26.7712

续表

	指标	Lena	Peppers	Mandrill	理论值
p_0	NPCR	99.6174	99.6241	99.6148	99.6094
	UACI	33.4835	33.5059	33.4805	33.4635
	BACI	26.7837	26.7717	26.7722	26.7712
c_0	NPCR	99.6148	99.6053	66.4134	99.6094
	UACI	33.4767	33.4881	22.2848	33.4635
	BACI	26.7732	26.7689	17.8342	26.7712

根据表6-3可知，等价密钥 S、w 和 p_0 的测试指标 NPCR、UACI 和 BACI 的计算结果均与其理论值非常接近，表明等价密钥 S、w 和 p_0 均具有良好的敏感性，但是，等价密钥 c_0 的敏感性稍差。总体而言，类感知器统一图像加密系统具有较好的等价密钥敏感性，可以对抗选择/已知明文攻击等被动攻击方法。提高 c_0 敏感性的方法有两种，其一为不把 c_0 和 p_0 视为等价密钥，是因为 c_0 和 p_0 由 w 产生，而 w 为等价密钥；其二为将 c_0 和 p_0 用于更新输入层到隐含层的权值，留作读者思考。

3. 明文敏感性分析

明文敏感性测试方法为：对于给定的明文图像 P_1，借助某一密钥 K 加密 P_1 得到相应的密文图像 C_1；然后，从 P_1 中随机选取一个像素点 (i, j)，微小改变该像素点的值，得到新的图像记为 P_2，除了在随机选择的该像素点 (i, j) 处有 $P_2(i, j) = \text{mod}(P_1(i, j) + 1, 256)$ 外，$P_2 = P_1$；接着，仍借助同一密钥 K 加密 P_2 得到相应的密文图像，记为 C_2，计算 C_1 和 C_2 间的 NPCR、UACI 和 BACI 的值；最后，重复100次实验计算 NPCR、UACI 和 BACI 的平均值。这里，以明文图像 Lena、Peppers 和 Mandrill 为例，明文敏感性分析程序如例6.9所示。

例6.9　明文敏感性分析程序示例。

代码如下：

```
1    plainsens[image_] := Module[
2      {nub, p1, p2, m, n, rn, key1, p3, id1, id2, p4, c1, c2},
3      nub = {0, 0, 0};
4      p1 = image;
5      p2 = ImageData[p1, "Byte"];
6      {m, n} = Dimensions[p2];
7      rn = 100;
8      Table[
9        key1 = RandomInteger[255, 64];
10       p3 = p2;
11       id1 = RandomInteger[{1, m}]; id2 = RandomInteger[{1, n}];
12       p3[[id1, id2]] = Mod[p3[[id1, id2]] + 1, 256];
13       p4 = Image[p3, "Byte"];
```

```
14        c1 = unifiedper[key1, p1];
15        c2 = unifiedper[key1, p4];
16        nub = nub + npcruacibaci[c1, c2], {i, rn}];
17      nub = nub/(1.0 * rn)
18      ]
19
20    nub1 = plainsens[p1]
21    nub2 = plainsens[p2]
22    nub3 = plainsens[p3]
```

上述代码中，函数 plainsens 计算明文图像 image 的敏感性。第 6 行得到图像的高度 m 和宽度 n；第 8~16 行循环 100 次计算 NPCR、UACI 和 BACI 的平均值。第 20、21 和 22 行调用函数 plainsens 分别计算了明文图像 p1、p2 和 p3（如图 6-11(a)～图 6-11(c)所示）的敏感性指标值。明文敏感性分析的计算结果列于表 6-4 中。

表 6-4　明文敏感性分析结果　　　　　　　　　　　　　　(％)

指标	Lena	Peppers	Mandrill	理论值
NPCR	99.6079	99.6088	99.6112	99.6094
UACI	33.4663	33.4691	33.4613	33.4635
BACI	26.7753	26.7738	26.7694	26.7712

由表 6-4 可知，NPCR、UACI 和 BACI 的计算结果极其接近于各自的理论值，说明类感知器统一图像密码系统具有强的明文敏感性。

4. 密文敏感性分析

密文敏感性分析方法为：对于给定的明文图像 P_1，借助某一密钥 K 加密 P_1 得到相应的密文图像 C_1；然后，从 C_1 中随机选取一个像素点 (i, j)，微小改变该像素点的值，得到新的图像记为 C_2，即除了在随机选择的该像素点 (i, j) 处有 $C_2(i, j) = \mod(C_1(i, j) + 1, 256)$ 外，$C_2 = C_1$；接着，仍借助同一密钥 K 解密 C_2 得到还原后的图像，记为 P_2，计算 P_1 和 P_2 间的 NPCR、UACI 和 BACI 的值；最后，重复 100 次实验计算 NPCR、UACI 和 BACI 的平均值。这里，以明文图像 Lena、Peppers 和 Mandrill 为例，类感知器统一图像密码系统的密文敏感性分析程序如例 6.10 所示。

例 6.10　密文敏感性分析程序示例。

代码如下：

```
1    ciphersens[image_] := Module[
2      {key1, id1, id2, p1, p2, p3, m, n, c1, c2, c3, nub, rn},
3      nub = {0, 0, 0};
4      p1 = image;
5      p2 = ImageData[p1, "Byte"];
6      {m, n} = Dimensions[p2];
7      rn = 100;
8      Table[
```

```
9        key1 = RandomInteger[255, 64];
10       c1 = unifiedper[key1, p1];
11       id1 = RandomInteger[{1, m}];
12       id2 = RandomInteger[{1, n}];
13       c2 = ImageData[c1, "Byte"];
14       c2[[id1, id2]] = Mod[c2[[id1, id2]] + 1, 256];
15       c3 = Image[c2, "Byte"];
16       p3 = unifiedper[key1, c3];
17       nub = nub + npcruacibaci[p1, p3]
18       , {i, rn}];
19       nub = nub/(1.0 * rn)
20       ]
21
22    nub1 = ciphersens[p1]
23    nub2 = ciphersens[p2]
24    nub3 = ciphersens[p3]
```

上述代码中，函数 ciphersens 基于图像 image 分析密文敏感性。第 6 行得到图像的高度 m 和宽度 n；第 8～18 行循环 100 次计算 NPCR、UACI 和 BACI 的平均值，其中，第 9 行随机生成密钥 key1；第 10 行由密钥 key1 加密 p1 得到密文图像 c1；第 11～15 行微小改变 c1 得到新的图像 c3；第 16 行使用密钥 key1 解密 c3 得到图像 p3；第 17 行计算 p1 和 p3 间的 NPCR、UACI 和 BACI 的值。第 22、23 和 24 行调用函数 ciphersens 分别基于明文图像 p1、p2 和 p3（如图 6-11(a)～图 6-11(c)所示）计算了类感知器统一图像密码系统的密文敏感性指标值。密文敏感性分析的计算结果列于表 6-5 中。

表 6-5 密文敏感性分析结果 （％）

图像\指标	Lena		Peppers		Mandrill	
	计算值	理论值	计算值	理论值	计算值	理论值
NPCR	99.5964	99.6094	99.6088	99.6094	99.6086	99.6094
UACI	28.5864	28.6241	29.6244	29.6254	27.8501	27.8471
BACI	21.3391	21.3218	22.1895	22.1892	20.6290	20.6304

由表 6-5 可知，NPCR、UACI 和 BACI 的计算结果非常接近各自的理论值，说明类感知器统一图像密码系统具有强的密文敏感性。

本 章 小 结

本章提出了一种新颖的基于类感知器的统一图像密码系统。与基本统一图像密码系统类似，类感知器统一图像密码系统中加密过程与解密过程完全相同。在借助于计算机或 FPGA 等实现图像密码算法时，类感知器统一图像密码系统只需要一个算法过程（或函数），节省了一半的代码空间。同时，类感知器统一图像密码系统仅需要相当于图像像素点总数一半的伪随机数作为等价密钥，节约了伪随机数资源。仿真实验表明，类感知器统一图像密码系统生成的密文图像类似于噪声图像，且系统具有强的密钥敏感性、等价密钥敏感性、明文敏感性和密文敏感性，这些特性使得统一图像密码系统可以有效地对抗差分攻击和选择/已知明文或密文攻击等被动攻击方法。此外，统一图像密码系统不但具有很快的加密/解密速度，而且加密过程与解密过程共享使得系统的加密速度严格等于解密速度。

类感知器统一图像密码系统是在基本统一图像密码系统的基础上，将人工神经网络与图像信息扩散算法相融合的一次科学尝试，其在神经网络应用于图像密码学和现有图像密码系统结构革新两个方面都具有重要意义，开辟了一种新型智能的有记忆图像密码系统设计思路，极大地丰富了图像密码学的理论与应用范畴。

习　题

借鉴例 4.8 中的函数 correlate 的实现方法，编写程序分析图 6-11 中的明文图像和其相应的密文图像的相关特性，绘制水平、竖直、对角和斜对角方向上的相邻像素点相关特性相图。

第 7 章 提升小波统一图像密码技术

本章提出了一种新型的基于提升小波变换的统一图像密码系统，它具有完全相同的加密过程和解密过程。基于加取模运算和 $GF(2^8)$ 域乘法运算实现了整数域的类提升小波算法，并基于类提升变换研究了图像像素信息的扩散算法。通过两个正向的类提升变换、两个逆向的类提升变换和三个序列左右翻转操作，实现了图像信息的加密/解密处理。仿真实验表明提出的提升小波统一图像密码算法具有密钥空间大、加密/解密速度快、密文统计特性好和系统敏感性强等优点。

7.1 提升小波统一图像密码系统

本节首先讨论基于提升小波和 $GF(2^8)$ 域的类提升结构，然后，在类提升结构基础上讨论提升小波统一图像密码算法。

7.1.1 类提升结构

1995 年，Sweldens 提出了在时域内进行小波分解的算法，即提升算法。该算法包括三步，即分裂、预测和更新。对于给定的时间序列 $\{x_i\}$，$i=0,1,2,\cdots,n-1$，序列长度为 n，不妨设 n 为偶数。分裂过程将序列 $\{x_i\}$ 分解为两个序列，其一为偶下标的序列 $e_j=x_{2j}$，$j=0,1,2,\cdots,n/2-1$；其二为奇下标的序列 $o_j=x_{2j+1}$，$j=0,1,2,\cdots,n/2-1$。然后，使用预测函数 P 计算小波系数 d_j，即

$$d_j = o_j - P(e_j), \quad j = 0, 1, 2, \cdots, n/2-1 \tag{7-1}$$

接着，使用更新函数 U 得到近似系数 s_j，即

$$s_j = e_j + U(d_j), \quad j = 0, 1, 2, \cdots, n/2-1 \tag{7-2}$$

之后，将 s_j 作为新的序列，赋给 x_i，继续上述分解过程。

其中，用于 JPEG2000 图像压缩标准的 5/3 提升小波中，预测函数为

$$P(e_j) = \text{floor}((e_j + e_{j+1})/2) \tag{7-3}$$

更新函数为

$$U(d_j) = \text{floor}((d_{j-1} + d_j)/4 + 1/2) \tag{7-4}$$

5/3 提升结构的低通滤波器（即分解滤波器）的系数有 5 个，即 $\{-1/8, 1/4, 3/4, 1/4, -1/8\}$，而其高通滤波器（即重构滤波器）的系数有 3 个，即 $\{-1/2, 1, -1/2\}$。重构过程是分解过程的逆过程。5/3 提升小波可以准确地还原原始时间序列 $\{x_i\}$。5/3 小波提升变换如图 7-1 所示。

图 7-1 中，Z^{-1} 表示序列延时一个时间单位。由图 7-1 可知，5/3 提升小波可以实现

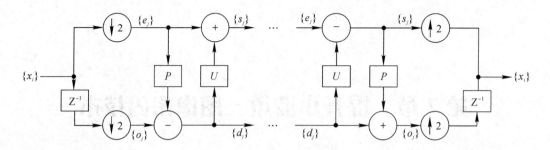

图 7-1　5/3 提升小波变换

时间序列间信息的扩散，即小波系数既包含了偶下标的元素信息，也包含了奇下标的元素信息。同样地，近似系数也是这样。下面做一些这方面的详细分析。

由上述的式(7-1)和式(7-2)可知：
$$s_j = e_j + U(d_j) = e_j + U(o_j - P(e_j)) \tag{7-5}$$

由式(7-3)和(7-4)知，不考虑取整运算，U 和 P 可以视为线性运算，则式(7-5)为
$$s_j = e_j + U(o_j) - (U \circ P)(e_j) \tag{7-6}$$

这里的 $(U \circ P)$ 表示线性算子 P 和 U 的复合运算。若令初始的 $s_j = e_j$，则式(7-6)为
$$s_j = s_j + U(o_j) - (U \circ P)(s_j) \tag{7-7}$$

式(7-7)表明 s_j 实现了自身信息的扩散处理，扩散作用表现在项 $(U \circ P)(s_j)$ 中含有 s_j 的邻近元素，还实现了奇下标像素信息的隐藏处理。

然而，由式(7-1)和式(7-3)知：
$$d_j = o_j - P(e_j) = o_j - \text{floor}((e_j + e_{j+1})/2) \tag{7-8}$$

若令初始的 $d_j = o_j$，则
$$d_j = d_j - \text{floor}((e_j + e_{j+1})/2) \tag{7-9}$$

因此，d_j 没有实现自身信息的扩散处理，但是实现了偶下标像素信息的隐藏。

为了使得 $\{d_j\}$ 可以实现自身信息的扩散，同时，增强 $\{s_j\}$ 信息的扩散强度，并将提升结构中的乘法和除法运算均限制在 $\text{GF}(2^8)$ 域上，这里取生成多项式为 $g(x) = x^8 + x^4 + x^3 + x + 1$，对图 7-1 所示的提升算法作如下的调整，得到如图 7-2 所示的类提升算法，即：

（1）如图 7-2 所示，在 $\{d_j\}$ 和 $\{s_j\}$ 的处理分支上，都添加了延时求和操作。

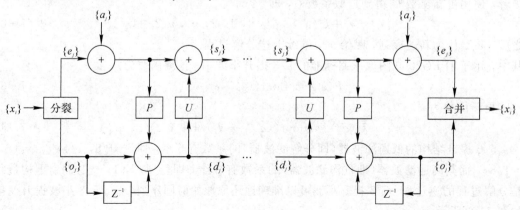

图 7-2　基于 $\text{GF}(2^8)$ 域的类提升算法

（2）图 7 - 2 中的加法和减法运算均为模 256 的加法和减法运算。

（3）预测函数 P 转化为

$$P(e_j) = (e_j + e_{j+1}) \odot 141 \qquad (7-10)$$

这里的"＋"为模 256 加法运算，"$\odot$"为 GF(2^8)域中的乘法运算，即 GF(2^8)域中 $2^{-1} = 141$。

（4）更新函数 U 转化为

$$U(d_j) = (d_{j-1} + d_j) \odot 203 \qquad (7-11)$$

这里的"＋"为模 256 加法运算，"$\odot$"为 GF(2^8)域中的乘法运算，在 GF(2^8)域中 $4^{-1} = 203$。

（5）在 $\{e_j\}$ 的处理通道上借助于等价密钥对数据进行漂白。图 7 - 2 中的序列 $\{a_j\}$ 为等价密钥。

（6）分解过程中全部使用加法运算，合成过程中全部使用减法运算。

易知，图 7 - 2 所示的类提升算法中，分解过程是可逆的，可由图 7 - 2 中右侧部分所示的合成过程还原出原始信号 $\{x_i\}$。

7.1.2　统一图像密码系统

在图 7 - 2 的基础上，提出的统一图像密码系统的实现算法如图 7 - 3 所示，它的解密算法与加密算法完全相同。如果输入为密钥和明文图像，则输出为密文图像；如果输入为密钥和密文图像，则输出为解密后的明文图像。

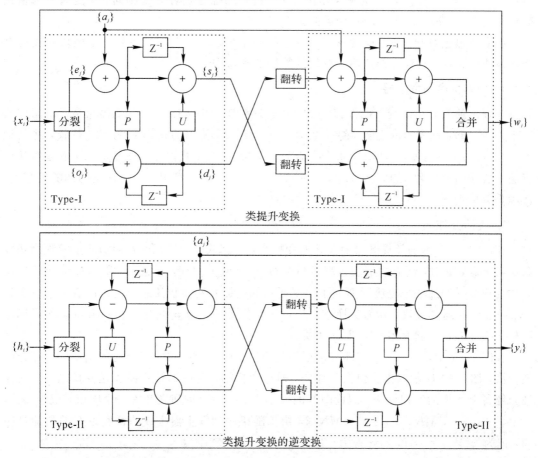

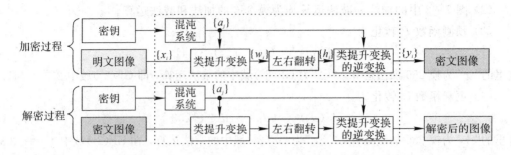

图 7 - 3 统一图像密码算法流程图

这里，设密钥记为 K，长度为 512 位。明文图像大小为 $M \times N$，要求 MN 为偶数，然后，令 $L = MN/2$。如果 MN 为奇数，则明文图像展开后的序列需要补一个 0，此时 $L = (MN+1)/2$。本节中，令 MN 为偶数。

在图 7 - 3 中，加密过程为：首先使用密钥 K 借助于混沌系统生成伪随机序列 $\{a_j\}$，$j = 0, 1, 2, \cdots, L-1$。然后，将明文图像转化为一维序列 $\{x_i\}$，$i = 0, 1, 2, \cdots, MN-1$。之后，将这两个序列作为"类提升变换"模块的输入，输出的序列记为 $\{w_i\}$，$i = 0, 1, 2, \cdots$，$MN-1$，接着，将 $\{w_i\}$ 左右翻转得到序列 $\{h_i\}$，$i = 0, 1, 2, \cdots, MN-1$。现在，将序列 $\{h_i\}$ 和序列 $\{a_j\}$ 送入"逆类提升变换"得到序列 $\{y_i\}$，$i = 0, 1, 2, \cdots, MN-1$。最后，将序列 $\{y_i\}$ 转化为与 $M \times N$ 的矩阵，即为密文图像。解密过程与加密过程完全相同，只是输入为密钥 K 和密文图像，最后的输出为解密后的图像。

由上述描述可知，统一图像密码系统包括两个模块，即伪随机序列发生模块和类提升变换模块。下面将具体介绍这两个模块的算法实现过程。

1. 伪随机序列发生器

在提出的提升小波统一图像密码系统中，只需要图像大小一半的伪随机数。设图像的大小为 $M \times N$，则需要的伪随机数个数为 $L = MN/2$。使用的密钥 K 为 512 位长，将其记为 $K = \{k_1, k_2, \cdots, k_{64}\}$，其中，每个元素为 8 位长。然后，借助于第 1 章例 1.4 的逐级迭代算法生成伪随机序列 $\{a_j\}$，$j = 0, 1, 2, \cdots, L-1$。$\{a_j\}$ 为直接用于图像加密的伪随机序列，也称为等价密钥。

2. 类提升变换

在图 7 - 3 所示的类提升变换及其逆变换中，使用式(7 - 10)和(7 - 11)所示的预测函数和更新函数，同时，所有的乘法运算限制在 $GF(2^8)$ 域上实现，并且，全部的加法和减法运算均为模 256 的加法与减法运算。图 7 - 3 所示的类提升变换和其逆变换只包括 Type - I 和 Type - II 两种运算模块，称为变换结。Type - I 和 Type - II 这两种变换结互逆。下面将这两种变换结放在一起介绍，如图 7 - 4 所示。

在图 7 - 4 中，"Type - I"部分是正的变换结，而"Type - II"部分是"Type - I"部分的逆变换。图 7 - 4 所示的模块包括三部分，即正变换结，左右翻转变换和逆变换。下面详细介绍各个变换的实现算法。假设图像的大小为 $M \times N$，按列展开为一个向量，记为 $\{x_i\}$，$i = 0, 1, 2, \cdots, MN-1$。令 $L = MN/2$，由伪随机序列发生器生成的长度为 L 的伪随机序列，记为 $\{a_j\}$，$j = 0, 1, 2, \cdots, L-1$。

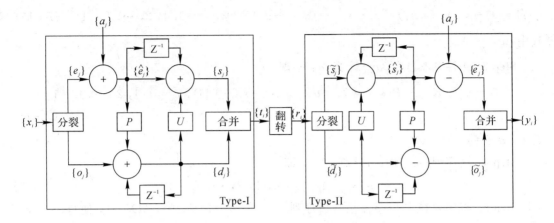

图 7 - 4　类提升变换及其逆变换中的两种运算结

1）正变换结

结合图 7 - 4 的"Type－Ⅰ"部分，正变换结的实现步骤如下：

Step 1. 将序列$\{x_i\}$拆分为两个序列$\{e_j\}$和$\{o_j\}$，其中，$e_j = x_{2j}$，$o_j = x_{2j+1}$，$j = 0, 1, 2,$ $\cdots, L-1$。

Step 2. 由$\{e_j\}$和$\{a_j\}$得到$\{\hat{e}_j\}$，即

$$\hat{e}_j = e_j + a_j, \quad j = 0, 1, 2, \cdots, L-1 \tag{7-12}$$

Step 3. 由$\{o_j\}$和$\{\hat{e}_j\}$得到$\{d_j\}$，即

$$d_j = d_{j-1} + o_j + P(\hat{e}_j) = d_{j-1} + o_j + (\hat{e}_j + \hat{e}_{j+1}) \odot 141, \quad j = 0, 1, 2, \cdots, L-1 \tag{7-13}$$

其中，$d_{-1} = 0$，$\hat{e}_L = 0$。

Step 4. 由$\{\hat{e}_j\}$和$\{d_j\}$得到$\{s_j\}$，即

$$s_j = \hat{e}_j + \hat{e}_{j-1} + U(d_j) = \hat{e}_j + \hat{e}_{j-1} + (d_{j-1} + d_j) \odot 203, \quad j = 0, 1, 2, \cdots, L-1 \tag{7-14}$$

其中，$d_{-1} = 0$，$\hat{e}_{-1} = 0$。

Step 5. 将$\{s_j\}$和$\{d_j\}$合并为一个序列，记为$\{t_i\}$，$i = 0, 1, 2, \cdots, MN$。其中，$t_{2j} = s_j$，$t_{2j+1} = d_j$，$j = 0, 1, 2, \cdots, L-1$。

2）左右翻转变换

在图 7 - 4 中，左右翻转变换的实现算法如下：

将序列$\{t_i\}$左右翻转得到一个新的序列，记为$\{r_i\}$，$i = 0, 1, 2, \cdots, MN-1$，满足$r_i = t_{MN-1-i}$，$i = 0, 1, 2, \cdots, MN-1$。

3）逆变换结

结合图 7 - 4 的"Type－Ⅱ"部分，逆变换结的实现步骤如下：

Step 1. 将序列$\{r_i\}$分裂为两部分，记为序列$\{\tilde{s}_j\}$和$\{\tilde{d}_j\}$。其中，$\tilde{s}_j = r_{2j}$，$\tilde{d}_j = r_{2j+1}$，$j = 0, 1, 2, \cdots, L-1$。

Step 2. 由序列$\{\tilde{s}_j\}$和$\{\tilde{d}_j\}$计算$\{\hat{s}_j\}$，即

$$\hat{s}_j = \tilde{s}_j - \hat{s}_{j-1} - U(\tilde{d}_j) = \tilde{s}_j - \hat{s}_{j-1} - (\tilde{d}_{j-1} + \tilde{d}_j) \odot 203, \ j = 0, 1, 2, \cdots, L-1 \quad (7-15)$$

其中，$\tilde{d}_{-1} = 0$。

Step 3. 由序列 $\{\hat{s}_j\}$ 和 $\{\tilde{d}_j\}$ 计算 $\{\tilde{o}_j\}$，即

$$\tilde{o}_j = \tilde{d}_j - \tilde{d}_{j-1} - P(\hat{s}_j) = \tilde{d}_j - \tilde{d}_{j-1} - (\hat{s}_j + \hat{s}_{j+1}) \odot 141, \ j = 0, 1, 2, \cdots, L-1$$

$$(7-16)$$

其中，$\tilde{d}_{-1} = 0, \hat{s}_L = 0$。

Step 4. 由序列 $\{\hat{s}_j\}$ 和 $\{a_j\}$ 计算 $\{\tilde{e}_j\}$，即

$$\tilde{e}_j = \hat{s}_j - a_j, \ j = 0, 1, 2, \cdots, L-1 \quad (7-17)$$

Step 5. 将序列 $\{\tilde{e}_j\}$ 和 $\{\tilde{o}_j\}$ 组合成序列 $\{y_i\}$，$i = 0, 1, 2, \cdots, MN-1$，使得 $y_{2j} = \tilde{e}_j$，$y_{2j+1} = \tilde{o}_j$，$j = 0, 1, 2, \cdots, L-1$。

显然，图 7-3 所示的提升小波统一图像密码系统的结构为"正变换结—左右翻转—正变换结—左右翻转—逆变换结—左右翻转—逆变换结"。

7.2 图像密码系统实现程序

提升小波统一图像密码系统的实现程序包括两部分，即密码发生器程序和加密/解密算法程序。其中，密码发生器程序基于第 1 章例 1.4 所示的代码；加密算法程序与解密算法程序完全相同。

7.2.1 密码发生器程序

密钥 K 取 64 个整数（每个整数取值在 0 至 255 间），即密钥 K 为 512 位长的位序列。按例 1.4 的算法，由密钥 K 生成长度为 $L = \text{floor}((MN+1)/2)$ 的整数序列 a，如例 7.1 所示。

这里不失一般性，密钥 K 取为 key = {116, 80, 117, 34, 248, 121, 247, 217, 40, 202, 165, 113, 39, 209, 13, 22, 35, 82, 151, 104, 96, 239, 186, 78, 240, 146, 248, 71, 197, 120, 11, 193, 76, 252, 118, 90, 94, 140, 7, 35, 214, 107, 158, 58, 149, 155, 237, 174, 223, 93, 118, 215, 7, 98, 242, 10, 181, 140, 71, 43, 59, 125, 94, 225}。

例 7.1 设计密码发生器程序。

代码如下：

```
1    keygen[key_, m_, n_] := Module[
2        {key1, ur, d, ul, init1, init2, t, len, a1, a2, a},
3        key1 = Partition[key, 2];
4        ul = -1.13135; ur = 1.40583; d = (ur - ul)/256;
5        init1 = Table[ul + x[[1]] d + x[[2]] d/256, {x, key1}];
6        init2 = Table[{x, x}, {x, init1}];
7        henon[x_, y_] := {1 - 1.4 x2 + y, 0.3 x} /. {a_, b_} /; a < ul -> {2 ul - a, b};
8        t = {0, 0};
9        Table[t = Nest[henon[#[[1]], #[[2]]] &, 2 x/3 + (t /. {a_, b_} -> {b, b})/3,
10            64], {x, init2}];
```

```
11        len = Floor[(m * n + 1)/2];
12        a1 = NestList[henon[ #[[1]], #[[2]]] &., t, len];
13        a2 = Flatten[a1][[3 ;; −1 ;; 2]];
14        a = Mod[IntegerPart[FractionalPart[a2] * 10^14], 256]
15        ]
16
17    key = {116, 80, 117, 34, 248, 121, 247, 217, 40, 202, 165, 113, 39, 209, 13, 22,
18          35, 82, 151, 104, 96, 239, 186, 78, 240, 146, 248, 71, 197, 120, 11, 193,
19          76, 252, 118, 90, 94, 140, 7, 35, 214, 107, 158, 58, 149, 155, 237,   174,
20          223, 93, 118, 215, 7, 98, 242, 10, 181, 140, 71, 43, 59, 125, 94, 225}
21    {m, n} = {512, 512}
22    a = keygen[key, m, n]
```

上述代码中，函数 keygen 用于生成等价密钥 a，输入参数为密钥 key 和图像的高 m 与宽 n，输出为 a。第 17～20 行设定密钥 key；第 22 行调用函数 keygen 生成等价密钥 a。

7.2.2　加密/解密算法程序

这里先讨论一下 GF(2^8) 域算术，设这里的不可约多项式为 $g(x) = x^8 + x^4 + x^3 + x + 1$。在 Mathematica 中，域算法的语句如例 7.2 所示。

例 7.2　域算术示例。

代码如下：

```
1     Needs["FiniteFields"]
2     gf = GF[2, Reverse[{1, 0, 0, 0, 1, 1, 0, 1, 1}]]
3
4     d1 = gf[Reverse[IntegerDigits[2, 2, 8]]] * gf[Reverse[IntegerDigits[141, 2, 8]]]
5     d2 = FromDigits[Reverse[d1[[1]]], 2]
6
7     d3 = gf[Reverse[IntegerDigits[1, 2, 8]]]/gf[Reverse[IntegerDigits[4, 2, 8]]]
8     d4 = FromDigits[Reverse[d3[[1]]], 2]
9
10    d5 = gf[Reverse[IntegerDigits[93, 2, 8]]] + gf[Reverse[IntegerDigits[191, 2, 8]]]
11    d6 = FromDigits[Reverse[d5[[1]]], 2]
12
13    BitXor[93, 191]
```

上述代码中，第 1 行装入 Galois 域函数包；第 2 行定义 GF(2^8) 域，这里的生成多项式系数为 {1, 0, 0, 0, 1, 1, 0, 1, 1}，在函数 GF 中，按幂次从低到高排列，故使用参数 Reverse[{1, 0, 0, 0, 1, 1, 0, 1, 1}]。第 4 行计算 GF(2^8) 中 2 与 141 的乘积，这里的 2 和 141 设为黑体了。gf 的输入参数必须是多项式的系数（按幂次从低到高），故十进制数 2 作为参数的形式为 Reverse[IntegerDigits[2, 2, 8]]，而十进制数 141 作为参数的形式为 Reverse[IntegerDigits[141, 2, 8]]，2 与 141 的乘积保存在 d1 中，d1 为乘积的多项式系统（按幂次由低到高），第 5 行从 d1 中提取出多项式系数，然后，反序排列（幂次从高到低），再转化为十进制数保存在 d2 中。根据运算结果可知，在 GF(2^8) 域中，2 * 141 = 1。同理，第 7 行计算 1 除以 4 的值，商保存在 d3 中；第 8 行将 d3 转化为十进制数，保存在 d4 中，这里 d4＝203，即 1/4＝203。第 10 行计算 93 与 191 的和，保存在 d5 中。在 $GF(2^8)$ 域中，和与差运算等价于异或运算。第 11 行将 d5 中的值转化为十进制数，保存在 d6 中，这里 d6＝226。第 13 行将 93 与 191 异或，结果也是 226。在式(7-10)和式(7-11)中用到了 $GF(2^8)$ 域中的乘法运算，可以按例 7.2 中方法处理。

下面将介绍图像加密/解密算法。提升小波图像密码系统中，加密算法与解密算法完全相同，实现程序如例 7.3 所示。

例 7.3 设计提升小波统一图像密码系统图像加密/解密算法程序。

具体代码如下：

```
1    Needs["FiniteFields"];(*本语句放在函数前执行*)
2    typei[x_, a_, m_, n_]:=Module[
3    {gf, e, o, e1, e2, e3, e4, e5, e6, d, d1, d2, d3, d4, d5, d6, s, t, len},
4    gf = GF[2, Reverse[{1, 0, 0, 0, 1, 1, 0, 1, 1}]];
5    len = m * n/2;
6    e = x[[1 ;; -1 ;; 2]];
7    o = x[[2 ;; -1 ;; 2]];
8    e1 = Mod[e + a, 256];
9    e2 = Join[e1, {0}]; e3 = Partition[e2, 2, 1]; e4 = Total[#] & /@ e3;
10   e4 = Mod[e4, 256];
11   e5 = gf[Reverse[IntegerDigits[#, 2, 8]]] *
12       gf[Reverse[IntegerDigits[141, 2, 8]]] & /@ e4;
13   e6 = If[IntegerQ[#], #, FromDigits[Reverse[#[[1]]], 2]] & /@ e5;
14   d = Table[0, {j, len}];
15   d[[1]] = Mod[o[[1]] + e6[[1]], 256];
16   Table[d[[j]] = Mod[d[[j - 1]] + o[[j]] + e6[[j]], 256], {j, 2, len}];
17   d1 = Join[{0}, d]; d2 = Partition[d1, 2, 1]; d3 = Total[#] & /@ d2;
18   d4 = Mod[d3, 256];
19   d5 = gf[Reverse[IntegerDigits[#, 2, 8]]] *
20       gf[Reverse[IntegerDigits[203, 2, 8]]] & /@ d4;
21   d6 = If[IntegerQ[#], #, FromDigits[Reverse[#[[1]]], 2]] & /@ d5;
22   s = Table[0, {j, len}];
23   s[[1]] = Mod[e1[[1]] + d6[[1]], 256];
24   Table[s[[j]] = Mod[e1[[j]] + e1[[j - 1]] + d6[[j]], 256], {j, 2, len}];
25   t = Flatten[Table[{s[[i]], d[[i]]}, {i, len}]]
26   ]
27
```

第 1～26 行的函数 typei 为正变换结函数，输入序列 x、等价密钥 a 和图像的高 m 与宽 n，输出 t。具体实现的算法参考第 7.1.2 节的"2.类提升变换"的"1)正变换结"部分：这里的第 6～7 行为正变换结的第 1 步，将序列 x 分裂为 e 和 o；第 8 行为正变换结的第 2 步，将 e 和 a 相加取模得到 e1；第 9～16 行为正变换结的第 3 步，由 o 和 e1 得到序列 d；第 17～24 行为正变换结的第 4 步，由 d 和 e1 得到 s；第 25 行为正变换结的第 5 步，由 s 和 d 得到 t。

```
28        ( * Needs["FiniteFields"]; * )
29        typeii[r_, a_, m_, n_] := Module[
30          {gf, len, sp, dp, dp1, dp2, dp3, dp4, dp5, dp6, sp1, sp2, sp3, sp4, sp5, sp6,
31          op, ep, y},
32          gf = GF[2, Reverse[{1, 0, 0, 0, 1, 1, 0, 1, 1}]];
33          len = m * n/2;
34          sp = r[[1 ;; -1 ;; 2]];
35          dp = r[[2 ;; -1 ;; 2]];
36          dp1 = Join[{0}, dp]; dp2 = Partition[dp1, 2, 1];
37          dp3 = Total[#] & /@ dp2;
38          dp4 = Mod[dp3, 256];
39          dp5 = gf[Reverse[IntegerDigits[#, 2, 8]]] *
40              gf[Reverse[IntegerDigits[203, 2, 8]]] & /@ dp4;
41          dp6 = If[IntegerQ[#], #, FromDigits[Reverse[#[[1]]], 2]] & /@ dp5;
42          sp[[1]] = Mod[256 + sp[[1]] - dp6[[1]], 256];
43          Table[sp[[i]] = Mod[512 + sp[[i]] - sp[[i - 1]] - dp6[[i]], 256], {i, 2, len}];
44          sp1 = Join[sp, {0}]; sp2 = Partition[sp1, 2, 1];
45          sp3 = Total[#] & /@ sp2;
46          sp4 = Mod[sp3, 256];
47          sp5 = gf[Reverse[IntegerDigits[#, 2, 8]]] *
48              gf[Reverse[IntegerDigits[141, 2, 8]]] & /@ sp4;
49          sp6 = If[IntegerQ[#], #, FromDigits[Reverse[#[[1]]], 2]] & /@ sp5;
50          op = Table[0, {i, len}];
51          op[[1]] = Mod[256 + dp[[1]] - sp6[[1]], 256];
52          Table[op[[i]] = Mod[512 + dp[[i]] - dp[[i - 1]] - sp6[[i]], 256], {i, 2, len}];
53          ep = Mod[256 + sp - a, 256];
54          y = Flatten[Table[{ep[[i]], op[[i]]}, {i, len}]]
55          ]
56
```

第 28～55 行的函数 typeii 为逆变换结函数，输入序列 r、等价密钥 a 和图像的高 m 与宽 n，输出 y。具体实现的算法参考第 7.1.2 节的"2.类提升变换"的"3）逆变换结"部分：这里的第 34～35 行为逆变换结的第 1 步，将序列 r 分裂为 sp 和 dp；第 36～49 行为逆变换结的第 2 步，由 dp 和 sp 得到 sp6；第 50～52 行为逆变换结的第 3 步，由 sp6 和 dp 得到序列 op；第 53 行为逆变换结的第 4 步，将 sp 和 a 作差取模得到 ep；第 54 行为逆变换结的第 5 步，由 ep 和 op 得到 y。

```
57        crypto[image_, a_] := Module[
58          {p1, m, n, p2, x1, x2, x3, r1, r2, r3, r4, c1, c2, c},
59          p1 = ImageData[image, "Byte"];
60          {m, n} = Dimensions[p1];
61          p2 = Flatten[Transpose[p1]];
62          x1 = typei[p2, a, m, n];
63          x2 = Reverse[x1];
```

```
64        x3 = typei[x2, a, m, n];
65        r1 = Reverse[x3];
66        r2 = typeii[r1, a, m, n];
67        r3 = Reverse[r2];
68        r4 = typeii[r3, a, m, n];
69        c1 = Partition[r4, m];
70        c2 = Transpose[c1];
71        c = Image[c2, "Byte"]
72        ]
```

第 57～72 行的函数 crypto 实现图像加密/解密算法,输入为图像 image 和等价密钥 a,输出为图像 c。结合图 7-3,第 62～64 行为类提升变换的正过程,由"正变换结—左右翻转—正变换结"组成;第 65 行将 x3 左右翻转得到 r1;第 66～68 行为类提升变换的逆过程,由"逆变换结—左右翻转—逆变换结"组成。

对于函数 crypto 而言,输入明文图像和等价密钥,则输出密文图像;若输入密文图像和等价密钥,则输出明文图像。

7.2.3 图像加密实例

提升小波统一图像密码系统的加密过程与解密过程完全相同,实现程序如例 7.3 所示。

例 7.3 设计提升小波统一图像密码系统加密/解密函数。

代码如下:

```
1     liftsys[key_, image_] := Module[
2         {p1, p2, m, n, a},
3         p1 = ImageData[image, "Byte"];
4         {m, n} = Dimensions[p1];
5         a = keygen[key, m, n];
6         p2 = crypto[image, a]
7         ]
8
```

第 1～7 行的函数 liftsys 输入密钥 key 和图像 image,输出图像 p2。如果输入密钥和明文图像,则输出密文图像;如果输入密钥和密文图像,则输出为解密后的明文图像。第 3 行由图像 image 得到二维数组 p1;第 4 行获取图像的高 m 和宽 n;第 5 行调用自定义 keygen 函数由密钥 key 计算等价密钥 a;第 6 行调用自定义函数 crypto 将图像 image 转化为 p2。

```
9     key = {116, 80, 117, 34, 248, 121, 247, 217, 40, 202, 165, 113, 39,
10        209, 13, 22, 35, 82, 151, 104, 96, 239, 186, 78, 240, 146, 248, 71,
11        197, 120, 11, 193, 76, 252, 118, 90, 94, 140, 7, 35, 214, 107, 158,
12        58, 149, 155, 237, 174, 223, 93, 118, 215, 7, 98, 242, 10, 181, 140,
13        71, 43, 59, 125, 94, 225}
14
```

第 9～13 行指定了密钥 key,可以随意指定长度为 64 的整数序列作为密钥(每个整数取值在 0 至 255 间)。

```
15    p1 = ColorConvert[ExampleData[{"TestImage", "Lena"}], "Grayscale"]
```

16	p2 = ColorConvert[ExampleData[{"TestImage", "Peppers"}], "Grayscale"]
17	p3 = ColorConvert[ExampleData[{"TestImage", "Mandrill"}], "Grayscale"]
18	

第 15～17 行依次读出明文图像 Lena、Peppers 和 Mandrill，保存在 p1、p2 和 p3 中。

19	c1 = liftsys[key, p1]
20	c2 = liftsys[key, p2]
21	c3 = liftsys[key, p3]
22	
23	r1 = liftsys[key, c1]
24	r2 = liftsys[key, c2]
25	r3 = liftsys[key, c3]
26	
27	histogram[p1]
28	histogram[c1]
29	histogram[p2]
30	histogram[c2]
31	histogram[p3]
32	histogram[c3]

第 19～21 行调用 liftsys 函数使用密钥 key 依次加密 p1、p2 和 p3(如图 7 - 5(a)～图 7 - 5(c)所示)，得到它们相应的密文图像 c1、c2 和 c3(如图 7 - 5(d)～图 7 - 5(f)所示)。第 23～25 行调用 liftsys 函数使用密钥 key 依次解密 c1、c2 和 c3，得到它们解密后的图像 r1、r2 和 r3(如图 7 - 5(g)～图 7 - 5(i)所示)。

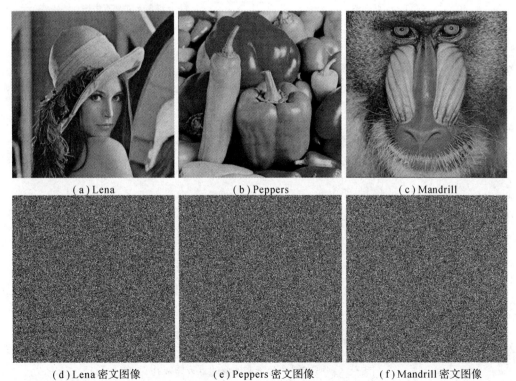

（a）Lena　　　　　　（b）Peppers　　　　　　（c）Mandrill

（d）Lena 密文图像　　　（e）Peppers 密文图像　　　（f）Mandrill 密文图像

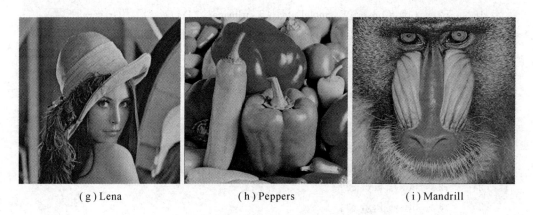

（g）Lena　　　　　　　　（h）Peppers　　　　　　　　（i）Mandrill

图 7-5　提升小波统一图像密码系统加密与解密实例

第 27 行调用自定义函数 histogram 生成明文图像 p1 的直方图，如图 7-6(a)所示；第 28 行调用自定义函数 histogram 生成密文图像 c1 的直方图，如图 7-6(b)所示；第 29 行调

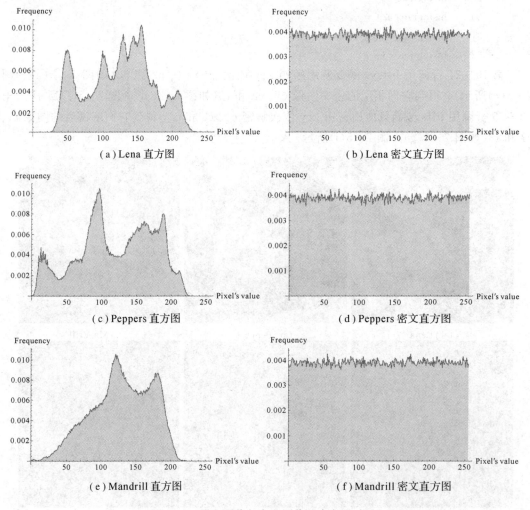

（a）Lena 直方图　　　　　　　　　　　　　　（b）Lena 密文直方图

（c）Peppers 直方图　　　　　　　　　　　　　（d）Peppers 密文直方图

（e）Mandrill 直方图　　　　　　　　　　　　（f）Mandrill 密文直方图

图 7-6　明文图像与密文图像的直方图对比

用自定义函数 histogram 生成明文图像 p2 的直方图,如图 7-6(c)所示;第 30 行调用自定义函数 histogram 生成密文图像 c2 的直方图,如图 7-6(d)所示;第 31 行调用自定义函数 histogram 生成明文图像 p3 的直方图,如图 7-6(e)所示;第 32 行调用自定义函数 histogram 生成密文图像 c3 的直方图,如图 7-6(f)所示。

由图 7-5(d)～图 7-5(f)可知,密文图像类似于噪声图像,没有任何可视信息;由图 7-5(g)～图 7-5(i)可知,解密后的图像与明文图像相同,说明提升小波统一图像密码系统的加密/解密程序工作正常。

由图 7-6 可知,明文图像的直方图呈现明显的起伏特性,而密文图像的直方图呈现近似平坦的小波动,说明提升小波图像密码系统的加密过程可以有效地隐藏直方图中各像素点值的分布信息。

7.3 系统安全性能分析

本节重点分析密钥空间、密文统计特性和系统敏感性等性能,其中,密文统计特性主要分析信息熵和相关性,直方图分析参考第 7.2.3 节;系统敏感性分析将分析加密系统的密钥敏感性、加密系统的等价密钥敏感性、明文敏感性和密文敏感性等,而解密系统的(合法与非法)密钥敏感性、解密系统的(合法与非法)等价密钥敏感性分析留作读者思考。

7.3.1 密钥空间

密钥空间大小是指合法密钥的总个数。对于提升小波统一图像密码系统,由于密钥长度为 512 位,故密钥空间大小为 $2^{512} \approx 1.3408 \times 10^{154}$,即可用的密钥个数约有 1.3408×10^{154} 个。基于 Visual Studio 平台的 C♯语言程序,提升小波统一图像密码系统的加密/解密速度约为 33.1222 Mb/s。对于大小为 512×512 的图像而言,使用穷举攻击方法攻击密钥空间中一半的密钥大约需要 $1.345\ 96 \times 10^{145}$ 年。可见,提升小波统一图像密码系统可以对抗穷举攻击。

7.3.2 密文统计特性

本节从相关系数、信息熵和伪随机特性分析等方面分析密文图像的特性,以说明密文图像是类似于噪声的图像。

1. 相关系数

不失一般性,这里以 Mandrill(图 7-5(c))和它的密文图像(图 7-5(f))为例,绘制了它们水平、竖直、对角和斜对角方向上相邻像素点的相关图,如图 7-7 所示,实现代码如例 7.4 所示。

例 7.4 图像相关性分析程序示例。

代码如下:

```
1    correlate[image_, num_] :=
2      Module[{p1, m, n, cor1, row, col, cor2, cor3, cor4, fg1, fg2, fg3, fg4},
3        p1 = ImageData[image, "Byte"];   {m, n} = Dimensions[p1];
```

```
4      cor1 = Table[{0, 0}, {i, num}];
5      Table[row = RandomInteger[{1, m}]; col = RandomInteger[{1, n}];
6       cor1[[i, 1]] = p1[[row, col]];
7       cor1[[i, 2]] = p1[[row, (col + 1) /. a_ /; a > n -> 1]], {i, num}];
8      fg1 = ListPlot[cor1, PlotTheme -> "Scientific",
9        FrameLabel -> {{"Pixel's value at (" <>
10          ToString[Style["x", Italic], StandardForm] <> ", " <>
11          ToString[Style["y", Italic], StandardForm] <> "+1)",
12         None}, {"Pixel's value at (" <>
13          ToString[Style["x", Italic], StandardForm] <> ", " <>
14          ToString[Style["y", Italic], StandardForm] <> ")", None}},
15        ImageSize -> Large, LabelStyle -> {FontFamily -> "Times New Ro-
             man", 24}];
16
```

第 4～15 行绘制从图像 image 中随机选出的 num 对水平方向上的像素点的相关图。

```
17     cor2 = Table[{0, 0}, {i, num}];
18     Table[row = RandomInteger[{1, m}]; col = RandomInteger[{1, n}];
19      cor2[[i, 1]] = p1[[row, col]];
20      cor2[[i, 2]] = p1[[(row + 1) /. a_ /; a > m -> 1, col]], {i, num}];
21     fg2 = ListPlot[cor2, PlotTheme -> "Scientific",
22       FrameLabel -> {{"Pixel's value at (" <>
23         ToString[Style["x", Italic], StandardForm] <>"+1, " <>
24         ToString[Style["y", Italic], StandardForm] <> ")",
25        None}, {"Pixel's value at (" <>
26         ToString[Style["x", Italic], StandardForm] <> ", " <>
27         ToString[Style["y", Italic], StandardForm] <> ")", None}},
28       ImageSize -> Large, LabelStyle -> {FontFamily -> "Times New
            Roman", 24}];
29
```

第 17～28 行绘制从图像 image 中随机选出的 num 对竖直方向上的像素点的相关图。

```
30     cor3 = Table[{0, 0}, {i, num}];
31     Table[row = RandomInteger[{1, m}]; col = RandomInteger[{1, n}];
32      cor3[[i, 1]] = p1[[row, col]];
33      cor3[[i, 2]] = p1[[(row + 1) /. a_ /; a > m -> 1, (col + 1) /.
34       a_ /; a > n -> 1]], {i, num}];
35     fg3 = ListPlot[cor3, PlotTheme -> "Scientific",
36       FrameLabel -> {{"Pixel's value at (" <>
37         ToString[Style["x", Italic], StandardForm] <> "+1, " <>
38         ToString[Style["y", Italic], StandardForm] <> "+1)",
39        None}, {"Pixel's value at (" <>
40         ToString[Style["x", Italic], StandardForm] <> ", " <>
41         ToString[Style["y", Italic], StandardForm] <> ")", None}},
42       ImageSize -> Large, LabelStyle -> {FontFamily -> "Times New Roman", 24}];
```

43

第 30～42 行绘制从图像 image 中随机选出的 num 对对角方向上的像素点的相关图。

44　　　　cor4 = Table[{0, 0}, {i, num}];

45　　　　Table[row = RandomInteger[{1, m}]; col = RandomInteger[{1, n}];

46　　　　cor4[[i, 1]] = p1[[row, col]];

47　　　　cor4[[i, 2]] = p1[[(row + 1) /. a_ /; a > m -> 1, (col - 1) /.

48　　　　　　a_ /; a < 1 -> n]], {i, num}];

49　　　　fg4 = ListPlot[cor4, PlotTheme -> "Scientific",

50　　　　　FrameLabel -> {{"Pixel's value at (" <>

51　　　　　　ToString[Style["x", Italic], StandardForm] <> "+1, " <>

52　　　　　　ToString[Style["y", Italic], StandardForm] <> "-1)",

53　　　　　　None}, {"Pixel's value at (" <>

54　　　　　　ToString[Style["x", Italic], StandardForm] <> ", " <>

55　　　　　　ToString[Style["y", Italic], StandardForm] <> ")", None}},

56　　　　ImageSize -> Large, LabelStyle -> {FontFamily ->

　　　　　"Times New Roman", 24}];

57

第 44～56 行绘制从图像 image 中随机选出的 num 对斜对角方向上的像素点的相关图。

58　　　{Show[fg1], Show[fg2], Show[fg3], Show[fg4]}

59　　　]

60

61　　correlate[p3, 2000]

62　　correlate[c3, 2000]

上述函数 correlate 绘制从图像 image 中随机选择的 num 对相邻像素点间的相关性。第 61 行绘制了从明文图像 p3 中随机选取的 2000 对相邻像素点间的相关图，第 62 行绘制了从密文图像 c3 中随机选取的 2000 对相邻像素点间的相关图，如图 7-7 所示。

由图 7-7 可知，Mandrill 明文图像中选出的相邻像素点对在相图中有规则地密集在 $y=x$ 直线附近(如图 7-7(a)、图 7-7(c)、图 7-7(e)和图 7-7(g)所示)，而 Mandrill 密文图像中选出的相邻像素点对在相图中均布地散布着(如图 7-7(b)、图 7-7(d)、图 7-7(f)和图 7-7(h)所示)，表明密文图像中相邻的像素点间没有相关性。

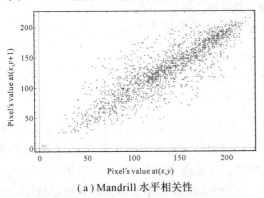

（a）Mandrill 水平相关性

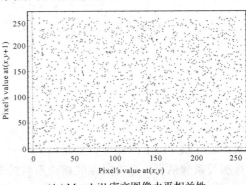

（b）Mandrill 密文图像水平相关性

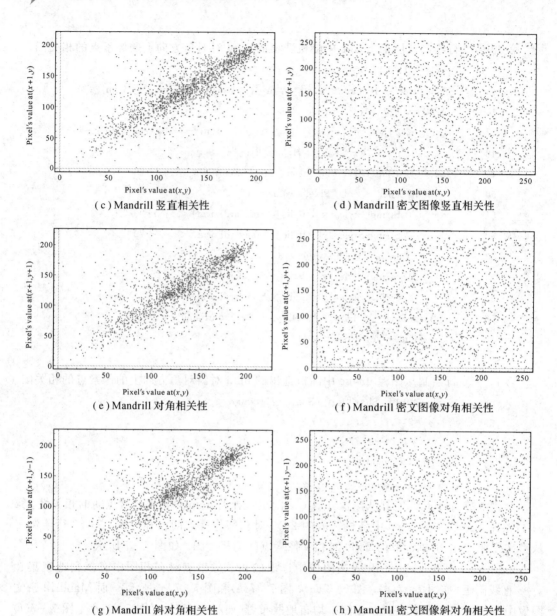

（c）Mandrill 竖直相关性　　　　（d）Mandrill 密文图像竖直相关性

（e）Mandrill 对角相关性　　　　（f）Mandrill 密文图像对角相关性

（g）Mandrill 斜对角相关性　　　　（h）Mandrill 密文图像斜对角相关性

图 7-7　相关性分析

为了给出更明确的数量上的相关性关系，定义图像的相关系数为

$$r = \frac{\sum_{i=1}^{n}(u_i - \bar{u})(v_i - \bar{v})}{\sqrt{\sum_{i=1}^{n}(u_i - \bar{u})^2}\sqrt{\sum_{i=1}^{n}(v_i - \bar{v})^2}} \tag{7-18}$$

其中，(u_i, v_i) 表示相邻的两个像素点的值，$\bar{u}$ 和 $\bar{v}$ 分别为 $\{u_i\}$ 和 $\{v_i\}$ 的均值，n 为总的相邻像素点的对数。由于图像的数据量巨大，一般，从图像中随机选取部分相邻的像素点用来计算相关系数的值，作为图像的相关系数的典型值。这里选取了 $n=2000$，以图 7-5(a)～图 7-5(c) 和它们的密文图像图 7-5(d)～图 7-5(f) 为例，使用第 4 章例 4.9 所示程序，计

算了水平方向、垂直方向、对角方向和斜对角方向上的相关系数，列于表 7 - 1 中。

表 7 - 1　相关系数计算结果

图　像		水平方向	竖直方向	对角方向	斜对角方向
Lena	明文(图 7 - 5(a))	0.970 40	0.985 08	0.955 10	0.962 74
	密文(图 7 - 5(d))	0.023 37	−0.023 46	−0.030 86	−0.032 04
Peppers	明文(图 7 - 5(b))	0.977 38	0.976 77	0.957 73	0.960 51
	密文(图 7 - 5(e))	0.025 47	−0.029 36	0.045 54	0.010 49
Mandrill	明文(图 7 - 5(c))	0.864 61	0.751 45	0.728 81	0.711 55
	密文(图 7 - 5(f))	−0.027 22	−0.011 16	−0.005 54	−0.014 78

由表 7 - 1 可知，明文图像中选出的相邻的像素点计算得到的相关系数接近于 1，说明明文图像中相邻的像素点间存在着冗余信息，是紧密相关的。而密文图像中选出的相邻像素点计算得到的相关系数接近于 0，说明密文图像的相邻像素点是不相关的。因此提出的图像加密算法有效地破坏了相邻像素点间的相关性。

2. 信息熵分析

图像的信息熵是指对图像中全部像素点进行编码的最小位数。对于 8 位的灰度图像，由于存在着大量冗余度，实际编码需要的位数往往小于 8 比特。信息熵的计算公式如下：

$$H = -\sum_{i=0}^{255} p_i \log_2 p_i \tag{7 - 19}$$

其中，p_i 为灰度值为 i 的像素点的出现概率。

这里借助第 5 章例 5.5 中的程序，计算了图 7 - 5 中明文图像和它们的密文图像的信息熵，计算结果如表 7 - 2 所示。

表 7 - 2　信息熵计算结果　　　　（单位：比特）

项目	Lena		Peppers		Mandrill	
	图 7 - 5(a)	图 7 - 5(d)	图 7 - 5(b)	图 7 - 5(e)	图 7 - 5(c)	图 7 - 5(f)
信息熵	7.445 06	7.999 29	7.593 59	7.999 39	7.358 32	7.999 16

由表 7 - 2 可知，各个明文图像的信息熵明显地小于 8 位，而它们对应的密文图像的信息熵非常接近于 8 位，表明提出的图像加密系统产生的密文图像近似于噪声图像。

3. 伪随机性分析

这里以 Mandrill 图像的密文图像(图 7 - 5(f))为例，分析密文图像的伪随机性。从图 7 - 5(f) 对应的矩阵按列展开的向量中从头取出长度为 2.5×10^3 的像素点序列，并转化为长度为 2.0×10^4 的位序列，然后，借助于第 5 章例 5.8 的程序对密文图像位序列进行了 FIPS140 - 2 中的单比特测试、扑克测试、游程测试和长游程测试，随机性测试结果列于表 7 - 3 中。

表 7 - 3　密文图像(图 7 - 5(f))的随机性测试结果

项目	单比特测试	扑克测试	游程测试						长游程测试(>25)
			游程长度						
			1	2	3	4	5	>5	
比特 0	10005	13.72	2488	1243	653	282	152	167	0
比特 1	9995		2491	1228	612	326	174	153	0
理论值	9725~10725	2.16~46.17	2315~2685	1114~1386	527~723	240~384	103~209	103~209	0
测试结果	通过	通过	通过	通过	通过	通过	通过	通过	通过

表 7 - 3 表明 Mandrill 密文图像(图 7 - 5(f))中选出的 2500 个像素点展成的位序列通过了 FIPS F140 - 2 的全部随机性测试项目,可表明密文图像具有良好的随机性,即提升小波统一图像密码系统可将明文图像加密为随机图像。

7.3.3　系统敏感性分析

针对提升小波统一图像密码系统的敏感性分析,这里重点分析其密钥敏感性、等价密钥敏感性、明文敏感性和密文敏感性。由于被动攻击方法(例如,选择/已知明文攻击或选择/已知密文攻击等)主要是攻击等价密钥,因此,等价密钥敏感性分析比密钥敏感性分析更加重要。下面逐一进行各种敏感性分析。

1. 密钥敏感性分析

密钥敏感性分析包括加密系统的密钥敏感性分析和解密系统的密钥敏感性分析两种,其中,解密系统的密钥敏感性分析又包括解密系统的合法密钥敏感性分析和解密系统的非法密钥敏感性分析。这里仅分析加密系统的密钥敏感性,解密系统的密钥敏感性分析[2]留给读者思考。

加密系统的密钥敏感性分析方法为:随机产生一个密钥 K_1,微小改变其值(例如,只改变某一位的值)得到一个新的密钥 K_2,使用改变前后的两个密钥 K_1 和 K_2,加密明文图像 Lena、Peppers 和 Mandrill,然后,计算加密同一明文所得的两个密文间的 NPCR、UACI 和 BACI 的值。最后,重复上述实验 100 次计算 NPCR、UACI 和 BACI 指标的平均值。下面例 7.5 为密钥敏感性分析程序。

例 7.5　密钥敏感性分析程序示例。

代码如下:

```
1    keysens[image_] := Module[
2      {key1, key2, id1, id2, p1, c1, c2, nub, rn},
3      nub = {0, 0, 0};
4      p1 = image;
5      rn = 100;
6      Table[
7        key1 = RandomInteger[255, 64];
8        key2 = key1;
```

```
9          id1 = RandomInteger[{1, 64}];
10         id2 = RandomInteger[7];
11         key2[[id1]] = BitXor[key2[[id1]], 2^id2];
12         c1 = liftsys[key1, p1];
13         c2 = liftsys[key2, p1];
14         nub = nub + npcruacibaci[c1, c2], {i, rn}];
15         nub = nub/(1. 0 * rn)
16         ]
17
18    p1 = ColorConvert[ExampleData[{"TestImage", "Lena"}], "Grayscale"]
19    p2 = ColorConvert[ExampleData[{"TestImage", "Peppers"}], "Grayscale"]
20    p3 = ColorConvert[ExampleData[{"TestImage", "Mandrill"}], "Grayscale"]
21
22    nub1 = keysens[p1]
23    nub2 = keysens[p2]
24    nub3 = keysens[p3]
```

上述代码中，函数 keysens 输入明文图像 image，然后基于 image 测试密钥敏感性。第 6～14 行进行 100 次实验，第 15 行计算 NPCR、UACI 和 BACI 的平均值。第 18～20 行依次读入明文图像 p1、p2 和 p3，依次为 Lena、Peppers 和 Mandrill，如图 7-5(a)～图 7-5 (c)所示。第 22～24 行基于 Lena、Peppers 和 Mandrill 计算密钥敏感性分析指标，计算结果列于表 7-4 中。

表 7-4　加密系统的密钥敏感性分析结果　　　　　　　　　(%)

指标	Lena	Peppers	Mandrill	理论值
NPCR	99.6102	99.6084	99.6095	99.6094
UACI	33.4665	33.4690	33.4639	33.4635
BACI	26.7660	26.7765	26.7708	26.7712

由表 7-4 可知，提升小波统一图像加密系统密钥敏感性测试指标 NPCR、UACI 和 BACI 的计算结果趋于其理论值，说明提升小波统一图像加密系统具有强的密钥敏感性。

2. 等价密钥敏感性分析

等价密钥敏感性分析包括加密系统的等价密钥敏感性分析和解密系统的等价密钥敏感性分析两种，其中，解密系统的等价密钥敏感性分析又包括解密系统的合法等价密钥敏感性分析和解密系统的非法等价密钥敏感性分析。这里仅分析加密系统的等价密钥敏感性，解密系统的等价密钥敏感性分析[2]留给读者思考。

加密系统的等价密钥敏感性分析方法为：随机产生一个密钥，借助于密钥扩展算法(混沌伪随机序列发生器)生成对应的等价密钥，这里记为 a_1；微小改变该等价密钥(例如，只改变某一位的值)得到一个新的等价密钥 a_2，使用改变前后的两个等价密钥 a_1 和 a_2，加密明文图像 Lena、Peppers 或 Mandrill；然后，计算加密同一明文图像所得的两个密文图像间的 NPCR、UACI 和 BACI 的值；最后，重复上述实验 100 次，计算 100 次试验的平均指标值。下面例 7.6 为等价密钥敏感性分析程序。

例 7.6 等价密钥敏感性分析程序示例。

代码如下：

```
1   eqkeysens[image_] := Module[
2     {nub, p1, p2, c1, c2, a1, a2, id1, id2, key1, m, n, rn},
3     nub = {0, 0, 0};
4     p1 = image;
5     p2 = ImageData[p1, "Byte"];
6     {m, n} = Dimensions[p2];
```

第 6 行得到明文图像 p2 的高 m 和宽 n。

```
7     rn = 100;
8     Table[
9       key1 = RandomInteger[255, 64];
10      a1 = keygen[key1, m, n];
11      a2 = a1;
12      id1 = RandomInteger[{1, Length[a1]}];
13      id2 = RandomInteger[7];
14      a2[[id1]] = BitXor[a2[[id1]], 2^id2];
15      c1 = crypto[p1, a1];
16      c2 = crypto[p1, a2];
17      nub = nub + npcruacibaci[c1, c2], {i, rn}];
18      nub = nub/(1.0 * rn)
19    ]
20
```

第 8～19 行计算等价密钥的敏感性指标。

```
21    p1 = ColorConvert[ExampleData[{"TestImage", "Lena"}], "Grayscale"]
22    p2 = ColorConvert[ExampleData[{"TestImage", "Peppers"}], "Grayscale"]
23    p3 = ColorConvert[ExampleData[{"TestImage", "Mandrill"}], "Grayscale"]
24
25    nub1 = keysens[p1]
26    nub2 = keysens[p2]
27    nub3 = keysens[p3]
```

上述函数 eqkeysens 计算基于明文图像 image 的等价密钥敏感性指标。第 21～23 行依次读入明文图像 p1、p2 和 p3，依次为 Lena、Peppers 和 Mandrill，如图 7-5(a)～图 7-5(c)所示。第 25～27 行依次基于明文图像 Lena、Peppers 和 Mandrill 计算等价密钥敏感性分析指标，计算结果列于表 7-5 中。

表 7-5　图像加密系统等价密钥 a 的敏感性分析结果　　　　　　（%）

指标	Lena	Peppers	Mandrill	理论值
NPCR	99.1681	98.9182	99.5240	99.6094
UACI	33.4465	33.3474	33.8411	33.4635
BACI	26.5319	26.1229	26.2771	26.7712

由表 7 – 5 可知，NPCR、UACI 和 BACI 指标的计算结果与其理论值非常接近，表明等价密钥 *a* 具有优良的敏感性，即提升小波统一图像密码系统具有强的等价密钥敏感性，可以有效地对抗选择/已知明文攻击等被动攻击方法。

3. 明文敏感性分析

明文敏感性测试方法为：对于给定的明文图像 P_1，借助某一密钥 K 加密 P_1 得到相应的密文图像 C_1；然后，从 P_1 中随机选取一个像素点 (i, j)，微小改变该像素点的值，得到新的图像记为 P_2，除了在随机选择的该像素点 (i, j) 处有 $P_2(i, j) = \mathrm{mod}(P_1(i, j) + 1, 256)$ 外，$P_2 = P_1$；接着，仍借助同一密钥 K 加密 P_2 得到相应的密文图像，记为 C_2，计算 C_1 和 C_2 间的 NPCR、UACI 和 BACI 的值；最后，重复 100 次实验计算 NPCR、UACI 和 BACI 的平均值。这里，以明文图像 Lena、Peppers 和 Mandrill 为例，明文敏感性分析程序如例 7.7 所示。

例 7.7　明文敏感性分析程序示例。

代码如下：

```
1    plainsens[image_] := Module[
2        {key1, id1, id2, p1, p2, p3, p4, m, n, c1, c2, nub, rn},
3        nub = {0, 0, 0};
4        p1 = image;
5        p2 = ImageData[p1, "Byte"];
6        {m, n} = Dimensions[p2];
7        rn = 100;
8        Table[
9          key1 = RandomInteger[255, 64];
10         p3 = p2;
11         id1 = RandomInteger[{1, m}];
12         id2 = RandomInteger[{1, n}];
13         p3[[id1, id2]] = Mod[p3[[id1, id2]] + 1, 256];
14         p4 = Image[p3, "Byte"];
15         c1 = liftsys[key1, p1];
16         c2 = liftsys[key1, p4];
17         nub = nub + npcruacibaci[c1, c2], {i, rn}];
18         nub = nub/(1.0 * rn)
19         ]
20
21     p1 = ColorConvert[ExampleData[{"TestImage", "Lena"}], "Grayscale"]
22     p2 = ColorConvert[ExampleData[{"TestImage", "Peppers"}], "Grayscale"]
23     p3 = ColorConvert[ExampleData[{"TestImage", "Mandrill"}], "Grayscale"]
24
25     nub1 = keysens[p1]
26     nub2 = keysens[p2]
27     nub3 = keysens[p3]
```

上述代码中，函数 plainsens 计算明文图像 image 的敏感性。第 6 行得到图像的高度 m

和宽度 n；第 8～16 行循环 100 次计算 NPCR、UACI 和 BACI 的平均值。第 21～23 行依次读入明文图像 p1、p2 和 p3，依次为 Lena、Peppers 和 Mandrill，如图 7-5(a)～图 7-5(c)所示。第 25、26 和 27 行调用函数 plainsens 依次计算明文图像 p1、p2 和 p3 的明文敏感性指标值。明文敏感性分析的计算结果列于表 7-6 中。

表 7-6　明文敏感性分析结果　　　　　（％）

指标	Lena	Peppers	Mandrill	理论值
NPCR	99.6154	99.6166	99.2957	99.6094
UACI	33.4388	33.5066	33.2548	33.4635
BACI	26.7451	26.7394	26.8383	26.7712

由表 7-6 可知，NPCR、UACI 和 BACI 的计算结果极其接近于各自的理论值，说明提升小波统一图像密码系统具有强的明文敏感性。

4. 密文敏感性分析

密文敏感性分析方法为：对于给定的明文图像 P_1，借助某一密钥 K 加密 P_1 得到相应的密文图像 C_1；然后，从 C_1 中随机选取一个像素点 (i, j)，微小改变该像素点的值，得到新的图像记为 C_2，即除了在随机选择的该像素点 (i, j) 处有 $C_2(i, j) = \mathrm{mod}(C_1(i, j) + 1, 256)$ 外，$C_2 = C_1$；接着，仍借助同一密钥 K 解密 C_2 得到还原后的图像，记为 P_2，计算 P_1 和 P_2 间的 NPCR、UACI 和 BACI 的值；最后，重复 100 次实验计算 NPCR、UACI 和 BACI 的平均值。这里，以明文图像 Lena、Peppers 和 Mandrill 为例，提升小波统一图像密码系统的密文敏感性分析程序如例 7.8 所示。

例 7.8 密文敏感性分析程序示例。

代码如下：

```
1    ciphersens[image_] := Module[
2     {key1, id1, id2, p1, p2, p3, m, n, c1, c2, c3, nub, rn},
3     nub = {0, 0, 0};
4     p1 = image;
5     p2 = ImageData[p1, "Byte"];
6     {m, n} = Dimensions[p2];
7     rn = 100;
8     Table[
9      key1 = RandomInteger[255, 64];
10     c1 = liftsys[key1, p1];
11     id1 = RandomInteger[{1, m}];
12     id2 = RandomInteger[{1, n}];
13     c2 = ImageData[c1, "Byte"];
14     c2[[id1, id2]] = Mod[c2[[id1, id2]] + 1, 256];
15     c3 = Image[c2, "Byte"];
16     p3 = liftsys[key1, c3];
```

```
17        nub = nub + npcruacibaci[p1, p3], {i, rn}];
18        nub = nub/(1.0 * rn)
19        ]
20
21    p1 = ColorConvert[ExampleData[{"TestImage", "Lena"}], "Grayscale"]
22    p2 = ColorConvert[ExampleData[{"TestImage", "Peppers"}], "Grayscale"]
23    p3 = ColorConvert[ExampleData[{"TestImage", "Mandrill"}], "Grayscale"]
24
25    nub1 = keysens[p1]
26    nub2 = keysens[p2]
27    nub3 = keysens[p3]
```

上述代码中，函数 ciphersens 基于图像 image 分析密文敏感性。第 6 行得到图像的高度 m 和宽度 n；第 8～18 行循环 100 次计算 NPCR、UACI 和 BACI 的平均值，其中，第 9 行随机生成密钥 key1；第 10 行由密钥 key1 加密明文图像 p1 得到密文图像 c1；第 11～15 行微小改变 c1 得到新的图像 c3；第 16 行使用密钥 key1 解密 c3 得到图像 p3；第 17 行计算 p1 和 p3 间的 NPCR、UACI 和 BACI 的值。第 21～23 行读入明文图像 p1、p2 和 p3，依次为 Lena、Peppers 和 Mandrill，如图 7 - 5(a)～图 7 - 5(c)所示。第 25～27 行调用函数 ciphersens 依次基于明文图像 p1、p2 和 p3 计算了提升小波统一图像密码系统的密文敏感性指标值。密文敏感性分析的计算结果列于表 7 - 7 中。

表 7 - 7　密文敏感性分析结果　　　　　　　　　　（％）

	Lena		Peppers		Mandrill	
	计算值	理论值	计算值	理论值	计算值	理论值
NPCR	99.6196	99.6094	99.6139	99.6094	99.6222	99.6094
UACI	28.5392	28.6241	29.6275	29.6254	27.9445	27.8471
BACI	21.2470	21.3218	22.1868	22.1892	20.5413	20.6304

由表 7 - 7 可知，NPCR、UACI 和 BACI 的计算结果非常接近各自的理论值，说明提升小波统一图像密码系统具有强的密文敏感性。

本 章 小 结

本章研究了一种基于类提升变换的新型统一图像密码系统，该系统具有完全相同的加密过程和解密过程。加密过程与解密过程共享同一处理过程，当输入为密钥和明文图像时，输出为密文图像；而当输入为密钥和密文图像时，输出为还原后的明文图像。在使用计算机或 FPGA 芯片实现该图像密码系统时，可以节省一半的软硬件资源。此外，该系统仅需要明文图像大小一半的伪随机数，节省了伪随机数资源。仿真实验结果表明提升小波统一图像密码系统具有优秀的密钥敏感性、等价密钥敏感性、明文敏感性和密文明敏性，可作为互联网图像信息安全的备选加密方案。

习 题

1. 在第 7.1 节统一图像密码算法的基础上，设计一种新型的统一图像密码算法，具有"Type-Ⅰ"—"Type-Ⅱ"—"Type-Ⅰ"—"Type-Ⅱ"的结构（各种类型间插入序列翻转操作），并编写 Wolfram 语言程序以验证该统一图像密码系统的可行性。

第 8 章　广义统一图像密码技术

本章介绍广义统一图像密码系统的设计技术，可将任意图像密码系统设计为统一图像密码系统。借助于广义统一图像密码系统，可以实现多密钥的图像加密技术，构造基于对称密码技术的多密钥共享架构。

8.1　广义统一图像密码系统

统一图像密码系统的特点在于加密过程与解密过程完全相同。除了第 5～7 章设计的统一图像密码系统外，还可以基于任意图像密码系统设计统一图像密码系统。这种基于任意图像密码系统的统一图像密码系统称为广义统一图像密码系统。

设任意图像密码系统记为 A，如图 8-1 所示。

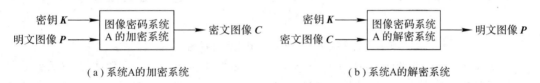

（a）系统A的加密系统　　　　　　　　　　（b）系统A的解密系统

图 8-1　图像密码系统 A

结合序列的左右翻转或矩阵的旋转 180°操作，将图 8-1 中的图像密码系统 A 的加密系统与解密系统组合起来，得到如图 8-2 所示的系统。

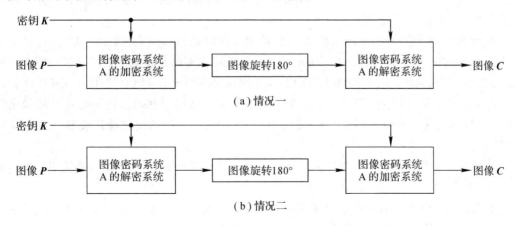

（a）情况一

（b）情况二

图 8-2　两种广义统一图像密码系统

在图 8-2 中，两种情况下均为统一图像密码系统。例如，对于 8-2(a)而言，先使图像 P 经系统 A 的加密系统，然后，将得到的图像旋转 180°，旋转后的图像再经系统 A 的解密系统，最后得到图像 **C**。如果视 **P** 为明文图像，则 **C** 为密文图像；如果将 **P** 视为密文图像，显然图 8-2(a) 是可逆的，最后得到的图像 **C** 将为原始的明文图像。因此，图 8-2(a) 是统一图像密码系统，并且加密过程与解密过程完全相同。同理，图 8-2(b) 也属于统一图像密码系统。由于图 8-2 所示的统一图像密码系统同时使用了系统 A 的加密系统和解密系统，所以，该统一图像密码系统的加密/解密时间，是系统 A 加密同一图像的加密时间和解密时间的总和，也就是说，系统 A 的加密/解密速度将比统一图像密码系统的加密/解密速度快一倍左右。

在图 8-2 的基础上，可以多级组合，得到嵌套形式的广义统一图像密码系统，如图 8-3 所示。

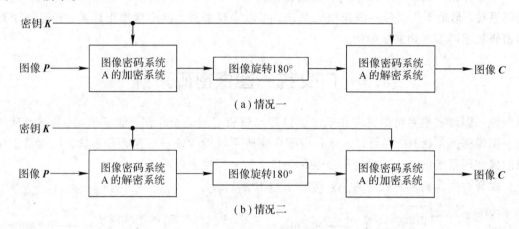

图 8-3 广义统一图像密码系统

在图 8-3 中，系统 B 和系统 C 均为统一图像密码系统，将系统 B 或 C 与图像旋转 180°（或图像展开的一维序列左右翻转）相结合组成系统 D。在系统 D 中，具有 $2n+1$ 个系统 B 或 C，具有 $2n$ 次图像旋转 180°操作。因此，每个系统 B 或 C 均为统一图像密码系统，而 $2n$ 次图像旋转 180°操作也是可逆的，所以，系统 D 属于统一图像密码系统，称为广义统一图像密码系统。对于系统 D 而言，输入密钥和明文图像，则输出密文图像；若输入密钥和密文图像，则输出明文图像。

回到图 8-2 可知图像密码系统 A 可以选用任意的图像密码系统，而系统 B 或 C 由系统 A 生成，系统 D 由系统 B 或 C 生成，因此，任意图像密码系统可构造广义统一图像密码系统。第 5~7 章的图像密码系统本身即为统一图像密码系统，可以直接作为系统 B 或 C 构造更复杂的广义统一图像密码系统。而第 4 章的明文关联图像密码系统不是统一图像密码系统，可以作为图 8-2 中的系统 A，使用图 8-2 中的任一种情况组建广义统一图像密码系统。

下面将第 4 章明文关联图像密码系统作为系统 A，使用图 8-2 的第一种情况，构造如图 8-4 所示的广义图像密码系统。

在图 8-4 中，各个模块的含义和算法处理过程请参考第 4 章。图 8-4 为典型的统一图像密码系统。在给定密钥下，若输入图像为明文图像，则输出图像为密文图像；若输入图像为密文图像，则输出图像为明文图像。

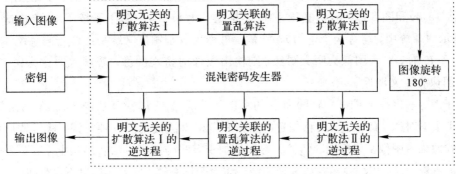

图 8-4 基于明文关联图像密码系统构造的广义统一图像密码系统

8.2 多密钥技术

在图 8-3 所示的广义统一图像密码系统 D 中，使用了同一个密钥 **K**。如果每个系统 B 或 C 使用不同的密钥，加密或解密算法(不含密码发生器)仍然是相同的，但是加密过程中密钥的输入顺序和解密过程中密钥的输入顺序正好相反，即此时加密过程和解密过程不是完全相同的。

为了构造广义统一图像密码系统，即确保加密过程与解密过程是完全相同的，当使用多个密钥时，需要使处于对称位置的系统 B 或 C 具有相同的密钥，如图 8-5 所示。

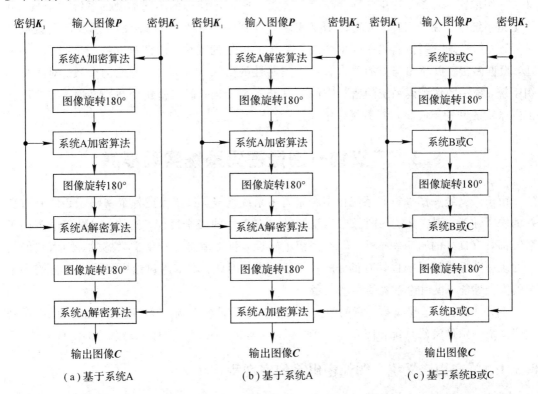

图 8-5 两级密钥广义统一图像密码系统

图 8-5 所示三种系统均为统一图像密码系统，即加密过程与解密过程完全相同。其中，图 8-5(a)和图 8-5(b)均基于系统 A 构造；图 8-5(c)基于系统 B 或 C 构造。在图 8-5 所示的系统中，均有两个密钥 K_1 和 K_2，可称为双密钥广义统一图像密码系统。在给定密钥 K_1 和 K_2 时，输入图像为明文图像，则输出图像为密文图像；若输入图像为密文图像，则输出图像为明文图像。

对于图 8-5(a)或图 8-5(b)所示的系统，系统 A 的加密算法与系统 A 的解密算法在结构上上下对称。具有上下对称位置的加密和解密算法使用同一种密钥，这样就形成了这两种形式的统一图像密码系统。只要系统 A 的加密算法与解密算法在结构上上下对称，且使用相同的密钥，就可以任意组合成 n 密钥统一图像密码系统。此内容这里不再赘述。

图 8-5(c)所示统一图像密码系统是基于系统 B 或 C 构造的，而系统 B 或 C 本身是统一图像密码系统，这种情况下，只需要保证上下对称位置上的系统 B 或 C 是同一种系统，且使用相同的密钥，则可以任意构造出 n 密钥统一图像密码系统。

除了图 8-5 所示的情况外，还有一种情况，可以使用任意多不同的系统按照图 8-5(a)或图 8-5(b)的方式构造多密钥统一图像密码系统。例如，将图 8-5(a)中从上至下的第二个"系统 A 加密算法"和第一个"系统 A 解密算法"，分别调整为"系统 E 加密算法"和"系统 E 解密算法"，并使用新形式的密钥 K_3，则图 8-5(a)成为一种多系统多密钥广义统一图像密码系统。

在图 8-5 的基础上，按照上述构造方法的描述和对称原则，可以构造 m 系统 n 密钥广义统一图像密码系统，这里的 m 和 n 为正整数，m 表示使用的不同类型的系统的个数，并不是指系统中子系统(除图像旋转 $180°$ 模块外的模块均称为子系统)的个数。需要说明的是，随着广义统一图像密码系统中各个子系统的数量的增多，加密速度将严重降低。一般地，根据多密钥共享参与方的要求和系统实时性的要求，设定共享密钥的个数。对于单密钥系统，统一图像密码系统的密钥空间与其子系统相同；但当密钥个数增多时，统一图像密码系统的密钥空间将按指数规律增大。

8.3　广义统一图像密码系统实现程序

由于广义统一图像密码系统由多个密码子系统构成，只要保证各个密码子系统具有良好的安全性能，则广义统一图像密码系统就具有良好的安全性能。例如，如果各个密码子系统都具有良好的密钥敏感性、等价密钥敏感性、明文敏感性和密文敏感性，则由它们组合的统一图像密码系统也具有良好的系统敏感性。因此，本章不讨论广义统一图像密码系统的安全性能，仅讨论系统的实现程序。

不失一般性，这里以第 4 章的明文关联图像密码系统为例，讨论图 8-2(a)所示的单密钥广义统一图像密码系统和图 8-5(a)所示的双密钥广义统一图像密码系统的实现方法。

8.3.1　单密钥广义统一图像密码系统实现程序

基于图 8-2(a)，直接使用第 4 章例 4.5 中的加密与解密函数，设计了如下的单密钥广义统一图像密码系统实现函数，其加密过程与解密过程的程序完全相同，如例 8.1 所示。

不失一般性，这里使用了密钥 K 为 key＝{239，65，137，109，140，58，249，179，11，194，22，30，229，210，42，67，94，182，142，194，9，205，60，245，177，129，250，155，255，44，82，166，71，172，39，148，13，218，51，179，82，79，122，91，72，191，176，246，80，164，91，215，25，241，197，55，220，43，245，77，56，128，95，246}，测试使用了明文图像 Lena、Peppers 和 Mandrill，如图 8 - 6(a)～图 8 - 6(c)所示。

例 8.1 单密钥广义统一图像密码系统实现程序。

下述程序代码中使用了第 4 章的函数 encimage 和 decimage，需要在 Mathematica 中先运行这些函数及其调用的子函数，才能使用下面的 generalsys 函数：

```
1    generalsys[key_, image_] := Module[
2      {p1, p2, p3, p4, c1, c2},
3      p1 = encimage[key, image];
4      p2 = ImageData[p1, "Byte"];
5      p3 = Reverse[p2];
6      p4 = Reverse[#] & /@ p3;
7      c1 = Image[p4, "Byte"];
8      c2 = decimage[key, c1]
9      ]
10
```

第 1～9 行为基于明文关联图像密码系统的广义统一图像密码系统 generalsys 函数，输入为密钥 key 和图像 image，输出为图像 c2。如果输入图像 image 为明文图像，则输出图像 c2 为密文图像；如果输入图像 image 为密文图像，则输出图像 c2 为明文图像（加密与解密密钥相同）。

下面为广义统一图像密码系统的测试代码：

```
11   key = {239, 65, 137, 109, 140, 58, 249, 179, 11, 194, 22, 30, 229,
12     210, 42, 67, 94, 182, 142, 194, 9, 205, 60, 245, 177, 129, 250, 155,
13     255, 44, 82, 166, 71, 172, 39, 148, 13, 218, 51, 179, 82, 79, 122,
14     91, 72, 191, 176, 246, 80, 164, 91, 215, 25, 241, 197, 55, 220, 43,
15     245, 77, 56, 128, 95, 246}
16
17   p1 = ColorConvert[ExampleData[{"TestImage", "Lena"}], "Grayscale"]
18   p2 = ColorConvert[ExampleData[{"TestImage", "Peppers"}], "Grayscale"]
19   p3 = ColorConvert[ExampleData[{"TestImage", "Mandrill"}], "Grayscale"]
20
21   c1 = generalsys[key, p1]
22   r1 = generalsys[key, c1]
23   c2 = generalsys[key, p2]
24   r2 = generalsys[key, c2]
25   c3 = generalsys[key, p3]
```

26   r3 = generalsys[key, c3]

其中,第 11～15 行设定密钥 key。第 17～19 行调入明文图像 p1、p2 和 p3,如图 8-6(a)～图 8-6(c)所示。第 21 行调用 generalsys 函数,使用密钥 key 加密 p1 得到 c1;第 22 行使用同一密钥 key,调用 generalsys 函数解密 c1 得到 r1。同理,第 23 行调用 generalsys 函数,使用密钥 key 加密 p2 得到 c2;第 24 行使用同一密钥 key,调用 generalsys 函数解密 c2 得到 r2。第 25 行调用 generalsys 函数,使用密钥 key 加密 p3 得到 c3;第 26 行使用同一密钥 key,调用 generalsys 函数解密 c3 得到 r3。第 21～26 行的计算结果如图 8-6 所示。

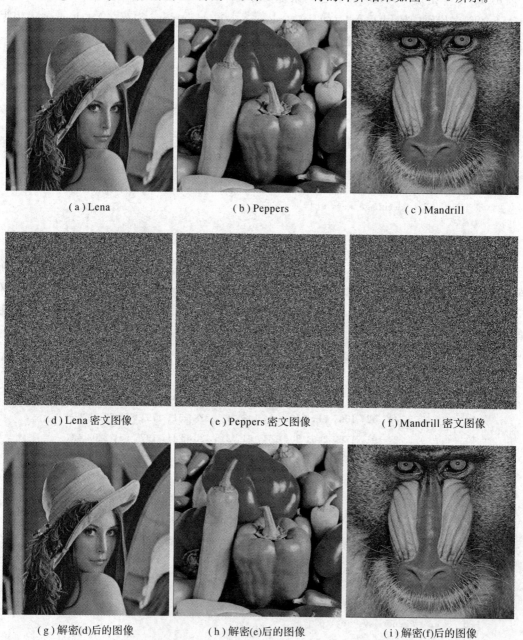

图 8-6　单密钥广义统一图像密码系统加密与解密实验结果

由图 8 - 6 可知，密文图像类似于噪声图像，没有任何可视信息；而解密后的图像与明文图像相同，说明单密钥广义统一图像密码系统程序工作正常。

8.3.2 双密钥广义统一图像密码系统实现程序

在图 8 - 5(a)的基础上，直接使用第 4 章例 4.5 中的加密与解密函数，构造了双密钥广义统一图像密码系统的实现程序，其加密过程与解密过程的程序完全相同，如例 8.2 所示。

不失一般性，这里使用了密钥 key1＝{178，57，87，74，197，94，239，201，181，237，174，72，247，144，157，78，167，86，0，148，10，60，101，228，219，163，56，144，206，84，191，239，67，44，250，75，203，11，29，120，10，91，38，34，163，21，85，21，173，197，128，22，210，153，32，0，101，7，173，45，62，211，32，21}和 key2＝{12，45，109，192，21，182，16，98，217，0，148，126，126，182，204，127，43，76，68，154，124，106，27，3，208，141，194，139，11，77，227，190，137，148，148，43，118，165，89，72，17，176，29，101，38，71，104，33，35，54，179，91，169，178，50，37，20，210，135，106，150，41，254，212}，测试使用了明文图像 Lena、Peppers 和 Mandrill，如图 8 - 7(a)～图 8 - 7(c)所示。

例 8.2 构造双密钥广义统一图像密码系统实现程序。

下述程序代码中使用了第 4 章的函数 encimage 和 decimage，需要在 Mathematica 中先运行这些函数及其调用的子函数，才能使用下面的 generalsys2 函数。

```
1    generalsys2[key1_, key2_, image_] := Module[
2      {p1, p2, p3, p4, p5, c1},
3      p1 = encimage[key1, image];
4      p2 = ImageData[p1, "Byte"];
5      p3 = Reverse[p2];
6      p4 = Reverse[#] & /@ p3;
7      p5 = Image[p4, "Byte"];
8      c1 = encimage[key2, p5];
9      p2 = ImageData[c1, "Byte"];
10     p3 = Reverse[p2];
11     p4 = Reverse[#] & /@ p3;
12     p5 = Image[p4, "Byte"];
13     c1 = decimage[key2, p5];
14     p2 = ImageData[c1, "Byte"];
15     p3 = Reverse[p2];
16     p4 = Reverse[#] & /@ p3;
17     p5 = Image[p4, "Byte"];
18     c1 = decimage[key1, p5]
19     ]
20
```

第 1~19 行的 generalsys2 函数为基于明文关联图像密码系统的双密钥广义统一图像密码系统实现函数。输入为密钥 key1 和 key2 以及图像 image，其中两个密钥可以不同，也可以相同；输出为图像 c1。给定密钥 key1 和 key2 后，输入图像 image 为明文图像，则输出 c1 为密文图像；若输入 image 为密文图像，则输出 c1 为明文图像。

```
21    key1 = {178, 57, 87, 74, 197, 94, 239, 201, 181, 237, 174, 72, 247,
22          144, 157, 78, 167, 86, 0, 148, 10, 60, 101, 228, 219, 163, 56, 144,
23          206, 84, 191, 239, 67, 44, 250, 75, 203, 11, 29, 120, 10, 91, 38,
24          34, 163, 21, 85, 21, 173, 197, 128, 22, 210, 153, 32, 0, 101, 7,
25          173, 45, 62, 211, 32, 21}
26    key2 = {12, 45, 109, 192, 21, 182, 16, 98, 217, 0, 148, 126, 126, 182,
27          204, 127, 43, 76, 68, 154, 124, 106, 27, 3, 208, 141, 194, 139, 11,
28          77, 227, 190, 137, 148, 148, 43, 118, 165, 89, 72, 17, 176, 29,
29          101, 38, 71, 104, 33, 35, 54, 179, 91, 169, 178, 50, 37, 20, 210,
30          135, 106, 150, 41, 254, 212}
31
```

第 21~25 行设定密钥 key1；第 26~30 行设定密钥 key2。

```
32    p1 = ColorConvert[ExampleData[{"TestImage", "Lena"}], "Grayscale"]
33    p2 = ColorConvert[ExampleData[{"TestImage", "Peppers"}], "Grayscale"]
34    p3 = ColorConvert[ExampleData[{"TestImage", "Mandrill"}], "Grayscale"]
35
36    c1 = generalsys2[key1, key2, p1]
37    r1 = generalsys2[key1, key2, c1]
38    c2 = generalsys2[key1, key2, p2]
39    r2 = generalsys2[key1, key2, c2]
40    c3 = generalsys2[key1, key2, p3]
41    r3 = generalsys2[key1, key2, c3]
```

第 32~34 行调入明文图像 p1、p2 和 p3，如图 8-7(a)~图 8-7(c)所示。第 36 行调用 generalsys2 函数使用密钥 key1 和 key2 加密 p1 得到 c1；第 37 行使用密钥 key1 和 key2 调用 generalsys2 函数解密 c1 得到 r1。同理，第 38 行调用 generalsys2 函数使用密钥 key1 和

(a) Lena　　　　　　(b) Peppers　　　　　　(c) Mandrill

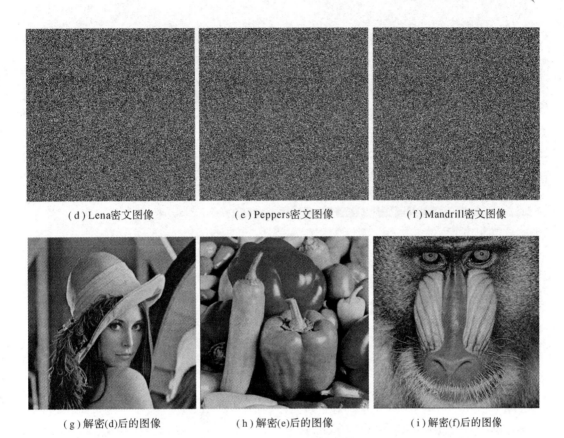

（d）Lena密文图像　　　　（e）Peppers密文图像　　　　（f）Mandrill密文图像

（g）解密(d)后的图像　　　　（h）解密(e)后的图像　　　　（i）解密(f)后的图像

图 8-7　双密钥广义统一图像密码系统加密与解密实验结果

key2 加密 p2 得到 c2；第 39 行使用密钥 key1 和 key2 调用 generalsys2 函数解密 c2 得到
r2。第 40 行调用 generalsys2 函数使用密钥 key1 和 key2 加密 p3 得到 c3；第 41 行使用密
钥 key1 和 key2 调用 generalsys2 函数解密 c3 得到 r3。第 36～41 行的加密与解密结果如图
8-7 所示。

　　由图 8-7 可知，密文图像类似于噪声图像，没有任何可视信息；而解密后的图像与明
文图像相同，说明双密钥广义统一图像密码系统程序工作正常。

本 章 小 结

　　本章定义了广义统一图像密码系统，介绍了由任意图像密码系统构造广义统一图像密
码系统的方法。在此基础上，讨论了构造多系统多密钥广义图像密码系统的方法，这类系
统可用于多方密钥共享加密中。最后，基于第 4 章的明文关联图像密码系统，研究了单密
钥和双密钥情况下的广义统一图像密码系统的实现方法，并基于 Wolfram 语言进行了系统
加密与解密仿真实验，证实了广义统一图像密码系统的可行性。

习 题

1. 基于第 4 章的明文关联图像密码系统，设计一种广义统一图像密码系统，要求具有双密钥，并讨论该系统的双密钥的敏感性。

2. 在图 8-5(a)和图 8-5(b)的基础上，构造基于系统 A 的一种新的双密钥广义统一图像密码系统和一种三密钥广义统一图像密码系统。

第 9 章　图像密码系统综合评价

本章是全书的总结。本章将讨论评价图像密码系统安全性能的常用方法,并基于这些方法对第 3 章 AES 算法和第 4~8 章的图像密码算法进行横向对比分析。一般而言,图像密码系统的安全性能主要有两个评价参数,即速度和强度。加密/解密速度快且密文强度高的图像密码系统是优秀的。然而,现实世界中,有各种各样的信息安全应用场合,尽管这些应用场景都追求速度快和强度高的目标,但是由于应用自身硬件和软件条件所限,可能使用一些轻量级的密码算法,如 DES 等。这要求密码学者必须对其研究的密码系统有明确的速度和强度数量指标,供使用者选用时参考。本章将讨论图像密码系统的速度和强度方面的数量指标,针对网络图像信息安全应用场景将这些指标的计算与评测规范化。

9.1　速度评价

针对网络图像信息安全应用场景,希望备选的图像密码系统具有速度快和安全强度高的特点。多个备选的图像密码系统必须进行图像加密与解密速度的对比分析,并且要与基于 AES 算法的图像加密系统的加密与解密速度进行对比分析。

速度对比分析有一些主观上的困难:① 不同的学者开发图像密码系统可能使用了不同的软件和硬件平台;② 即使学者们使用了相同的软件与硬件平台,他们的编程水平也不尽相同,从而影响程序的运行速度。要公平地比较不同的图像密码系统的处理速度,必须克服上述困难,下面分析克服这两个困难的方法。

1. 克服软件和硬件平台不同的方法

从现有的图像密码系统的软件实现来看,主要使用的计算机语言有 MATLAB、C++、Java、Python、C♯、C、Mathematica(Wolfram 语言)等。这些语言中,MATLAB、Java、Python、Mathematica 等可以用于实现图像密码系统,但是这些语言都是基于解释器执行的,无法用于公平地对比图像密码系统的处理速度。理论上,C 语言是用于对比密码系统处理速度的最佳语言,因为 C 语言可以直接编译为可执行机器代码,但是 C 语言的栈空间太小,加密与解密图像的中间结果只能作为全局变量保存在堆中,这些变量存在着安全隐患。C 语言对轻量级的密码算法速度评估是最好的语言,但是对于大数据量的图像密码算法却是不安全的。C++语言和 C♯语言也无法直接编译为可执行机器代码,都是借助于 CLR(公共语言运行时)翻译执行的。但是 C++语言和 C♯语言的翻译执行不同于 MATLAB 的解释执行,C++语言和 C♯语言程序的翻译只处理机器码的映射,从而执行速度非常快,但比 C 语言稍慢一些。

基于上述分析,C++语言和 C♯语言是进行图像密码系统处理速度对比分析的最佳语言，这两种语言都使用面向对象技术把数据作了封装和隐藏，但由于 C♯语言比 C＋＋语言语法更加严谨，所以，C♯语言是用于图像密码系统处理速度对比的最佳选择。此外，C♯语言具有强大的位运算能力，适用于大量图像数据的位运算处理。读者可通过参考文献[3]进一步了解 C♯语言实现图像密码系统的方法。

因此，为了克服软件平台不同的困难，建议统一使用 C♯语言基于 Visual Studio 集成开发环境设计图像密码系统。

硬件平台不同的困难是容易克服的。一方面，可根据学者公开的测试平台的详细参数，搭建相同的硬件平台进行测试；另一方面，建议学者们公开基于 AES 算法的图像密码系统在其硬件平台上的处理速度，这样，可以根据 AES 算法的速度进行对比测试。例如，在学者使用的硬件平台上，AES 算法的加密速度和解密速度分别为 w_1 和 w_2（单位为 Mb/s），学者提出的图像密码算法的加密速度和解密速度分别为 v_1 和 v_2（单位为 Mb/s）。测试者在其计算机硬件平台上，AES 算法的加密速度和解密速度分别为 u_1 和 u_2（单位为 Mb/s），测试者提出的图像密码系统的加密速度与解密速度分别为 q_1 和 q_2（单位为 Mb/s）。假设运算速度和算法复杂度间是线性关系（这个假设是合理的，可以想象一下同一个程序在不同的CPU 下的运算速度的关系是线性的），这里设学者的图像密码系统的加密与解密相对速度分别为 v_1/w_1 和 v_2/w_2，而测试者的图像密码系统的加密与解密相对速度分别为 p_1/u_1 和 p_2/u_2，现在只需要比较两个系统间的相对加密速度和相对解密速度，即可以测定两者的快慢关系。

2. 克服编程水平不同的方法

无法使得密码学者具有相同的编程水平，当然也没有必要。只需要在编程时遵循下述两条主要的原则，那么编程水平对图像密码系统处理速度的影响就可以忽略了。

第一条原则：可以用查找表方法实现的算法，一定优先使用查找表方法实现。查找表方法通过牺牲存储空间大幅度提升了运算速度。AES 算法和 DES 算法就包含了大量的查找表，S 盒也是一种查找表技术。

第二条原则：如果遇到排序算法，尽可能使用标准的快速排序算法程序包。有很多基于混沌系统的图像密码算法使用了排序算法，然后根据排序算法的索引序列对图像序列进行置乱。事实上，这种算法已被证实是非常耗时的，在图像密码系统中尽可能避免排序算法。

还有一些编程需要遵循的一般原则，例如，尽可能不在置乱或扩散算法的循环体中迭代混沌系统生成加密用的密码；使用快速的密钥扩散算法；尽量少用浮点数运算（DSP 下的定点数运算除外）；算法尽可能地精简。

这里借助于 C♯语言基于 Visual Studio 2019 集成开发环境，在配置为 Intel Core i7 9750H CPU 和 DDR4 @2666MHz 24GB 内存的计算机上，测试了第 4～7 章的图像密码系统的处理速度，列于表 9-1 中。

由表 9-1 可知，第 4～7 章的图像密码系统具有 512 位长的密钥，密钥长度是 AES 图像密码系统的密钥长度的一倍。事实上，第 4～7 章的图像密码系统均使用了相同的密钥扩展算法，密钥长度可以取为 $8d$（d 为正整数）。在处理速度方面，除了第 6 章类感知器统一图像密码系统外，第 4 章、第 5 章和第 7 章的系统均比 AES 系统速度快。这里的 AES 系统来自文献[15]，使用了两级 CBC 模式，保证了图像密码系统具有良好的系统敏感性。从表

9-1 可知，基本统一图像密码系统是五种系统中加密/解密速度最快的系统。

表 9-1　图像密码系统的加密/解密速度对比

图像密码系统	密钥长度/比特	加密速度/Mb/s	解密速度/Mb/s
AES[15]	256	18.8903	16.7815
明文关联图像密码系统(第 4 章)	512	21.4517	21.5233
基本统一图像密码系统(第 5 章)	512	33.2244	33.2244
类感知器统一图像密码系统(第 6 章)	512	13.8311	13.8311
提升小波统一图像密码系统(第 7 章)	512	21.4517	21.4517

需要强调的是，尽管有很多学者持有 AES 针对文本和小数据量加密而无法用于图像加密的观点，但是实践表明 AES 基于 CBC 模式可以用于图像加密，而且比现有绝大多数的图像加密系统处理速度快得多[15]。

9.2　强度评价

图像密码系统隶属于对称密钥技术，加密方和解密方共用相同的密钥。衡量图像密码系统的强度主要有四个方面，即密钥空间大小、密文统计特性、系统敏感性和对抗被动攻击能力，下面详细讨论各个方面。

9.2.1　密钥空间

全体有效密钥的集合构成密钥空间，密钥空间的大小就是指其中包含的密钥的个数。理论上，密钥长度越长，密钥空间越大，图像密码系统对抗穷举攻击的能力越强。但是，Kerckhoffs 原则要求密钥必须容易使用，包括易于表示、易于记忆、易于携带、易于通信和易于施加于密码系统等。太长的文本字符密钥不符合 Kerckhoffs 原则的要求。

目前，根据计算机的算力水平和 AES 密码技术的安全现状，一般认为密钥长度至少为 128 比特。然而，绝大多数的图像密码系统的密钥长度都在 256 比特以上。在有些混沌学者提出的图像密码系统中，直接将混沌系统的初始状态值或初始参数值用作密钥，密钥是浮点数值的集合，无法直接用比特来衡量密钥的长度。此时，可统计浮点数密钥的个数，以确定密钥空间的大小，并可等效为以比特表示的密钥长度。第 4~7 章的图像密码系统中，均使用了以比特表示的外部密钥，密钥长度都取为 512 位，可以应对特别严峻情况下的穷举攻击。

随着图像识别技术的发展，密钥可以有多种形式，包括人的生物特征，例如指纹、虹膜和人脸等，可用作密钥；也可将密钥转化为二维码或者其他的数码甚至图像形式；或者将密钥保存在智能卡中等，方便携带和管理，这符合 Kerckhoffs 原则。无论密钥以什么形式存在，必须遵守以下原则：

(1) 密码学者必须明确密钥的形式，并给出密钥的典型示例；

(2) 必须明确密钥空间的大小，特别是以浮点数表示密钥的情况下，还需要考虑计算机的浮点数表示形式和有效密钥的长度问题；

（3）必须明确指出等价密钥的形式，并给出等价密钥的空间大小（这里的等价密钥是直接用于图像加密的密码序列）。

在上述情况下，密钥空间越大（且等价密钥空间足够大）的图像密码系统，其安全强度越高。在这种意义下，第 4～7 章的图像密码系统比 AES 系统的安全强度高。

9.2.2　密文统计特性

在欺骗性图像密码系统中，明文图像被加密为具有可视信息的其他图像，或者说密文图像隐藏在具有欺骗性的可视图像中。将明文图像加密为噪声样式的图像的系统称为遮盖性图像密码系统，本书中的图像密码系统全部属于遮盖性图像密码系统。

在遮盖性图像密码系统中，希望密文图像类似于噪声图像。一般地，通过统计方法计算密文图像的统计量，并将这些统计量与随机噪声图像的统计量相比，如果两者相近（例如满足假设检验的显著性水平），则认为密文图像具有良好的统计特性。

一般地，密文统计特性需要分析密文图像的直方图、密文图像中相邻像素点的相关性、密文图像的信息熵和密文图像像素点序列的随机性等。

密文图像的直方图分析，一方面是比较密文图像的直方图和其对应的明文图像的直方图的区别，另一方面，通过均方差或单边统计检验说明密文图像的直方图近似均匀分布。相关性分析具有定量指标相关系数，通过随机从图像中选出一定数量的相邻像素点对，计算这些点对的相关系数，用以代表密文图像的相关性能。相关系数取值范围为闭区间 $[-1, 1]$，1 表示完全正相关，-1 表示完全负相关，0 表示无相关关系。密文图像的相关系数计算结果越接近于 0 越好。

对于 8 比特的灰度图像而言，随机图像的信息熵的理论值为 8 比特。密文图像的信息熵的计算值越接近于 8 比特越好。由于图像数据量大，可以将先将图像分块，然后计算每一块的信息熵，再取最小值或平均值作为局部的信息熵代表，用于表征整个图像的信息熵。

密文图像像素点序列的随机性分析，是将密文图像按行或列展成为一维数组，再转化为位序列，借助于 FIPS140-2 或 SP800-22 随机性测试标准进行随机性测试，以说明密文序列的随机性。

除了上述分析方法外，还有其他一些借助于数理统计方法的密文统计特性分析方法。但是必须强调的是，密文统计特性好是图像密码系统强度高的必要条件，而非充分条件。

9.2.3　系统敏感性

系统敏感性分析包括加密系统的敏感性分析和解密系统的敏感性分析。其中，加密系统的敏感性分析包括加密系统中密钥的敏感性分析、等价密钥的敏感性分析和明文敏感性分析；解密系统的敏感性分析包括解密系统中合法与非法密钥的敏感性分析、合法与非法等价密钥的敏感性分析和密文敏感性分析。

强的系统敏感性要求测试对象的微小变化将导致系统输出发生巨大的变化。例如，强的明文敏感性要求明文图像的微小变化经过加密系统后输出的密文图像将发生巨大的变化。一般认为，系统敏感性越强，对抗差分攻击的能力越强。

对于大部分图像密码系统而言，系统敏感性分析主要借助于有限的仿真测试实验进行，通过计算 NPCR、UACI 和 BACI 指标与它们的理论值间的偏差衡量系统的敏感性。除此之外，系统敏感性分析也可以借助于理论上的证明完成。

在文献[15]中详细分析了 AES 图像密码系统（工作在 CBC 模式下）的系统敏感性，发现在双向 CBC 模式下 AES 图像密码系统具有优秀的系统敏感性。同时，第 4～7 章的图像密码系统也具有优秀的系统敏感性。

NPCR 和 UACI 指标是陈关荣教授等人提出来的[19]，BACI 指标是在文献[16]中提出来的。这三个指标均用于比较相同大小的两幅图像的差异程度。其中，NPCR 记录对应位置的不同值的像素点个数占全部像素点总数的比例，而不考虑对应位置的像素点的差异程度。UACI 记录对应位置的不同值的像素点的差值的绝对值与像素点间最大差值（对于 8 比特灰度图像为 255）的平均值。一定程度上，UACI 弥补了 NPCR 的不足。但是，文献[16]指出有些图像具有相似的可视信息，但是它们间的 NPCR 和 UACI 的计算值可以与理论值非常接近。因此，文献[16]提出了 BACI 指标进一步弥补 NPCR 和 UACI 指标的不足。此外，BACI 指标在比较两幅可视图像间的差异程度时，明显优于 NPCR 和 UACI 指标。

文献[2]和本书均给出了计算 NPCR、UACI 和 BACI 在各种情况下的理论值的方法，特别是提出了计算任意可视图像与随机图像间的 NPCR、UACI 和 BACI 指标值的方法，使得解密系统的合法密钥敏感性分析、合法等价密钥敏感性分析和密文敏感性分析有了定量依据。

系统敏感性分析是图像密码系统必须考虑的性能分析手段，但是，系统敏感性是图像密码系统安全强度高的必要条件，而非充分条件。

9.2.4 对抗被动攻击评价

根据 Kerckhoffs 原则，图像密码系统的算法和结构是公开的。窃听方可以使用加密或解密设备，并实施被动攻击。被动攻击按实施的难易程度包括唯密文攻击、已知密文攻击、已知明文攻击、选择密文攻击和选择明文攻击。唯密文攻击是指攻击方只截获了大量密文图像，针对这些密文图像分析密码系统的密钥或等价密钥；已知密文攻击和已知明文攻击均在截获了大量"明文—密文"图像对的情况下对解密系统和加密系统进行攻击；选择密文攻击和选择明文攻击是最易实施的两种攻击方法，攻击者具有完全访问加密或解密设备的权限，并且可以随意输入明文图像或密文图像，得到相应的密文图像或明文图像，从而实施有效的攻击方法。在被动攻击中，差分方法是常用的攻击方法。

目前，AES 图像加密算法和第 4～7 章的图像密码算法仍没有发现有效的被动攻击方法，可以认为这些系统至今为止可以对抗被动攻击方法。

已经被破译的图像密码系统大都无法对抗已知/选择明文攻击或已知/选择密文攻击，这些系统具有以下一些共性：

（1）密钥空间退化严重。

有些基于混沌系统的图像密码系统的密钥扩展算法存在着缺陷，使得等价密钥的数量非常有限，且具有一定的规律性，使密码系统不安全。

（2）等价密钥不敏感。

直接用于图像加密的等价密钥部分（或全部）不敏感，在加密/解密过程中，通过差分攻击可以获得部分或全部等价密钥。需要注意的是，流密码与分组密码不同，流密码直接使用异或进行加密，但仍然是安全的，是因为流密码中用于加密的密码是不重复应用的。流密码的加密方式不能应用于图像加密中，图像加密属于分组密码，必须使用扩散算法保证图像信息的安全性。特别在图像密码系统中，一个密钥将在一定时期内被使用，可能被用于加密大量的图像后才被更换，所以，流密码技术不适用于常规图像加密。等价密钥是攻击方主要攻击的对象，好的图像密码系统必须具备优秀的等价密钥敏感性。

（3）图像加密算法或方案设计有漏洞。

图像密码系统的加密/解密算法设计上有漏洞，使得图像中某些位置（例如第一个像素点）的像素点信息不安全，攻击者可使用被动攻击方法优先破译这些位置的图像信息，在破译过程中获取部分或全部等价密钥信息；然后，再逐步破译相邻位置的图像像素点，并最终获取全部等价密钥。因为图像信息具有巨大的冗余度，有时破译得到的部分等价密钥也可以从密文图像中获取足够的可视信息。

因此，好的图像密码系统至少应具有优秀的密钥扩展算法和设计精良的图像信息加密算法，才可能对抗各种类型的图像密码分析方法。目前，人工神经网络技术和计算机技术高度发展，在 Kerckhoffs 原则下，借助于神经网络对大量已知"明文—密文"图像对的学习和分析已成为可能，神经网络易于发现那些敏感性差的像素点，并构造与密钥系统近似的系统，可能在不需要获取等价密钥（传统的破译目标是获得等价密钥）的情况下，对新获取的密文进行破译，得到具有有效可视信息的明文图像。

现在，图像密码技术仍没有标准算法，上述系统安全性能分析指标均为图像密码系统安全的必要条件，至今没有发现充分条件，图像密码算法研究还有很长的路要走。正如密钥学家 Schneier 所说的"试图保密一些东西，都将制造失败的根源"，信息安全是一项无休止的战争，图像信息安全研究同样任重道远。

本 章 小 结

本章全面讨论了衡量图像密码系统安全性的各种方法和指标。密码学是信息安全的核心内容，是实施信息安全的技术保障。而图像密码学仅是对称密码学研究的一个领域，其发展伴随着计算机技术、混沌理论（非线性科学）、数字图像处理技术、编码理论（通信、DNA 和量子计算）、数学（数论、统计学和随机过程等）和密码学等学科的发展，必将获得更进一步的发展。基于混沌系统的图像密码系统研究近期在四个方面日益活跃，即在融合信号处理技术（例如压缩感知）方面、融合 DNA 编码技术方面、融合量子计算方面和融合公钥密码技术方面都有大量的研究成果。所有这些研究工作必须保证图像密码系统是明文关联的系统，即明文信息与使用的加密算法相关联，针对不同的明文图像，等价密钥参与图像加密的算法有所不同。实践表明，只有明文关联的图像密码系统才能对抗各种被动攻击方法。现有的研究工作可以直接应用于网络图像信息安全上，新的研究工作还在向区块链图像信息安全应用方面发展。

习　题

1. 基于 Visual Studio 2019 集成开发环境使用 C♯语言实现第 4 章提出的明文关联图像密码系统，记录其在所使用的计算机上加密 512×512 大小的灰度图像（如 Lena 灰度图像）的加密和解密时间，并计算该系统的加密与解密速度。

附录 A　Mathematica 常用函数示例

全书 Wolfram 程序均基于 Mathematica 12，使用的计算机配置为 Intel® Core™ i7－9750H CPU@2.60GHz、DDR4 @2666MHz 24GB 内存和 Windows 10 家庭中文版（64位）。Wolfram 语言是真正意义上的高级语言，具有丰富的内置函数[1]。下面示例中，使用粗体标注的字符串为 Wolfram 语言内置函数，可在方括号"[ ]"内输入函数参数，或使用"@"、"/@"、"@@"或"@@@"将函数作用于参数。其中，$f[x]$ 与 $f@x$ 意义相同；$f/@\{x, y, z\}$ 和 $\{f[x], f[y], f[z]\}$ 意义相同，即"/@"使函数映射分别作用于列表中的每个元素；$f@@\{x, y, z\}$ 与 $f[x, y, z]$ 作用相同，即"@@"将函数映射作为参数的"标头"，标头为数据的组织形式，$\{x, y, z\}$ 的内部组织形式为 $\mathbf{List}[x, y, z]$，这里将 f 替换 **List**。又如 $f@@g[x, y, z]$ 等价于 $f[x, y, z]$；$f@@@\{\{x\}, \{y\}, \{z\}\}$ 和 $\{f[x], f[y], f[z]\}$ 意义相同，即"@@@"将函数映射作用于参数的第一层数据中。在表达复合函数时，$f@g@h@x$、$(f@*g@*h)@x$、$(f@*g@*h)[x]$、$x//h//g//f$、$(h/*g/*f)[x]$ 和 $(h/*g/*f)@x$ 都表示 $f[g[h[x]]]$。Mathematica 使用"(*"和"*)"配对注释掉其中的语句。

例 A.1　将十进制整数表示为二进制数位的列表，并计算其中元素 1 的个数。

Total[**IntegerDigits**[254，2]]（或 **Total**[**IntegerDigits**[♯，2]]&@254）可得到 254 中包含的元素 1 的个数，结果为 7；而 **Total**[**IntegerDigits**[♯，2]]&/@{79，223}得到 79 和 223 中分别包含的元素 1 的个数，结果为列表{5，7}。其中的"♯"为运算中替换参数中元素的占位符，包含"♯"的函数称为纯函数（或称为函数算子），纯函数必须以 & 结尾。当要替换参数中的多个元素时，依次使用"♯1"、"♯2"和"♯3"等表示待替换的对应的第 1、2 和 3 个元素，当要替换字符串参数时（例如在"关联"中的"apple"），使用 ♯apple 作为替换占位符。例如，**Total**[{♯apple，♯pear}]&@<|"apple"→20，"orange"→30，"pear"→15|>计算"关联"中苹果和梨的总数，结果为 35。

在 Mathematica 软件使用中，为避免全局变量和符号等对新的输入的影响，可使用语句 **Clear**["Global`*"]或 **Clear**["`*"]清除全部已有变量和符号，使用 **Remove**["Global`*"]或 **Remove**["`*"]删除全局变量和符号。

例 A.2　将二进制数列表转化为十进制数，并求两个整数的与、或、非、异或运算。

使用例 A.1 中的方法，将十进制数 159、211 和 7 分别转化为 8 位长的二进制数，即

a＝**IntegerDigits**[{159，211，7}，2，8]

上述的第三个参数 8 表示生成的二进制数的长度为 8 位，输入上述语句后，按下"Shift＋Enter"键或按下数字小键盘的"Enter"键将得到{{1，0，0，1，1，1，1，1}，{1，1，0，1，0，0，1，1}，{0，0，0，0，0，1，1，1}}。然后，依次输入下面三式：

FromDigits[**First**[a]，2]

FromDigits[a[[2]]，2]

FromDigits[**Last**[a]，2]

将分别得到 159、211 和 7。这里的 FromDigits 实现了二进制数列表到整数的转换，**First**[*a*]和 **Last**[*a*]分别表示列表 *a* 的第一个和最后一个元素，*a*[[2]]表示列表 *a* 的第二个元素。

在 Mathematica 中，一维列表为行向量，二维列表为矩阵。对于上述的 *a* 而言，有

$$a = \{\{1, 0, 0, 1, 1, 1, 1, 1\}, \{1, 1, 0, 1, 0, 0, 1, 1\}, \{0, 0, 0, 0, 0, 1, 1, 1\}\}$$

当 *a* 视为一维列表时，第一个元素的编号从 1 开始，即第一个元素 *a*[[1]]为{1, 0, 0, 1, 1, 1, 1, 1}，最后一个元素的编号为列表的长度 **Length**[*a*]，使用"[[*n*]]"指示列表的第 *n* 个元素，这里的 *n* 为自然数，最小为 1，最大为 **Length**[*a*]（这里为 3）。还可以从列表的最后一个元素开始编号，最后一个元素的编号为 −1，依次减 1，第一个元素的编号为 −**Length**[*a*]（这里为 −3）。

当 *a* 视为二维列表时，则按矩阵的索引进行编号，第一行第一列的元素位置编号为[[1, 1]]，最后一行最后一列的元素的编号为[[**Length**[*a*], **Length**[**Last**[*a*]]]]（适用于标准矩形阵列），例如，输入 *a*[[1, 1]]将得到第一行第一列的元素 1，而输入 *a*[[2, 5]]将得到第二行第五列的元素 0。

两个非负整数间的与、或、异或运算分别借助于函数 **BitAnd**、**BitOr**、**BitXor** 实现，这三种运算均可以带有两个或多个参数，例如：

BitAnd[159, 211, 7] 或 **BitAnd**@@{159, 211, 7} 结果为 3；

BitOr[159, 211, 7] 或 **BitOr**@@{159, 211, 7} 结果为 223；

BitXor[159, 211, 7] 或 **BitXor**@@{159, 211, 7} 结果为 75。

可以通过 *a*//**MatrixForm** 将 *a* 显示为矩阵的形式来验证上述结果。

对于 8 位的无符号整数 *n* 各位取反，使用 255−*n*。

对于一个 8 位的非负整数 *n*，如果设置其第 *k* 位为 1，可使用函数 **BitSet**[*n*, *k*]；如果清 0 其第 *k* 位，则使用函数 **BitClear**[*n*, *k*]。这里的 *k* 取值为 0, 1, 2, …, 7。

例 A.3　获取图像及其各个像素点的数据。

使用语句 p1=**ExampleData**[{"TestImage", "Lena"}]获得 Lena 图像（需要计算机联网），Mathematica 具有庞大的线上资源库，这里 Lena 图像如附图 A−1(a)所示。

（a）Lena　　　　　　　　（b）Peppers　　　　　　　　（c）Mandrill

附图 A−1　Lena、Peppers 和 Mandrill 图像

附图 A−1 中还列出了 Peppers 和 Mandrill 图像，这两幅图像分别借助于以下语句（需要联网）获取：

p2＝**ExampleData**[{"TestImage"，"Peppers"}]

p3＝**ExampleData**[{"TestImage"，"Mandrill"}]

这三幅图像是本书中使用的图像，其大小均为 512×512。

从 p1 中获取图像数据，可用语句 d1＝**ImageData**[p1，"Byte"]。此时的矩阵 d1 使用"行，列"表示法获取各个像素点的值，例如，d1[[1，1]]为第一行第一列的像素点的值，而 d1[[20，60]]返回第 20 行第 60 列的像素点的值。使用 **ImageDimensions**[p1]可以获得图像 p1 的大小，这里为{512，512}；使用 **ImageChannels**[p1]可以获得图像 p1 的通道数，这里是 3；而使用 **Dimensions**[d1]可以获得矩阵 d1 的维数，这里是{512，512，3}。

从矩阵 d1 转化为图像使用 g1＝**Image**[d1，"Byte"]，g1 就是 p1，如附图 A－1(a)所示。

可以直接从图像中获取像素点的值，使用函数 **PixelValue**，该函数使用了标准的笛卡尔坐标系，即(1，1)点位于图像的左下角，(w，h)点位于图像的右上角，这里 w 表示图像的宽，h 表示图像的高。从而 **PixelValue**[p1，{1，1}，"Byte"]为图像 p1 左下角的像素点值，这里是{82，22，57}，而 **PixelValue**[p1，{1，512}，"Byte"]和 **PixelValue**[p1，{512，1}，"Byte"]分别得到图像 p1 左上角和右下角的像素点的值，为{226，137，125}和{185，74，81}。

将彩色图像 p1 转化为灰度图像 q1，使用语句：q1＝**ColorConvert**[p1，"Grayscale"]。此时执行语句 **ImageDimensions** [q1]和 **ImageChannels** [q1]将依次得到{512，512}和 1。获得灰度图像 q1 的数据使用语句 u1＝ **ImageData** [q1，"Byte"]。使用语句 **Image** [u1，"Byte"]将 u1 转化为灰度图像显示。图像 q1 如附图 A－2(a)所示。

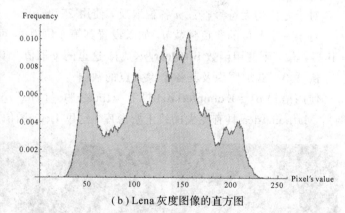

（a）Lena 灰度图像　　　　　　　　（b）Lena 灰度图像的直方图

附图 A－2　Lena 灰度图像和其直方图

可以有两种方法获得图像 q1 的各个像素点的值，对于图像 q1 左下角的像素点而言，可以使用

PixelValue [q1，{1，1}，"Byte"] 或 u1[[512，1]]

后者表示从矩阵 u1 中取出第 512 行第 1 列的像素点的值，即图像 q1 的左下角的像素点的值。

可直接调用函数 **ImageHistogram** 得到图像的直方图。这里使用如下方法绘制 Lena 灰度图像(附图 A－2(a))的直方图，如附图 A－2(b)所示。

dis1＝ **HistogramDistribution**[**Flatten** [u1]，255]

DiscretePlot[**PDF** [dis1，x]，{x，0，255}，AxesLabel→{"Pixel′svalue"，"Frequency"}，

$$\text{LabelStyle}\rightarrow\{\text{FontFamily}\rightarrow"\text{TimesNewRoman}",\ 16\},\ \text{ImageSize}\rightarrow\text{Large}]$$

这里，**Flatten** 函数将多维列表（矩阵）转化（按行展开）为一维列表；**HistogramDistribution** 函数得到图像数据的直方图分布，**PDF** 函数获得直方图分布在 x 处的概率密度，**Discrete-Plot** 函数绘制离散点的茎状图（包含点和点到横轴的垂线段），AxesLabel 选项设置横轴为 Pixel's value、纵轴为 Frequency；LabelStyle 选项设置使用 16 号新罗马字体；ImageSize 选项设置图像大小为 Large。

例 A. 4　循环的高级实现方法。

基于 Mathematica 软件的 Wolfram 语言支持 **For**、**While** 和 **Do** 等循环语句，这些和 C 语言中的实现方式相似，稍有不同的是，Wolfram 语言循环语句中的"，"和"；"的作用与 C 语言中意义相反。这里不介绍这些循环语句的用法，Wolfram 先生也不推荐使用这些语句，称它们为"低级"的循环实现方法。

在 Wolfram 语言中，有实现循环的高级方法，这里重点介绍 **Range**、**Array**、**Table**、**NestList** 和 **FoldList** 等。可以用 Range 生成有规律的列表，例如：

Range [20] 产生列表$\{1, 2, 3, 4, 5, 6, 7, 8, 9, 10, 11, 12, 13, 14, 15, 16, 17, 18, 19, 20\}$；

Range [−5, 5] 产生列表$\{-5, -4, -3, -2, -1, 0, 1, 2, 3, 4, 5\}$；

Range $\left[-1, 1, \frac{1}{5}\right]$ 产生列表$\left\{-1, -\frac{4}{5}, -\frac{3}{5}, -\frac{2}{5}, -\frac{1}{5}, 0, \frac{1}{5}, \frac{2}{5}, \frac{3}{5}, \frac{4}{5}, 1\right\}$。

可见，**Range** 只有一个整型参数 n 时，产生 1 到 n 的整数序列，步进为 1；如果有两个整型参数，则产生由第一个参数至第二个参数的整数序列，步进为 1；如果有三个参数，则产生由第一个参数至第二个参数的序列，步进为第三个参数（第二个参数可能取不到）。

这样可以使用 **Total**[**Range** [100]] 计算 $1+2+\cdots+100$ 的值。

现在，列举几个 Array 函数的应用实例，如下：

Array $\left[\frac{1}{\#}\&,\ 5\right]$ 得到$\left\{1, \frac{1}{2}, \frac{1}{3}, \frac{1}{4}, \frac{1}{5}\right\}$；

Array[Sin, 6, 0] 得到$\{0, \text{Sin}[1], \text{Sin}[2], \text{Sin}[3], \text{Sin}[4], \text{Sin}[5]\}$；

Array $\left[\text{Sin}, 6, \left\{0, \frac{\pi}{6}\right\}\right]$ 得到$\left\{0, \text{Sin}\left[\frac{\pi}{30}\right], \text{Sin}\left[\frac{\pi}{15}\right], \frac{1}{4}(-1+\sqrt{5}), \text{Sin}\left[\frac{2\pi}{15}\right], \frac{1}{2}\right\}$；

Array[Sin, 6, 0]//N[#, 3]& 得到$\{0, 0.842, 0.909, 0.141, -0.757, -0.959\}$；

这里的 N[#, 3]& 为纯函数形式，保留 3 位小数。

Array $\left[\text{Sin}, 6, \left\{0, \frac{\pi}{6}\right\}\right]$//N[#, 3]& 得到$\{0, 0.104, 0.208, 0.309, 0.407, 0.500\}$；

Array $\left[\text{Sin}[\#1\#2]\&,\ \{3, 4\},\ \left\{1, \frac{1}{10}\right\}\right]$//**MatrixForm** 得到

$$\begin{pmatrix} \text{Sin}\left[\frac{1}{10}\right] & \text{Sin}\left[\frac{11}{10}\right] & \text{Sin}\left[\frac{21}{10}\right] & \text{Sin}\left[\frac{31}{10}\right] \\ \text{Sin}\left[\frac{1}{5}\right] & \text{Sin}\left[\frac{11}{5}\right] & \text{Sin}\left[\frac{21}{5}\right] & \text{Sin}\left[\frac{31}{5}\right] \\ \text{Sin}\left[\frac{3}{10}\right] & \text{Sin}\left[\frac{33}{10}\right] & \text{Sin}\left[\frac{63}{10}\right] & \text{Sin}\left[\frac{93}{10}\right] \end{pmatrix};$$

Array[**Sin** $[\#1\#2]\&,\ \{3, 4\},\ \left\{\{1, 3\}, \left\{\frac{1}{10}, \frac{4}{10}\right\}\right\}\right]$//**MatrixForm** 得到

$$\begin{pmatrix} \mathrm{Sin}\left[\dfrac{1}{10}\right] & \mathrm{Sin}\left[\dfrac{1}{5}\right] & \mathrm{Sin}\left[\dfrac{3}{10}\right] & \mathrm{Sin}\left[\dfrac{2}{5}\right] \\[2mm] \mathrm{Sin}\left[\dfrac{1}{5}\right] & \mathrm{Sin}\left[\dfrac{2}{5}\right] & \mathrm{Sin}\left[\dfrac{3}{5}\right] & \mathrm{Sin}\left[\dfrac{4}{5}\right] \\[2mm] \mathrm{Sin}\left[\dfrac{3}{10}\right] & \mathrm{Sin}\left[\dfrac{3}{5}\right] & \mathrm{Sin}\left[\dfrac{9}{10}\right] & \mathrm{Sin}\left[\dfrac{6}{5}\right] \end{pmatrix}。$$

由上述实例可知，Array 函数的第 1 个参数为函数；第 2 个参数为正整数，表示第 1 个参数指定的函数的执行次数，如果没有第 3 个参数，从 1 至第 2 个参数的值序列（步进为 1）作为第 1 个参数指定的函数的输入参数；第 3 个参数指定第 2 个参数的值序列的初始值和终止值。例如，在 **Array**$\left[\mathbf{Sin}, 6, 0\right]$ 中，第 3 个参数指定序列从 0 开始，步进为 1，到 5 为止；在 **Array**$\left[\mathbf{Sin}, 6, \left\{0, \dfrac{\pi}{6}\right\}\right]$ 中，第 3 个参数指定序列从 0 开始，到 $\dfrac{\pi}{6}$ 为止（一定取到），中间等间距插入 4 个点，序列长度为第 2 个参数的值。如果第 2 个参数为包含 2 个元素的列表，则产生二维列表，第 3 个参数其指定二维列表的行和列的值序列的初始值和终止值。

现在定义函数

$f[1] = f[2] = 1;\ f[n\_] := f[n-1] + f[n-2];$

然后，执行语句 Array[f, 12] 将得到 $\{1, 1, 2, 3, 5, 8, 13, 21, 34, 55, 89, 144\}$，这是著名的 Fibonacci 数，这里计算了 12 月时兔子的数量。

可以用语句 **Total**$\left[\mathbf{Array}\left[\#\&, 100\right]\right]$ 计算 $1+2+\cdots 100$ 的值。

与 **Array** 功能类似的函数为 **Table**，下面给出 **Table** 函数的几个实例：

Table$\left[\mathbf{Prime}\left[i\right], \{i, 5\}\right]$ 得到第 1 至第 5 个素数 $\{2, 3, 5, 7, 11\}$；

Table$\left[x\char`^2, \{x, 0.1, 0.9, 0.1\}\right]$ 得到 $\{0.01, 0.04, 0.09, 0.16, 0.25, 0.36, 0.49,$ $0.64, 0.81\}$；

Table$\left[\mathbf{Sin}\left[i * \dfrac{\pi}{10}\right], \{i, -5, 5\}\right]$ //N[#, 3]& 得到

$\{-1.00, -0.951, -0.809, -0.588, -0.309, 0, 0.309, 0.588, 0.809, 0.951, 1.00\}$；

Table$\left[\mathbf{RandomInteger}\left[100\right], \{i, 3\}, \{j, 4\}\right]$/ /**MatrixForm** 得到

$$\begin{pmatrix} 11 & 94 & 88 & 1 \\ 72 & 63 & 37 & 48 \\ 4 & 64 & 13 & 83 \end{pmatrix}$$

这里 **RandomInteger**$\left[100\right]$ 产生 0 至 100 的随机整数。

Table$\left[i\,j, \{i, 9\}, \{j, i\}\right]$// **TableForm** 得到

1								
2	4							
3	6	9						
4	8	12	16					
5	10	15	20	25				
6	12	18	24	30	36			
7	14	21	28	35	42	49		
8	16	24	32	40	48	56	64	
9	18	27	36	45	54	63	72	81

Table[**StringJoin**[**TextString**[i], " * ", **TextString**[j], "=", **TextString**[$i\,j$]], {i, 9}, {j, i}]//Grid 则得到标准形式的九九乘法表，即

$1 * 1 = 1$

$2 * 1 = 2$　　$2 * 2 = 4$

$3 * 1 = 3$　　$3 * 2 = 6$　　$3 * 3 = 9$

$4 * 1 = 4$　　$4 * 2 = 8$　　$4 * 3 = 12$　　$4 * 4 = 16$

$5 * 1 = 5$　　$5 * 2 = 10$　　$5 * 3 = 15$　　$5 * 4 = 20$　　$5 * 5 = 25$

$6 * 1 = 6$　　$6 * 2 = 12$　　$6 * 3 = 18$　　$6 * 4 = 24$　　$6 * 5 = 30$　　$6 * 6 = 36$

$7 * 1 = 7$　　$7 * 2 = 14$　　$7 * 3 = 21$　　$7 * 4 = 28$　　$7 * 5 = 35$　　$7 * 6 = 42$　　$7 * 7 = 49$

$8 * 1 = 8$　　$8 * 2 = 16$　　$8 * 3 = 24$　　$8 * 4 = 32$　　$8 * 5 = 40$　　$8 * 6 = 48$　　$8 * 7 = 56$　　$8 * 8 = 64$

$9 * 1 = 9$　　$9 * 2 = 18$　　$9 * 3 = 27$　　$9 * 4 = 36$　　$9 * 5 = 45$　　$9 * 6 = 54$　　$9 * 7 = 63$　　$9 * 8 = 72$　　$9 * 9 = 81$

这里的 **TextString** 函数将数值转化为字符串，**StringJoin** 函数用于将多个字符串连接成为一个字符串。Wolfram 语言中，"空格"表示乘法，这里的"$i\,j$"表示"$i * j$"。

由上述 **Table** 的实例可知，**Table** 函数用于产生列表，其第 1 个参数为表达式，第 2 个参数为循环变量，如果为{i, 5}这种形式，表示循环变量 i 从 1 至 5（步进为 1）；如果为{i, -5, 5}这种形式，表示循环变量 i 从 -5 至 5（步进为 1）；如果为{x, 0.1, 0.9, 0.1}这种形式，表示循环变量 x 从 0.1 至 0.9，步进为 0.1。如果 **Table** 函数有第 3 个参数，则将产生二维列表（矩阵）；而且还可以有更多的参数，用于产生高维列表。**Table** 函数从第 2 个参数起，均为循环变量，并且，循环变量可以从列表中取值，如：

Table[i ^ 2, {i, {1, 3, 5, 7, 9}}] 得到{1, 9, 25, 49, 81}。

可以用 **Total**[**Table**[i, {i, 100}]]计算 $1+2+\cdots+100$ 的值。

比 **Table** 复杂一点的函数为 **NestList** 函数，**NestList** 函数为迭代函数，其示例如下：

NestList$\left[\#+\dfrac{\#}{2}\&,\ 1,\ 5\right]$ 得到$\left\{1,\ \dfrac{3}{2},\ \dfrac{9}{4},\ \dfrac{27}{8},\ \dfrac{81}{16},\ \dfrac{243}{32}\right\}$。

NestList 有三个参数，第 1 个参数为函数；第 2 个参数为表达式，作为第 1 个参数指定的函数的迭代初值，只被使用一次；第 3 个参数为自然数，表示第 1 个参数指定的函数的迭代次数，显示函数迭代 0 次（即第 2 个参数的值）至迭代到第 3 个参数设定的值的次数的函数值。上述语句显示了纯函数 $\#+\dfrac{\#}{2}$ 从 1 开始迭代 0 至 5 次的结果。而 **Nest**$\left[\#+\dfrac{\#}{2}\&,\ 1,\ 5\right]$ 将返回迭代的最后结果，这里为 $\dfrac{243}{32}$。

使用如下语句：

x1＝**NestList**[4 $\#$ (1 - $\#$) $\&$, 0.81, 300];

这里从初值 0.81 开始，迭代 Logistic 映射 $x_n = 4x_{n-1}(1-x_{n-1})$ 300 次，得到序列保存在变量 x1 中。然后，使用下述语句显示 x1 的图形：

ListLinePlot[x1, AxesLabel→{Style["n", Italic], Style[x_n, Italic]}, ImageSize

　　　　→"Large", LabelStyle→{FontFamily→"Times New Roman", 16}]

201

这里，**ListLinePlot** 将列表 x1 的值作为点绘制各点的连线图。x1 的图形如附图 A-3 所示。

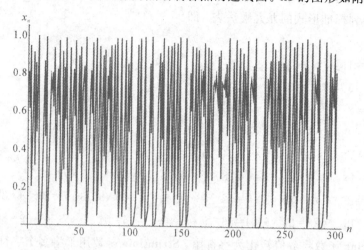

附图 A-3 Logistic 映射的状态序列（初始为 0.81，长度为 300）

使用如下的语句作 Logistic 映射的相图，即

x2＝**Partition**［x1，2，1］；

ListPlot［x2，AxesLabel→｛Style［x_n，Italic］$_{-1}$，Style［x_n，Italic］｝，ImageSize→"Large"，
　　　LabelStyle→｛FontFamily→"Times New Roman"，16｝］

这里，**Partition**［x1，2，1］将列表 x1 的相邻 2 个点作为一组，第 3 个参数 1 表示相邻两组有 1 个点重合，例如：**Partition**［｛1，2，3，4｝，2，1］得到｛｛1，2｝，｛2，3｝，｛3，4｝｝。**ListPlot** 函数根据列表 x2 的值绘制点。Logistic 的相图如附图 A-4 所示。

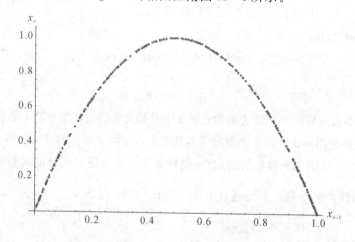

附图 A-4 Logistic 映射的相图

下面使用 **NestList** 绘制著名的 Lorenz 吸引子，Lorenz 方程如下：

$$\begin{cases} \dot{x} = -\sigma(x-y) \\ \dot{y} = -xz + \gamma x - y \\ \dot{z} = xy - bz \end{cases} \qquad （附-1）$$

使用欧拉法将其转化为差分方程，如式（附-2）所示。

$$\begin{cases} x_n = x_{n-1} + h(-\sigma(x-y)) \\ y_n = y_{n-1} + h(-xz + \gamma x - y) \\ z_n = z_{n-1} + h(xy - bz) \end{cases} \qquad (\text{附-2})$$

这里，$\sigma = 10$，$\gamma = 28$，$b = 8/3$，$h = 0.01$。绘制 Lorenz 吸引子的 Wolfram 语句为

> lorenz := { ♯[[1]] + 0.01(-10(♯[[1]] - ♯[[2]])),
>
> 　　　　♯[[2]] + 0.01(- ♯[[1]] ♯[[3]] + 28 ♯[[1]] - ♯[[2]]),
>
> 　　　　♯[[3]] + 0.01(♯[[1]] ♯[[2]] - $\frac{8}{3}$ ♯[[3]])) } & ;

> data = **NestList**[lorenz, {1.1, 2.2, 3.3}, 8000];
>
> **ListPointPlot3D**[data[[301;;-1]], AxesLabel
>
> 　　→(Style[♯ , Italic]&./@{"x", "y", "z"}), ImageSize→"Large", LabelStyle
>
> 　　→{FontFamily→"Times New Roman", 16}]

上述代码首先根据式(附-2)定义 lorenz 纯函数，然后，从初始值(1.1，2.2，3.3)出发，迭代 lorenz 纯函数 8000 次，生成的状态序列保存在变量 data 中，最后，使用三维画点函数 ListPointPlot3D 绘制 Lorenz 吸引子，这里的 data[[301;;-1]]表示取 data 列表的第 301 至最后一个元素，即舍弃前 300 个元素(这段数据视为混沌系统的过渡态)。上述代码得到的 Lorenz 吸引子如附图 A-5 所示，这就是常说的"蝴蝶吸引子"。

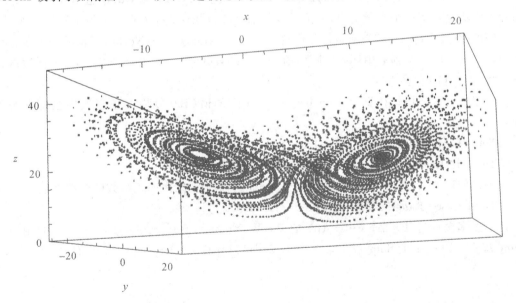

附图 A-5　三维的 Lorenz 吸引子

比 NestList 稍微复杂一点的迭代函数为 FoldList，FoldList 函数每次迭代都引入一个新的参数，例如：

> **FoldList**[**Plus**, 0, {1, 2, 3, 4, 5}] 得到{0, 1, 3, 6, 10, 15}。

Plus 为 Wolfram 语言的加法函数，上述语句从 0 开始迭代加法运算，共迭代 0 至 5 次(这里的 5 为 FoldList 函数的第 3 个参数的长度，第 n 次迭代从第 3 个参数中取第 n 个值参与运算。而 **Fold**[**Plus**, 0, {1, 2, 3, 4, 5}]返回最后一次迭代的值，这里为 15。

可以使用 **Fold**[**Plus**, 0, **Range**[100]]或 **Fold**[♯1+ ♯2&, 0, **Range**[100]]计算 1+2+

…＋100 的值。

例 A - 5　选择与分支的实现方法。

Wolfram 语言支持 **If** 和 **Switch** 语句，这里将仅介绍 **If** 语句，此外，**Wolfram** 语言还具有选择与分支的高级实现语句，这里将介绍 **Select** 和 **Cases** 等。

下面的语句实现的功能均为从 1 至 10 的整数列表中选出偶数：

If[**EvenQ**[♯], ♯, Nothing]&./@**Range**[10]

Select[**Range**[10], **EvenQ**[♯]&.]

Select[**Range**[10], **EvenQ**]

Select[**EvenQ**]@**Range**[10]

Select[**Range**[10], **MemberQ**[**FactorInteger**[♯][[1;;−1, 1]], 2]&.]

Range[10]/. $a\_$/;**OddQ**[a]→Nothing

Cases[**Range**[10], $a\_$/;**EvenQ**[a]→a]

Cases[**Range**[10], $a\_$/;**EvenQ**[a]]

上述语句均返回{2, 4, 6, 8, 10}。**If** 语句首先判断其第 1 个参数的真假，如果为真，则返回第 2 个参数，如果为假，则返回第 3 个参数，如果不能断定，则返回第 4 个参数（可选）。这里的 Nothing 表示"无"。**EvenQ** 和 **OddQ** 用于判定其参数的奇偶性，为偶数时，**EvenQ** 返回 True，而 **OddQ** 返回 False；为奇数时，**EvenQ** 返回 False，而 **OddQ** 返回 True。Select 函数返回满足其第 2 个参数为 True 的元素；而 **Select**[**EvenQ**]这种写法为函数算子形式。"/. "为替换操作符，"/;"表示条件操作符，"/. $a\_$/;**OddQ**[a]→Nothing"表示在满足 a 为奇数的情况下将 a 从列表中删除，同样地，"$a\_$/;**EvenQ**[a]→a"表示在满足 a 为偶数的情况下将 a 替换 a（保持不变）。

可以使用以下语句计算 2＋4＋6＋ … ＋100 的值（100 以内的正整数中全部偶数的和）：

Total[**Cases**[**Range**[100], $a\_$/;**EvenQ**[a]]] 或

Total[**If**[**EvenQ**[♯], ♯, Nothing]&./@**Range**[100]]

可以使用如下语句计算 1＋3＋4＋ … ＋99 的值（100 以内的正整数中全部奇数的和）：

Total[**Cases**[**Range**[100], **Except**[$a\_$/;**EvenQ**[a]]]]

上述多次计算 1＋2＋ … ＋100 的值，Wolfram 语言中，最直接的方法为调用语句 **Sum**[i, {i, 100}]；而 **Sum**[i, {i, 1, 100, 2}]可以计算 1＋3＋4＋ … ＋99 的值。

附录 B 常用图像系统敏感性指标

本附录列出了常用图像的系统敏感性指标测试值。使用的图像均来自 Mathematica 软件系统的测试图像库，使用 ExampleData 语句获得相应的测试图像后，将其中的彩色图像转化为灰度图像（有些图像本身是灰度图像，例如 Airplane2、Elaine 和 Couple2 等）。读取测试图像的程序如例 B.1 所示，使用的测试图像如附图 B-1 所示。

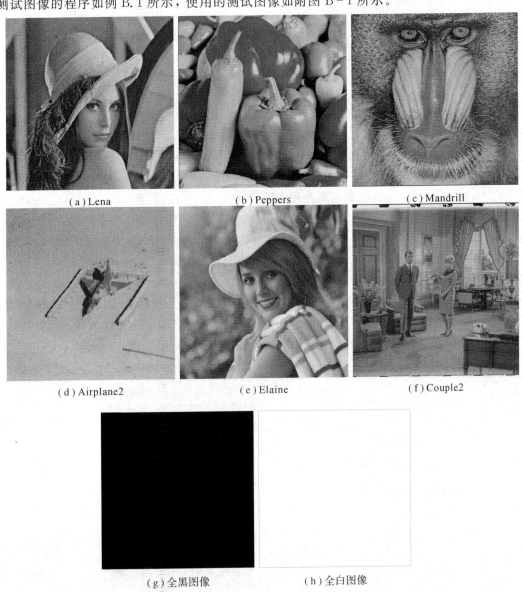

（a）Lena   （b）Peppers   （c）Mandrill

（d）Airplane2   （e）Elaine   （f）Couple2

（g）全黑图像   （h）全白图像

附图 B-1 测试图像集

例 B.1 读取测试图像程序。

```
1    p1＝ColorConvert[ExampleData[{"TestImage"，"Lena"}]，"Grayscale"]
2    p2＝ColorConvert[ExampleData[{"TestImage"，"Peppers"}]，"Grayscale"]
3    p3＝ColorConvert[ExampleData[{"TestImage"，"Mandrill"}]，"Grayscale"]
4    p4＝ExampleData[{"TestImage"，"Airplane2"}]
5    p5＝ExampleData[{"TestImage"，"Elaine"}]
6    p6＝ExampleData[{"TestImage"，"Couple2"}]
7    p7＝Image[Table[0，512，512]，"Byte"]
8    p8＝Image[Table[255，512，512]，"Byte"]；Show[p8，Frame－＞True，Fra-
     meTicks－＞None]
9    i1＝ImageResize[p1，{256，256}]
10   i2＝ImageResize[p2，{256，256}]
11   i3＝ImageResize[p3，{256，256}]
12   i4＝ImageResize[p4，{256，256}]
13   i5＝ImageResize[p5，{256，256}]
14   i6＝ImageResize[p6，{256，256}]
15   i7＝ImageResize[p7，{256，256}]
16   i8＝ImageResize[p8，{256，256}]；Show[i8，Frame－＞True，FrameTicks－＞None]
```

第 1～3 行依次读入彩色图像 Lena、Peppers 和 Mandrill，并将它们转化为灰度图像，保存在 p1、p2 和 p3 中；第 4～6 行依次读入灰度图像 Airplane2、Elaine 和 Couple2，保存在 p4、p5 和 p6 中；第 7 行生成全黑图像 p7；第 8 行生成全白图像 p8，并给 p8 加边框显示。这些图像的大小均为 512×512，如附图 B-1 所示。注意，附图 B-1 中的全白图像不包括其边框。

第 9～16 行依次将 p1～p8 中的灰度图像变换为大小为 256×256 的灰度图像，保存在 i1～i8 中。

附图 B-1 中的图像大小均为 512×512，将每个图像缩小为 256×256 的灰度图像，共有 16 幅图灰度图像，借助于第 4 章 uaci 和 baci 函数计算基于这些图像的系统敏感性指标，列于附表 B-1 中。计算系统敏感性指标的测试程序参考第 4.3.3 节。

附表 B-1　常用图像的系统敏感性指标理论均值

序号	测试图像	大小	NPCR（%）	UACI（%）	BACI（%）
1	两幅随机图像	相同大小	99.6094	33.4635	26.7712
2	Lena 与随机图像	512×512	99.6094	28.6241	21.3218
3	Peppers 与随机图像	512×512	99.6094	29.6254	22.1892
4	Mandrill 与随机图像	512×512	99.6094	27.8471	20.6304
5	Airplane2 与随机图像	512×512	99.6094	29.3523	22.7884
6	Elaine 与随机图像	512×512	99.6094	28.4671	21.0578
7	Couple2 与随机图像	512×512	99.6094	27.5847	19.8126
8	全黑图像与随机图像	512×512	99.6094	50.0000	33.4635

续表

序号	测试图像	大小	NPCR（%）	UACI（%）	BACI（%）
9	全白图像与随机图像	512×512	99.6094	50.0000	33.4635
10	Lena 与随机图像	256×256	99.6094	28.5923	21.3268
11	Peppers 与随机图像	256×256	99.6094	29.5685	22.1874
12	Mandrill 与随机图像	256×256	99.6094	27.4210	20.1118
13	Airplane2 与随机图像	256×256	99.6094	29.3304	22.7701
14	Elaine 与随机图像	256×256	99.6094	28.4218	21.0173
15	Couple2 与随机图像	256×256	99.6094	27.3827	19.7041
16	全黑图像与随机图像	256×256	99.6094	50.0000	33.4635
17	全白图像与随机图像	256×256	99.6094	50.0000	33.4635

习 题 参 考 解 答

第 1 章习题参考答案

1. 答：

n1＝10000；

x＝2s[[1;;n1]]－1

f1＝Fourier[x] $\sqrt{n1}$

f2＝Abs[f1[[1;;n1/2]]]

t1＝$\sqrt{Log[\frac{1}{0.05}]n1}$

n0＝0.95n1/2

n1＝Count[f2, n_/;n＜t1]

d＝(n1－n0)/$\sqrt{0.95 * 0.05 * n1/4}$

pvalue＝Erfc[Abs[d]/$\sqrt{2}$]

使用例 1.4 中的序列 **S** 的前 10 000 个元素，计算结果为 P-value＝0.3588＞0.01，可认为序列具有随机性。

2. 答：

这里需要实现 Berlekamp - Massey 算法。

s1＝Partition[s, 1000]

lli1＝Table[0, {i, 1000}];

k＝1；

Table[n1＝Length[a];

fx＝Table[0, {i, n1＋1}];

lx＝fx；

fx[[1]]＝1；

lx[[1]]＝0；

Table[d＝Mod[fx[[1;;lx[[i]]＋1]]. a[[i;;i－lx[[i]];;－1]], 2];

If[d＝＝0, lx[[i＋1]]＝lx[[i]],

If[Max[lx[[1;;i]]]＝＝0,

lx[[i＋1]]＝i; fx[[lx[[i＋1]]＋1]]＝1,

m＝i＋1－FirstPosition[Reverse[lx[[1;;i]]],

SelectFirst[Reverse[lx[[1;;i]]],

#＜Reverse[lx[[1;;i]]][[1]]&]][[1]];

fx[[i－m＋1;;i－m＋1＋lx[[m]]]]＝Mod[fx[[i－m＋1;;i－m＋1＋lx[[m]]]]

＋fx[[1;;1＋lx[[m]]]], 2];

lx[[i＋1]]＝Max[lx[[i]], i－lx[[i]]]

```
]], {i, 1, Length[a]}];
lli1[[k++]]＝Max[lx], {a, s1}]
```

$miyou＝1000/2＋(9＋(-1)^{1000+1})/36 -(1000/3-2/9)/2^{1000}//N$

$ti1＝(-1)^{1000}(lli1 - miyou)＋2/9//N$

ti2＝If[＃≤-2.5，-3，＃]&./@ti1

ti3＝If[＃>-2.5&&＃≤-1.5，-2，＃]&./@ti2

ti4＝If[＃>-1.5&&＃≤-0.5，-1，＃]&./@ti3

ti5＝If[＃>-0.5&&＃≤0.5，0，＃]&./@ti4

ti6＝If[＃>0.5&&＃≤1.5，1，＃]&./@ti5

ti7＝If[＃>1.5&&＃≤2.5，2，＃]&./@ti6

ti8＝If[＃>2.5，3，＃]&./@ti7

v1＝Table[Count[ti8，i]，{i，-3，3}]

pii1＝{0.010417，0.03125，0.125，0.5，0.25，0.0625，0.020833}

$chai10＝Total[(v1 - 1000pii1)^2/(1000pii1)]$

pvalue＝Gamma[6/2，chai10/2]/Gamma[6/2]

使用例 1.4 中的序列 **S**，计算结果为 P-value＝0.0750>0.01，可认为序列具有随机性。

3. 答：

key＝{133，100，63，179，170，109，169，178，229，217，17，220，60，44，8，138，104，251，209，147，113，187，68，183，56，86，92，173，1，172，67，126}

key2＝Partition[key，2]

ul＝-1.13135；

ur＝1.40583；

d＝(ur-ul)/256；

init1＝Table[ul＋x[[1]]d＋x[[2]]d/256，{x，key2}]

init2＝Table[{x，x}，{x，init1}]

$henon[x\_，y\_]:＝\{1-1.4 x^2＋y, 0.3x\}/. \{a\_, b\_\}/;a<ul→\{2ul-a, b\}$

t＝{0，0}；

Table[t＝Nest[henon[＃[[1]]，＃[[2]]]&，2x/3＋(t/. {a_，b_}→{b, b})/3，64]，{x，init2}]

a1＝NestList[henon[＃[[1]]，＃[[2]]]&，t，512＊512]

a2＝Flatten[a1][[3;;-1;;2]]

$a＝Mod[IntegerPart[FractionalPart[a2]10^{12}]，256]$

第 2 章习题参考答案

1. 答：

{"2428CDBFBB3D89C3"}

第 3 章习题参考答案

1. 答：参考第 3.2 节。

2. 答：参考第 3.2.2 节例 3.4。

3. 答：参考第 3.2.2 节例 3.4。

第 4 章习题参考答案

1. 答：参考例 4.8。

2. 答：参考例 4.13。

3. 答：参考例 4.13。

第 5 章习题参考答案

1. 答：

```
1    crypto[image_, y_, z_] := Module[
2      {p, m, n, a, b, d, m1, n1, c, c1, t, h, r},
3      p = ImageData[image, "Byte"];
4      {m, n} = Dimensions[p];
5      a = Table[0, {i, m}, {j, n}];
6      a[[1, 1]] = BitXor[p[[1, 1]], y[[1, 1]]];
7      Table[a[[1, j]] = BitXor[p[[1, j]], a[[1, j − 1]], y[[1, j]]], {j, 2, n}];
8      Table[If[j == 1,
9        a[[i, 1]] = BitXor[p[[i, 1]], a[[i − 1, 1]], a[[i − 1, n]], y[[i, 1]]],
10       a[[i, j]] = BitXor[p[[i, j]], a[[i − 1, j]], a[[i, j − 1]], y[[i, j]]]]
11      , {i, 2, m}, {j, n}];
12     b = Reverse[Reverse[a, 2]];
13     d = b;
14     h = Total[d]; r = Total[#] & /@ d;
15     Table[If[Mod[j, 2] == 1,
16       m1 = Mod[h[[j]] − d[[i, j]] + z[[i, j]] + z[[m + 1 − i, n + 1 − j]], m] + 1;
17       n1 = Mod[r[[i]] − d[[i, j]] + z[[i, n + 1 − j]] + z[[m + 1 − i, j]], n] + 1,
18       m1 = m − Mod[h[[j]] − d[[i, j]] + z[[i, j]] + z[[m + 1 − i, n + 1 − j]], m];
19       n1 = n − Mod[r[[i]] − d[[i, j]] + z[[i, n + 1 − j]] + z[[m + 1 − i, j]], n]];
20       If[(m1 == i) || (n1 == j), Nothing,
21        h[[j]] = h[[j]] − d[[i, j]] + d[[m1, n1]];
22        h[[n1]] = h[[n1]] + d[[i, j]] − d[[m1, n1]];
23        r[[i]] = r[[i]] − d[[i, j]] + d[[m1, n1]];
24        r[[m1]] = r[[m1]] + d[[i, j]] − d[[m1, n1]];
25        t = d[[i, j]]; d[[i, j]] = d[[m1, n1]]; d[[m1, n1]] = t]
26      , {i, m}, {j, n}];
27     c = Table[0, {i, m}, {j, n}];
28     c[[1, 1]] = BitXor[d[[1, 1]], y[[1, 1]]];
29     Table[c[[1, j]] = BitXor[d[[1, j]], d[[1, j − 1]], y[[1, j]]], {j, 2, n}];
30     Table[c[[i, 1]] =
31       BitXor[d[[i, 1]], d[[i − 1, 1]], d[[i − 1, n]], y[[i, 1]]], {i, 2, m}];
32     Table[If[j == 1,
33        c[[i, 1]] = BitXor[d[[i, 1]], d[[i − 1, 1]], d[[i − 1, n]], y[[i, 1]]],
```

```
34        c[[i, j]] = BitXor[d[[i, j]], d[[i − 1, j]], d[[i, j − 1]], y[[i, j]]]]
35        , {i, 2, m}, {j, n}];
36
37        c1 = Image[c, "Byte"]
38        ]
```

与例 5.2 相比,改进的地方主要是第 14 行和第 16~24 行。

第 6 章习题参考答案

1. 答:参考例 4.8 的程序。

第 7 章习题参考答案

1. 答:

```
1    liftsys2[key_, image_] := Module[
2      {p1, p2, m, n, a, x1, x2, x3, r1, r2, r3, r4, c1, c2, c},
3      p1 = ImageData[image, "Byte"];
4      {m, n} = Dimensions[p1];
5      a = keygen[key, m, n];
6
7      p2 = Flatten[Transpose[p1]];
8      x1 = typei[p2, a, m, n];
9      x2 = Reverse[x1];
10     x3 = typeii[x2, a, m, n];
11     r1 = Reverse[x3];
12     r2 = typei[r1, a, m, n];
13     r3 = Reverse[r2];
14     r4 = typeii[r3, a, m, n];
15     c1 = Partition[r4, m];
16     c2 = Transpose[c1];
17     c = Image[c2, "Byte"]
18     ]
19
20     c1 = liftsys2[key, p1]
21     r1 = liftsys2[key, c1]
```

第 8 章习题参考答案

1. 答:参考第 8.2 节。

2. 答:

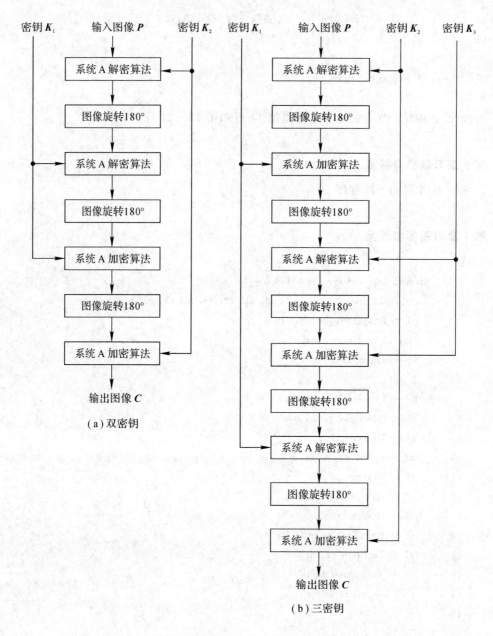

（a）双密钥

（b）三密钥

题图　多密钥广义统一图像密码系统

第 9 章习题参考答案

1. 答：参考文献［3］第五章。

参 考 文 献

[1] Wolfram S. Wolfram 语言入门[M]. Wolfram 传媒汉化小组(译). 北京：科学出版社，2016.

[2] 张勇. 混沌数字图像加密[M]. 北京：清华大学出版社，2016.

[3] 张勇. 数字图像密码算法详解：基于 C、C♯ 与 MATLAB[M]. 北京：清华大学出版社，2019.

[4] Lorenz E N. Deterministic nonperiodic flow. Journal of the Atmospheric Sciences，1963，20：130－141.

[5] 陈关荣，吕金虎. Lorenz 系统族的动力学分析、控制与同步[M]. 北京：科学出版社，2003.

[6] Hénon M. A two－dimensional mapping with a strange attractor[J]. Communications in Mathematical Physics，1976，50：69－77.

[7] Benedicks M，Carleson L. The dynamics of the Hénon map[J]. Annals of Mathematics Second Series，1991，133(1)：73－169.

[8] Kantz H，Schreiber T. Nonlinear time series analysis[M]. Cambridge University Press，1997.

[9] Kantz H. A robust method to estimate the maximal Lyapunov exponent of a time series[J]. Physics Letter A，1994，185(1)：77－87.

[10] Wolf A，Swift J B，Swinney H L，et al. Determining Lyapunov exponents from a time series[J]. Physica D：Nonlinear Phenomena，1985，16(3)：285－317.

[11] Zhang Yong. The image encryption algorithm with plaintext－related shuffling[J]. IETE Technical Review，2016，33(3)：310－322.

[12] Zhang Yong. A chaotic system based image encryption scheme with identical encryption and decryption algorithm[J]. Chinese Journal of Electronics，2017，26(5)：1022－1031.

[13] Zhang Yong，Tang Yingjun. A plaintext－related image encryption algorithm based on chaos[J]. Multimedia Tools and Applications，2018，77(6)：6647－6669.

[14] Zhang Yong. The image encryption algorithm based on chaos and DNA computing[J]. Multimedia Tools and Applications，2018，77(16)：21589－21615.

[15] Zhang Yong. Test and verification of AES used for image encryption[J]. 3DR Review. 2018，9(1)：3 (27 pages).

[16] Zhang Yong. The unified image encryption algorithm based on chaos and cubic S－Box[J]，Information Sciences，2018，450：361－377.

[17] Zhang Yong，Jia Xiaoyang. The fast image encryption algorithm based on substitu-

tion and diffusion[J]. KSII Transactions on Internet and Information Systems，2018，12(9)：4487 - 4511.

[18] Zhang Yong. A fast image encryption algorithm based on convolution operation[J]. IETE Journal of Research，2019，65(1)：4 - 18.

[19] Chen Guangrong，Mao Yaobin，Chui Charles K. A symmetric image encryption scheme based on 3D chaotic cat maps[J]. Chaos，Solitons and Fractals，2004，21 (3)：749 - 761.

[20] Zhang Yong. The fast image encryption algorithm based on lifting scheme and chaos [J]. Information Sciences，2020，520：177 - 194.

[21] Zhang Yong，Li Boyan. The memorable image encryption algorithm based on neuron-like scheme[J]. IEEE Access，2020，8：114807 - 114821.

[22] Zhang Yong，Chen Aiguo，Tang Yingjun，et al. Plaintext-related image encryption algorithm based on perceptron-like network[J]. Information Sciences，2020，526：180-202.